Schriftenreihe

Strategisches Management

Band 81

ISSN 1617-7762

Verlag Dr. Kovač

Christian Göbel

Strategisches Affinity-Group-Netzwerkmanagement

Risikoreduzierung mittels koevolutionärer Anpassung an und Gestaltung von szenebasierten Netzwerkstrukturen aus fokaler Unternehmenssicht

Verlag Dr. Kovač

Hamburg
2009

VERLAG DR. KOVAČ
FACHVERLAG FÜR WISSENSCHAFTLICHE LITERATUR

Leverkusenstr. 13 · 22761 Hamburg · Tel. 040 - 39 88 80-0 · Fax 040 - 39 88 80-55

E-Mail info@verlagdrkovac.de · Internet www.verlagdrkovac.de

Bibliografische Information der Deutschen Nationalbibliothek
Die Deutsche Nationalbibliothek verzeichnet diese Publikation in der Deutschen Nationalbibliografie; detaillierte bibliografische Daten sind im Internet über http://dnb.d-nb.de abrufbar.

ISSN: 1617-7762

ISBN: 978-3-8300-4558-8

Zugl.: Dissertation, Fachbereich IV der Universität Trier, 2009

Vorwort

Die vorliegende Arbeit entstand während meiner Zeit als wissenschaftlicher Mitarbeiter am Lehrstuhl für Organisation und Strategisches Management der Universität Trier und wurde im Mai 2009 von der wirtschaftswissenschaftlichen Fakultät als Dissertation angenommen. Bei der Erstellung dieser Arbeit wurde ich von zahlreichen Personen unterstützt, bei denen ich mich an dieser Stelle ganz herzlich bedanken möchte.

An erster Stelle gilt mein Dank meinem Doktorvater Herrn Univ.-Prof. Dr. Walter Schertler, der mich nicht nur zur Promotion motiviert und mir im weiteren Verlauf stets neue Impulse gegeben hat, sondern mir im Rahmen von Forschungsprojekten auch den Einblick in die Praxis der Strategischen Unternehmensberatung ermöglichte. Herrn Univ.-Prof. Dr. Axel G. Schmidt danke ich für die Übernahme des Zweitgutachtens.

Die vorliegende Arbeit hätte nicht ohne die freundliche Unterstützung der Führungskräfte in den befragten Unternehmen entstehen können. Für die Zeit die sie sich genommen haben bedanke ich mich recht herzlich.

Einen ganz wesentlichen Beitrag an der erfolgreichen Umsetzung meines Promotionsvorhabens leisteten meine ehemaligen Kollegen am Lehrstuhl für Organisation und Strategisches Management. Eva Siegener-Engelmann, Dr. Frank Balmes, Dr. Guido Sommer, Michael Rausch, Wolfgang Drews, Christian Dernbach, Felix Scholzen und Timo Kroll sowie allen wissenschaftlichen Hilfskräften danke ich nicht nur als Arbeitskollegen sondern vor allem auch als Freunde für eine unvergessliche Zeit.

Neben dem universitären Umfeld war es auch ganz wichtig, Freunde um sich zu haben, die einen die verbleibende knappe Freizeit so angenehm wie möglich gestalteten. Bei all meinen Freunden, die in dieser Zeit für mich da waren, mich abgelenkt oder motiviert haben, möchte ich mich herzlich bedanken.

Dank schulde ich auch meiner Familie, die mich auf meinem bisherigen Lebensweg in jeder Hinsicht unterstützt und gefördert haben. Nicht nur die finanzielle, sondern vor allem die moralische Unterstützung war in der Studien- und Promotionszeit sehr wertvoll.

Ein ganz besonderer Dank gilt meiner Freundin Sarah Natus die mich durch alle Höhen und Tiefen der Promotion mit viel Verständnis begleitet und mir den notwendigen Rückhalt gegeben hat. Mit ihrer liebevollen und uneingeschränkten Unterstützung hat sie ganz maßgeblich zum Gelingen dieser Arbeit beigetragen. Ihr widme ich dieses Buch.

Dr. Christian Göbel

Inhaltsverzeichnis

Abbildungsverzeichnis

Abkürzungsverzeichnis

Abb.:	Abbildung
AFG:	Affinity-Group
bzgl.:	bezüglich
bzw.:	beziehungsweise
ca.:	circa
CRM:	Customer Relationship Management
d.h.:	das heißt
DMO:	Destination Marketing Organisation
et al.:	et alii (und andere)
f.:	folgende
ff.:	fortfolgende
FIS:	Fédération Internationale de Ski (Internationaler Skiverband)
F&E:	Forschung und Entwicklung
Hrsg.:	Herausgeber
i.e.S.:	im engeren Sinn
i.w.S.:	im weiteren Sinn
Jg.:	Jahrgang
Nr.:	Nummer
S.:	Seite
sog.:	so genannte(s)
u.a.:	unter anderem
usw.:	und so weiter
vgl.:	vergleiche
Vol.:	Volume
vs.:	versus
z.B.:	zum Beispiel

1 Thematische und konzeptionelle Einführung

1.1 Problemstellung und Zielsetzung der Arbeit

Bereits Anfang der 1990er Jahre erlangte die rasante Zunahme an zwischenbetrieblichen Kooperationen die Aufmerksamkeit der betriebswirtschaftlichen Managementforscher. So spricht Lewis in diesem Zusammenhang von einer dramatischen und globalen Verschärfung des Kooperationsphänomens: „In all industries, in every nation, firms have gained real power through cooperation. Around the world, the number of such efforts has risen by orders of magnitude within the past decade. We have entered the age of strategic alliances. The sudden prominence of alliances is a dramatic change from just a few years ago. They will be far more important in the years ahead."[1] Auch wenn wirtschaftliche Kooperationen und Allianzen seit den 1980er Jahren verstärkt die wirtschaftliche Praxis prägen, so handelt es sich bei dem zugrunde liegenden Konzept der partnerschaftlichen Zusammenarbeit bzw. Koordination gemeinsamer Aufgaben und Ziele um kein neues Phänomen. In anderen Bereichen, wie z.B. der Politik, werden schon seit Jahrhunderten strategische Kooperationen zwischen verschiedenen Ländern oder Mächten eingegangen. Ohmae stellt diesbezüglich fest: „Corporate leaders are beginning to learn what the leaders of nations have always known: In a complex, uncertain world filled with dangerous opponents, it is best not to go it alone."[2]

Die Gründe, weshalb sich das Instrument der strategischen Kooperation vor allem in den letzten Jahren einer so rasant zunehmenden Beliebtheit in Praxis und Wissenschaft erfreut, sind in den dramatischen Umfeldveränderungen zu sehen, denen die Unternehmen ausgesetzt sind. Eine durch politische Deregulierungs- und Liberalisierungstendenzen und nicht zuletzt durch den technischen Fortschritt der Informations- und Kommunikationstechnologien verstärkte Globalisierung lässt nationale und regionale Marktgrenzen obsolet werden. Unternehmen sehen sich damit einer überregionalen bzw. weltweiten Konkurrenz gegenüber, in der strategische Allianzen ein zunehmend unausweichliches

1 Lewis 1990, S. XI.
2 Ohmae 1990, S. 114.

Instrument zur Marktbehauptung und Positionierung darstellen. Neben dem steigenden Wettbewerb stellen auch die immer kürzeren Produktlebenszyklen und Produktentwicklungszeiten sowie eine zunehmend raschere Abfolge an Innovationen Herausforderungen an die Unternehmen dar, die oft nicht mehr im Alleingang bewältigt werden können. Zudem verlangt der Kunde nach immer kürzeren Produktions- und Lieferzeiten, welche nur durch eine entsprechend effektive und effiziente Kooperation mit Zulieferern, Vertrieben und Händlern realisiert werden können. Die Auslagerung einzelner Wertschöpfungsstufen und damit die Vernetzung mit anderen Wirtschaftspartnern werden unausweichlich.[3] Egal ob F&E-, Marktforschungs- oder Einkaufskooperationen, horizontale oder vertikale, kurzfristige oder langfristige Kooperationen, der Umfang und das Ausmaß der interorganisationalen Beziehungen nehmen stetig zu.[4] Ziel dieser zwischenbetrieblichen Koordinationsform ist die Reduzierung der durch die Umfeldveränderungen entstehenden Unsicherheiten und Risiken.

Doch nicht nur auf interorganisationaler Ebene kommt es zu einer verstärkten kooperativen Vernetzung. Im Zuge der Veränderung von Verkäufer- zu Käufermärkten sehen sich die Unternehmen gezwungen, die Orientierung an den Bedürfnissen und Wünschen der Kunden zu verstärken. Massenmarketing scheint hierbei wenig geeignet, die sehr differenzierten und sich immer schneller wandelnden Bedürfnisse der Kunden effektiv und effizient zu befriedigen. Aspekte der Zielgruppensegmentierung oder des Beziehungsmarketings gewinnen hingegen zunehmend an Bedeutung. Die Beziehungen, die ein Unternehmen mit seinen Kunden bzw. seiner Zielgruppe unterhält, werden immer intensiver und individueller ausgestaltet, um noch näher am Kunden zu sein und dessen Bedürfnisse früher als die Konkurrenz zu erkennen und entsprechend befriedigen zu können (Stichwort One-to-One-Marketing, Mass Customization). Im Extremfall führt diese Kundenorientierung sogar bis zur Integration des Kunden in die Leistungserstellungsprozesse des Unternehmens (Stichwort Prosument).

---

3 Vgl. Von der Oelsnitz 2005, S. 187; Aderhold 2004, S. 129.
4 Vgl. Hoffmann 2006, S. 252; Goerzen 2005, S. 94.

Bei vielen Unternehmen hat die kooperative Vernetzung mit ihren Zulieferern, Händlern, Konkurrenten und Kunden mittlerweile eine Komplexität erreicht, welche ein übergreifendes Management dieses Beziehungsportfolios notwendig macht.[5] „Most firms are becoming increasingly embedded within alliance networks. Despite this growing trend, the ways and means by which these alliance networks are managed are not clear."[6] Die betriebswirtschaftliche Managementliteratur hat in den vergangenen Jahren eine Vielzahl an Konzepten und Vorschlägen zum Management von dyadischen Kooperationen oder strategischen Allianzen hervorgebracht. Diese beschränken sich jedoch zumeist auf einzelne interorganisationale Kooperationen oder Allianzen und blenden damit die Tatsache aus, dass jede dieser kooperativen Beziehungen als Teil eines übergeordneten und ständig im Wandel befindlichen Beziehungsportfolios eines Unternehmens zu betrachten ist.[7] Das/Teng bemängeln insbesondere die unzureichende wissenschaftliche Auseinandersetzung mit den dynamischen Evolutionsprozessen, die sich zwischen den verbundenen Netzwerkakteuren vollziehen: „Little is known about how alliances and their contexts (...) co-evolve in a dynamic fashion."[8] So hat auch Sydow die Relevanz eines Allianz-portfolio-Managements erkannt und stellt mit Blick auf den weiteren Forschungsbedarf in den Wirtschaftswissenschaften die Frage: „Wie sollte (…) ein Allianzportfolio zu einem bestimmten Zeitpunkt komponiert sein und wie sollte es sich dynamisch entwickeln?"[9]

Ein weiterer Mangel derzeitiger Managementansätze besteht in einer isolierten Betrachtung von Kooperations- und Konsumentenbeziehungen. Das Management strategischer Allianzen und Ansätze des Konsumentenbeziehungsmanagements werden als eigenständige und unabhängige Managementaufgaben geführt. Aufgrund der zunehmenden Vernetzung und Integration von Unternehmen und Kunden, Produzenten und Konsumenten greift eine derart isolierte Behandlung jedoch zu kurz. Insbesondere bei einer Segmentierung der Märkte nach Affinity-Groups (AFGs), d.h. nach szenebasierten Neigungsgruppen,

5 Vgl. Klee 2000, S. 3.
6 Goerzen 2005, S. 94.
7 Vgl. Windeler 2005, S. 213.
8 Das/Teng 2002, S. 726.
9 Sydow 2006, S. 425.

scheint eine Kombination bzw. eine engere Abstimmung dieser beiden Managementbereiche notwendig. Anders als bei einer theoretischen und statistischen Zielgruppendefinition stellen AFGs real existierende, soziale Beziehungsstrukturen dar, in denen die AFG-Mitglieder über zahlreiche Interaktions- und Kommunikationsnetzwerke in engem Kontakt zueinander stehen. Anbieter und Nachfrager stellen dabei gleichwertige Teile dieser Strukturen dar, die auf vielfältige Weise miteinander vernetzt sind und sich in ihrer Entwicklung gegenseitig bedingen bzw. beeinflussen. Das Portfolio an Kooperationen und Konsumentenbeziehungen dient dem fokalen Unternehmen dabei als Bindeglied zwischen sich und der AFG.

Ziel der vorliegenden Arbeit soll es daher sein, einen Ansatz für ein strategisches AFG-Netzwerkmanagement zu entwickeln, welches es einem Unternehmen erlaubt, sein Portfolio aus Kooperations- und Konsumentenbeziehungen entsprechend den dynamischen AFG-Marktveränderungen zu entwickeln, zu gestalten und zu nutzen.

Auf dem Weg zur Entwicklung eines derartigen AFG-Netzwerkmanagements stehen folgende Fragen im Mittelpunkt, welche im Verlaufe dieser Arbeit beantwortet werden sollen:

- Welche Strategien stehen Unternehmen zur Verfügung, um den Risiken einer unsicheren und dynamischen Umfeldentwicklung auf AFG-Märkten zu begegnen?
- Wo liegen die Vor- und Nachteile der identifizierten Strategien und wann sollte welche Strategie verfolgt werden?
- Wie sollte das Beziehungsnetzwerk eines Unternehmens aus Sicht dieser Strategien zu einem bestimmten Zeitpunkt gestaltet sein und wie sollte es sich im Zeitverlauf verändern?
- Welche Fähigkeiten sind für ein derartiges AFG-Netzwerkmanagement erforderlich?

1.2 Wissenschaftstheoretische Einordnung der Arbeit

Dieser Arbeit liegt das betriebswirtschaftliche Wissenschaftsverständnis im Sinne von Hill/Ulrich zu Grunde, wonach die Betriebswirtschaftslehre als angewandte Sozialwissenschaft zu verstehen ist.[10] Die Betriebswirtschaftslehre wird in diesem Zusammenhang als Führungs- und Managementlehre verstanden, welche sich mit den Problemen der Gestaltung, Lenkung und Entwicklung zweckgerichteter sozialer Systeme befasst. Dabei wird die Komplexität sozialer Systeme, zu denen auch das Unternehmen gezählt wird, anerkannt und der Standpunkt einer totalen Beherrschbarkeit aufgegeben.[11] Ulrich erhebt in diesem Zusammenhang folgende Anforderungen an die angewandte Forschung, denen in der vorliegenden Arbeit Rechnung getragen wird:[12]

- Die in der angewandten Forschung zu untersuchenden Probleme sollten ihren Ursprung in der Praxis haben. Ziel ist daher nicht die Untersuchung von Theorien und ihrer Gültigkeit, sondern die Anwendbarkeit von Modellen und Regeln auf wissenschaftsgeleitetes Verhalten in der Praxis.
  Den Ausgangspunkt für das vorliegende Dissertationsvorhaben bilden die gegenwärtigen Probleme in der Managementpraxis von Netzwerkorganisationen. Mit der Reflexion dieser Praxisprobleme vor dem Hintergrund unterschiedlicher Theorieansätze der Netzwerk- und Kooperationswissenschaft wird das Ziel verfolgt, Wissen zur Lösung von Praxisproblemen zu generieren.
- Da die zu untersuchenden Probleme des menschlichen Handelns adisziplinär sind, ist eine angewandte Forschung interdisziplinär anzulegen.
  Insbesondere eine Auseinandersetzung mit Fragen des Managements von sozialen Netzwerken erfordert eine fächerübergreifende Analyse. In der vorliegenden Arbeit werden daher sowohl betriebswirtschaftliche als auch soziologische Ansätze verfolgt und verknüpft, um dem sozioökonomischen Wesen von AFG-Netzwerken und Beziehungen gerecht zu werden.
- Ziel angewandter Forschung soll es nicht sein, die Wirklichkeit durch allgemeine Theorien zu erklären, sondern den Entwurf einer neuen Wirklichkeit zu schaffen.

[10] Vgl. Hill/Ulrich 1979, S. 163 f.
[11] Vgl. Raffeé 1989, S. 35; Ulrich 1984, S. 176.
[12] Vgl. Ulrich 1982, S. 6.

Aufbauend auf einer theoretischen Auseinandersetzung mit den in der Praxis identifizierten Problemen des Netzwerkmanagements soll es primäres Ziel der vorliegenden Arbeit sein, nicht das Entstehen von Kooperationen und sozialen Beziehungsnetzwerken sowie deren wirtschaftliche Relevanz zu erklären, sondern durch den Entwurf eines neuen Managementansatzes der Praxis ein wirklichkeitsschaffendes Instrument an die Hand zu geben, mit der die identifizierten Probleme bewältigt werden können. Das bedeutet, es geht um die Ausarbeitung theoriegeleiteter Richtlinien zur Verbesserung der betriebswirtschaftlichen Praxis.

In ähnlicher Weise lassen sich nach Schanz die Ziele wissenschaftlicher Arbeiten in kognitive Wissenschaftsziele (Erkenntnisinteresse) und praktische Wissenschaftsziele (Gestaltungsinteresse) unterscheiden.[13] Ziel der Arbeit ist damit einerseits das Erkennen, Beschreiben und Verstehen problematischer Sachverhalte im Rahmen des praktischen sowie theoretischen Netzwerkmanagements, als auch die Ableitung von praxisnahen Leitlinien, Entscheidungs- und Orientierungshilfen zur Veränderung bzw. Beherrschung dieser Sachverhalte.

1.3 Aufbau der Arbeit

Die vorliegende Arbeit ist in zehn Kapitel gegliedert. Nachdem im ersten Kapitel die Problemstellung, die Zielsetzung, die wissenschaftstheoretische Einordnung sowie die Vorgehensweise vorgestellt wurden, folgt im zweiten Kapitel die Abgrenzung des zu untersuchenden AFG-Netzwerkmanagements. Ausgehend von den dynamischen, komplexen und diskontinuierlichen Umfeldveränderungen, denen sich die Unternehmen heute gegenüber sehen, werden die sich daraus ergebenden Herausforderungen und Ansatzpunkte eines Risikomanagementprozesses diskutiert. Nach einer Darstellung wichtiger begrifflicher Grundlagen zu Netzwerken und AFGs wird der Stand der Netzwerkmanagementforschung beleuchtet und ein ganzheitlicher Ansatz eines strategischen AFG-Netzwerkmanagements entwickelt. Im dritten Kapitel soll der theoretische Bezugsrahmen abgesteckt werden. Anhand von Metatheorien,

[13] Vgl. Schanz 2000, S. 82 ff.

Ansätzen des strategischen Managements, interorganisationalen sowie ökonomischen Theorien werden Kernaussagen identifiziert, welche als Basis für die darauf folgende Ableitung einer strategischen Netzwerkgestaltung dienen. Im vierten Kapitel werden, mit Blick auf die in Kapitel zwei erörterten Handlungsoptionen des Risikomanagements, zwei Strategien der Risikoreduzierung herausgearbeitet sowie deren Anforderungen an die Gestaltung des fokalen Unternehmensnetzwerks beleuchtet. Aufgrund der sich im Lebenslauf einer AFG verändernden Marktunsicherheit wird darauf aufbauend ein idealtypischer, koevolutionärer Netzwerkgestaltungsprozess entlang der einzelnen AFG-Lebensphasen erarbeitet. Die theoretischen Leitlinien dieses Prozesses werden im Weiteren anhand qualitativer Experteninterviews in der AFG Snowboard einer empirischen Untersuchung unterzogen. Nachdem in Kapitel fünf die Zielsetzungen und die methodische Vorgehensweise der Empirie erläutert wurden, folgt in Kapitel sechs die Auswertung der grundlegenden Ergebnisse. In den beiden darauf folgenden Kapiteln sieben und acht wird eine detailliertere und differenziertere Auswertung der Untersuchungsergebnisse vorgenommen. Während in Kapitel sieben der koevolutionäre Prozess aus Sicht der Kooperationsnetzwerke näher beleuchtet wird, erfolgt in Kapitel acht eine umfassende Analyse der koevolutionären Gestaltung der fokalen Konsumentennetzwerke. In beiden Kapiteln werden dabei jeweils aufgrund der empirischen Erkenntnisse Handlungsempfehlungen für die unternehmerische Praxis abgeleitet. Im neunten Kapitel werden die für ein koevolutionäres AFG-Netzwerkmanagement erforderlichen Kompetenzen und Fähigkeiten herausgestellt. Das abschließende zehnte Kapitel fasst die Ergebnisse der vorliegenden Arbeit nochmals zusammen. Ferner erfolgt ein Ausblick auf mögliche weiterführende theoretische sowie praktische Forschungsansätze im Bereich des AFG-Netzwerkmanagements. Abbildung 1 gibt einen zusammenfassenden Überblick zum Aufbau der Arbeit.

Abbildung 1: Aufbau der Arbeit

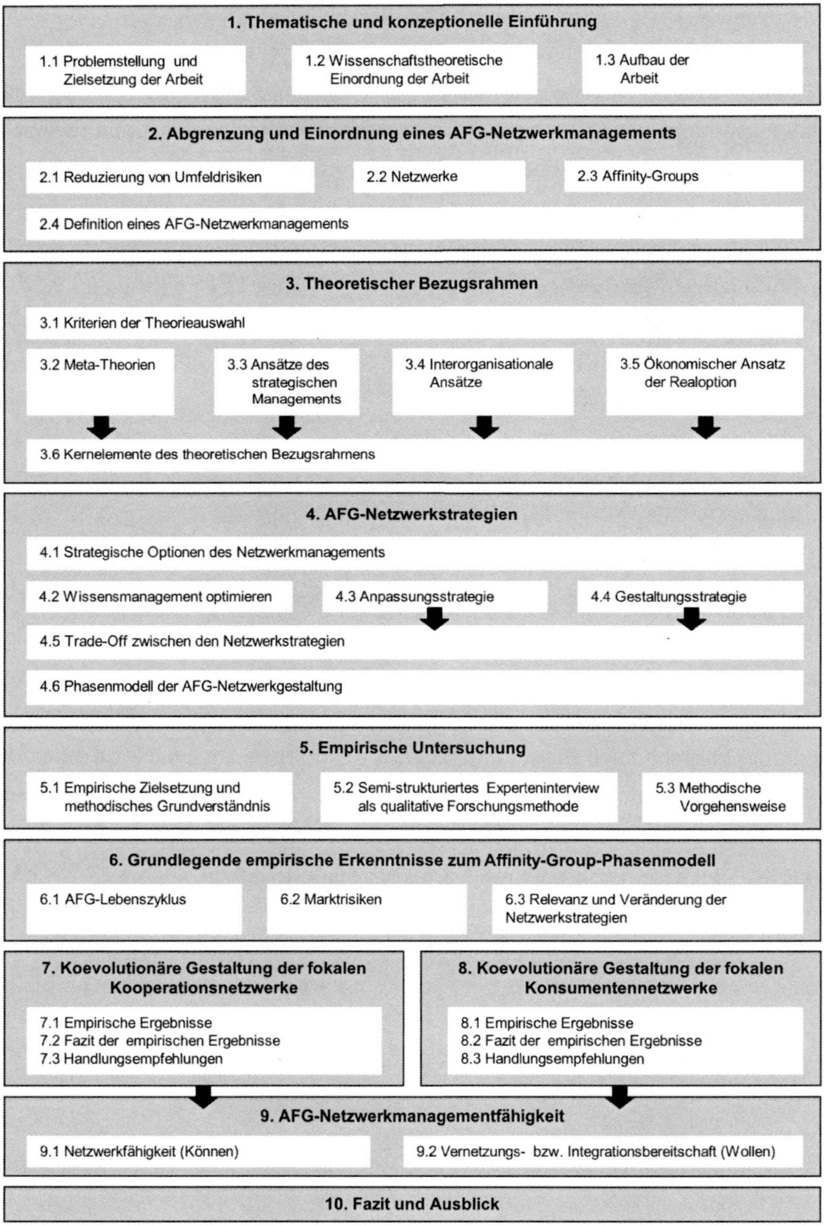

Quelle: Eigene Erstellung.

2 Abgrenzung und Einordnung eines Affinity-Group-Netzwerkmanagements

2.1 Reduzierung von Umfeldrisiken

2.1.1 Veränderungen des Unternehmensumfelds

„Anstatt mit einer in zunehmendem Maße beherrschbaren Welt haben wir es eher mit einer jeglichen Kontrolle entzogenen, eben entfesselten Welt zu tun."[14]

In den letzten Jahrzehnten rücken die Weltmärkte politisch und wirtschaftlich immer näher zusammen. Die wirtschaftspolitische Deregulierung und die damit verbundene Globalisierung heben immer mehr geografische Grenzen und damit Markteintrittsbarrieren für potenzielle Wettbewerber auf. Das Konzept einer national begrenzten Wirtschaft wird praktisch bedeutungslos.[15] Globalisierung bedeutet ein Zusammenwachsen von Produktmärkten über nationale Grenzen hinweg und bringt damit auch neue Freiheiten für jedes Individuum. In einer modernen, annähernd grenzenlosen Weltgesellschaft kann fast jeder seinen Arbeits- oder Wohnort frei wählen, weltweite Finanztransaktionen tätigen, Waren und Dienstleistungen aus allen Ländern beziehen und nahezu grenzenlos reisen oder kommunizieren.[16]

Neben der Lockerung wirtschaftspolitischer Marktzugangsbeschränkungen haben insbesondere die rasant zunehmenden Innovationen auf den Gebieten der Verkehrs-, Informations- und Kommunikationstechnik die Globalisierung in den letzten Jahren enorm beschleunigt. Noch vor Jahren waren z.B. Video-Konferenzen oder Internettelefonie technisch nicht möglich. Heute sind diese Kommunikationswege teilweise sogar kostengünstiger als herkömmliche Medien. Produktionsfaktoren wie Daten, Wissen, Geld, Technologie oder Personal sind hoch mobil geworden und lassen sich ohne größeren Zeitverlust an nahezu jeden Ort der Welt transferieren.

---

[14] Giddens 2001, S. 12.
[15] Vgl. Aderhold 2004, S. 37; Reich 1993, S. 15.
[16] Vgl. Stichweh 2000; Luhmann 1991.

Zahlreiche Märkte haben sich im Laufe der Zeit von Anbieter- zu Nachfragermärkten entwickelt, in denen nicht mehr produktionsseitige Ressourcen (z.B. Rohstoffe, Know-how), sondern die kundenseitigen Ressourcen (z.B. Aufmerksamkeit, Nachfrage) knapp sind. „Der einzige Faktor, der in der Welt des Überflusses knapp wird, ist menschliche Aufmerksamkeit."[17] Damit ist nicht mehr das Produkt, sondern der Kunde die kritische Größe, was auf der Anbieterseite zu steigender Konkurrenz sowie einem größeren Anspruch an ein effizientes und effektives Management führt. „Nicht mehr Kosten und Gewinnerwartungen sind es, die den Preis bestimmen, sondern der Marktpreis bestimmt heute Kosten und Gewinn."[18] Dieser Wandel von einer „Make-and-Sell-Organisation" zu einer „Sense-and-Respond-Organisation"[19] verlangt von Unternehmen nicht nur ein strategisches Umdenken, sondern auch ein organisatorisches Anpassen an sich laufend verändernde Markterfordernisse.

Die Produktlebenszyklen werden kürzer, was den Druck auf die Unternehmen zur Entwicklung ständig neuer Produkte und Produktvarianten erhöht.[20] Gerade in einem wettbewerbsintensiven und zunehmend internationalen Umfeld, wie es die meisten Unternehmen dieser Tage vorfinden, reicht Wachstum auf Basis vorhandener Produkte und Märkte auf Dauer nicht aus. Für den mittel- bis langfristigen Unternehmenserfolg sind daher Innovationen und das Erweitern des unternehmerischen Tätigkeitsfeldes unerlässlich, was zu einer steigenden Innovationsrate führt.[21] „Innovation wird zu einer Voraussetzung für unternehmerischen Erfolg auf flexiblen, globalen Märkten."[22] Die Unternehmen sehen sich gezwungen, immer schneller zu innovieren und den Markt mit immer neuen Produkten zu bedienen.

Die Entwicklungszeiten werden damit zum Engpassfaktor, was immer häufiger zu einer Parallelisierung der Entwicklungsphasen führt. „An die Stelle der traditionell sequentiellen Abarbeitung der einzelnen Entwicklungsphasen

[17] Kelly 1999, S. 86.
[18] Neumann 2004, S. 10.
[19] Vgl. Barabba 1998, S. 34 ff; Haeckel 1995.
[20] Vgl. Wolke 2007, S. 3; Aderhold 2004, S. 150.
[21] Vgl. Meffert/Finken 2005, S. 421.
[22] Aderhold 2004, S. 55; vgl. auch Drucker 1992, S. 97.

(Vorentwicklung, Serienentwicklung, Prozessentwicklung etc.) tritt zunehmend eine überlappende bis hin zu einer parallelen Vorgehensweise."[23] Die Innovationsdynamik, u.a. getrieben durch den Wettbewerbsdruck globalisierter Märkte, steigt, wodurch sich die Kosten für Forschung und Entwicklung in immer kürzerer Zeit amortisieren müssen. Oftmals haben Unternehmen nicht einmal mehr die Zeit für ausreichend lange Entwicklungsphasen oder Pre-Tests vor der offiziellen Markteinführung neuer Produkte. „Die Zeitspanne zwischen dem schöpferischen Einfall und seiner erfolgreichen Umsetzung in die Praxis wird immer kürzer, und der zeitliche Abstand zwischen der Markteinführung eines Produktes und seinem höchsten Absatz wird zunehmend kleiner."[24] Die Folge ist eine steigende Rate an Innovations-Flops. Die notwendigen Innovationsanstrengungen beschränken sich dabei nicht allein auf die Bereiche Forschung und Entwicklung beziehungsweise Produktneuerungen. Innovative Veränderungen betreffen mittlerweile das gesamte Spektrum unternehmerischer Aktivitäten. „Organisationsstrukturen, Kooperationsmuster, Produktions-prozesse und Arbeitsabläufe fallen in den Bereich angezielter Innovationsanstrengungen."[25]

Um die Flut an Innovationen und neuen Produkten auf den meist bereits gesättigten Märkten absetzen zu können, wird der Kunde durch ein entsprechendes Übermaß an Werbebotschaften überzeugt, dass er mindestens zwei Autos, drei Computer und auf jeden Fall vier Fernseher braucht. Horx spricht in diesem Zusammenhang vom Konsumerismus, der „Aufzucht des Super-Verbrauchers", dem Idealkunden, der alles konsumiert, was die vollautomatisierte Industrie auf die Märkte wirft.[26] Die Zeiten, in denen dieser Idealkunde all das konsumierte, was ihm vorgesetzt wurde, neigen sich jedoch dem Ende zu. Als Kontrast zur steigenden Anzahl an Innovationen der Produzenten zeichnet sich bei den Konsumenten ein Trend zum Überspringen bzw. Auslassen einer Innovationsstufe ab, was auch als Leapfrogging bezeichnet wird.[27] Die Konsumenten fühlen sich teilweise überfordert bzw. genötigt und können bzw. wollen nicht mehr auf jeder neuen Innovationsstufe aktiv werden.

[23] Siebert 2006, S. 19.
[24] Kotler/Bliemel 1999, S. 287.
[25] Aderhold 2004, S. 57.
[26] Vgl. Horx 2006, S. 159.
[27] Vgl. Klee 2000, S. 23.

Der heutige Kunde ist als mündiger und bestens informierter Kunde zu verstehen, der u.a. mit Hilfe des Internets spezifische Informationen einzuholen und Leistungsangebote bzw. Unternehmen weltweit zu vergleichen und zu bewerten weiß.[28] Werbung steht er kritisch gegenüber und reagiert bei zu aufdringlichen und plumpen Werbemaßnahmen schnell mit Reaktanz.[29] Unternehmen müssen sich heute in einem internationaleren und schärferen Wettbewerb behaupten und gleichzeitig den steigenden Ansprüchen der zunehmend emanzipierten Konsumenten gerecht werden.

„Die Knappheit der Knappheit wird zu einem wirtschaftlichen Dauerproblem erster Güte. Ein Überfluss im Angebot von Leistungen und Gütern trifft auf begrenzte Nachfrage sowie stark begrenzte Investitionsbereitschaft."[30] Das Warenangebot wird immer tiefer und feiner ausdifferenziert. Im Jahr 2003 kamen in Deutschland 311 neue Tütensuppen, 584 Feinkostsaucen, 1561 Schokoladensorten und 2505 alkoholfreie Getränke (z.B. „Vittel + Energy Orange mit Vitamin B-Complex und Kohlehydraten") in die Supermärkte.[31] Die Möglichkeiten, die den Individuen zur Verfügung stehen, scheinen unendlich. Beim Einkauf stehen sie vor riesigen Regalen mit unüberschaubar vielen Produkten, bei der Berufswahl stehen ihnen fast alle Wege offen. Egal ob Mediziner, Informatiker oder Lehrer, Berufe sind heute keinen bestimmten Schichten oder Klassen mehr vorbehalten. In allen Lebensbereichen stehen Individuen vor einer Vielzahl an Optionen, egal ob im Beruf, der Freizeitgestaltung oder im Konsum. Horx spricht hier von der „Differenzierung der Produktwelten" und veranschaulicht das Ausmaß an Multioptionalität an einem Beispiel: „Die Spezies der Zahnbürsten scheint im Zuge einer komplizierten Evolution in Tausende von Unterarten und Formvielfalten zu zerfallen. Borsten mit Querbiegungen und Längsbiegung, diagonal tanzend, schräg versetzt oder gegenläufig geordnet. Farbige Borsten, die beim Putzen verblassen. Seitenbors-

[28] Vgl. Handlbauer/Renzl 2006, S. 157; von den Eichen et. al. 2006, S. 483.

[29] Unter Reaktanz ist eine Abwehrhaltung, eine Motivation von Individuen zu verstehen, sich einer Beeinflussung (Bedrohung oder Einschränkung) ihrer Verhaltensfreiheit zu widersetzen. Die Reaktanz ist umso höher, je mehr die Freiheit eingeschränkt wird und je mehr Bedeutung dieser Freiheit beigemessen wird. Vgl. Stahl 2006, S. 96; Kotler 2005, S. 13 ff; Kroeber-Riel/Weinberg 2003, S. 207 f.

[30] Aderhold 2004, S. 75.

[31] Vgl. Rohwetter 2004, S. 20.

ten und Noppenborsten. Borsten mit Mikro-, Nano- und Adhäsionsbeschichtung. Griffe in allen Varianten der Plastikmorphologie: gerade, schmal, breit wie Bieberschwänze, mit Rückschnellmechanismus (...).“

Multioptionalität bedeutet jedoch nicht nur wählen können, sondern auch wählen müssen.[32] Das Zuviel an Konsumieren (-Müssen) bewirkt bei den Konsumenten in der Summe ein Gefühl der Belastung. Schwarz spricht diesbezüglich von „to muchness“ und bezieht sich auf das Zuviel an Aktivitäten, Konsum, Lernen, Koordination, Entscheiden etc.[33] Der Konsument verliert damit immer mehr den Überblick und somit auch die Orientierung in einer reizüberfluteten Konsumwelt. Ein Mehr an Informationen und Optionen bringt nicht etwa mehr Klarheit oder mehr Freiheit. Bolz fast dies so zusammen: „Also unser Problem ist, dass wir orientierungslos, konfus sind, und nicht etwa unwissend.“[34]

Die Vielfalt an materiellen und ideellen Optionen erhöht die Diskrepanz zwischen Aktuellem und Möglichem. Die Individuen versuchen diese Lücke zu schließen, was sich in einer Hyperaktivität unserer Gesellschaft äußert. Flexible, hybride und teils paradoxe Lebens- und Konsumstrukturen sind die Konsequenz.[35] „99 Leben auf einmal: Ein mörderisches Tempo und ständiger Zeitmangel zwingen uns eine große Rollenvielfalt auf. Wir müssen ständig Vieles auf einmal erledigen und haben an unserem High-Tech-Lebensstil schwer zu tragen.“[36] Multioptionalität und Orientierungslosigkeit führen zu paradoxen und unbestimmbaren Konsumstrukturen[37] sowie instabilen Verhaltensmustern, welche nur eine eingeschränkte Prognostizierbarkeit der Nachfrage- und Marktentwicklungen zulassen.[38] Demographische Veränderungen sind relativ

---

32 Giddens sieht das „Wählen-Müssen“ als elementare Eigenschaft einer posttraditionellen Gesellschaft. Er geht davon aus, dass Menschen keine andere Wahl haben als ihre Wahlfreiheit auch wahrzunehmen und spricht in diesem Zusammenhang von dem „Diktat der Wahl“. Vgl. Giddens 1996, S. 142.

33 Vgl. Schwarz 2004, S. 185.

34 Bolz 2004, S. 26.

35 Vgl. Foscht/Swoboda 2007, S. 5; Liebmann 1996, S. 45 ff.

36 Kotler/Bliemel 1999, S. 266.

37 Bestes Beispiel hierfür ist der vielfach beschriebene Konsument, der nach dem Besuch der Oper nicht in einem exklusiven Sternerestaurant speist, sonder bei McDonalds.

38 Vgl. Neumann 2004, S. 11.

leicht vorherzusehen, das Verhalten und die Bedürfnisse dieser Individuen jedoch nicht.

2.1.2 Erhöhtes Risiko als Folge der Umfeldveränderungen

Die Unsicherheit der Zukunft ist abhängig von explizitem Wissen über die Einflussfaktoren, deren Wechselwirkungen und deren Auswirkungen. Das Ausmaß an Wissen über diese relevanten Ursache-Wirkungs-Beziehungen ist wiederum abhängig von „der Handlungssituation und ihrem Kontext und von der diesbezüglichen Perzeptions- und Prognosefähigkeit des Akteurs“.[39] Beide, situative als auch individuelle Faktoren der Unsicherheit, werden durch die zuvor erläuterten Umfeldveränderungen negativ beeinflusst.

Die Komplexität des Marktgeschehens nimmt in rasantem Tempo zu. Mit der Globalisierung wachsen die Märkte über regionale und damit auch kulturelle Grenzen hinaus. Für die Marktteilnehmer bedeutet das nicht nur mehr Konkurrenz durch neue Anbieter, sondern auch eine erhöhte Anforderung an das Wissen bzgl. Marktanforderungen, gesetzlichen Regelungen etc. in anderen Ländern.[40] Neben der Anzahl und Varianz der relevanten Einflussfaktoren steigt auch die zu berücksichtigende Interdependenz zwischen diesen Faktoren. Mit der internationalen Vernetzung und Integration von Wirtschaftsräumen steigt zudem die Geschwindigkeit, mit der sich Probleme von einem Markt auf den anderen ausbreiten können.

Je höher die Komplexität ist, umso schlechter können zukünftige Marktgeschehnisse erkannt und bewertet werden. Doch nicht nur Märkte an sich werden komplexer, sondern auch Technologien und das paradoxe Kundenverhalten sind nur noch teilweise zu überblicken bzw. zu verstehen. „Komplexität kann ganz allgemein verstanden werden als die Kompliziertheit und Unübersichtlichkeit eines Sachverhalts.“[41] Ähnlich definiert Willke Komplexität als „den Grad der

[39] Liekweg 2003, S. 66 f.
[40] Einige Autoren sprechen in diesem Zusammenhang von Hyperwettbewerb. Vgl. Steinmann/Schreyögg 2005, S. 257; D´Aveni 1994.
[41] Liekweg 2003, S. 67.

Vielschichtigkeit, Vernetzung und Folgelastigkeit eines Entscheidungsfeldes."[42] Märkte werden jedoch nicht nur komplexer sondern auch dynamischer. Bestes Beispiel sind die neuen Wirtschaftsmächte wie China oder Indien.[43] In diesen Ländern entwickelt sich die Wirtschaft so rasant, dass die dazu benötigte rechtliche, wirtschaftspolitische und soziale Infrastruktur oft weit hinterherhinkt. Das Ausmaß sowie die Häufigkeit an Änderungen stellen höchste Anforderungen an die Anpassungs- und Entwicklungsfähigkeit der Unternehmen. Sie sehen sich der Problematik immer kürzerer Produktlebenszyklen gegenüber und müssen den ständig wechselnden Kundenanforderungen gerecht werden.[44] Auf der einen Seite sehen die Unternehmen einer immer komplexeren und dynamischeren Umwelt entgegen, auf der anderen Seite steht ihnen immer weniger Zeit zur Verfügung, sich diesen Veränderungen anzupassen. Damit öffnet sich, wie in Abbildung 2 veranschaulicht, die Schere zwischen zur Verfügung stehender und benötigter Reaktionszeit immer weiter.

Abbildung 2: Zeitschere

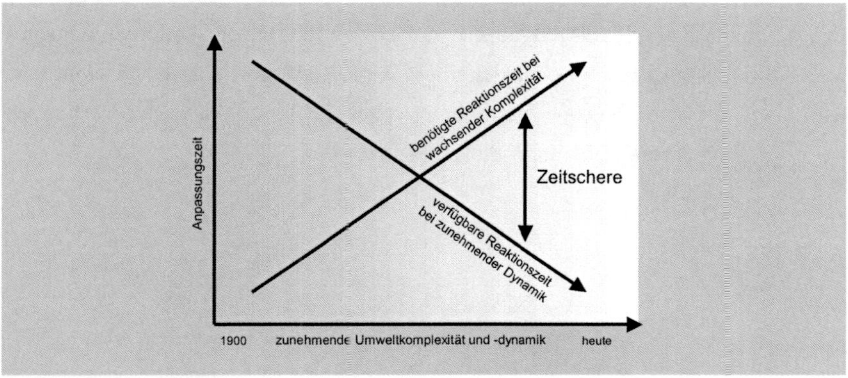

Quelle: Bleicher 2004, S. 45; Thode 2003, S. 24.

[42] Willke 2000, S. 22.

[43] Vgl. Weiß 2002, S. 16.

[44] „Zum einen fordert der Markt eine schnelle Lieferung von Produkten und eine rasche Erfüllung von Kundenwünschen, zum anderen verlangt er kurze Entwicklungszeiten bei der Einführung von Neuprodukten." Siebert 2006, S. 18.

Neben der Komplexität und Dynamik hat insbesondere die Diskontinuität bzw. Irregularität einen großen Einfluss auf die Unsicherheit bezüglich zukünftiger Marktentwicklungen. Technologische Innovationen verändern immer häufiger die Standards des Gewohnten und Kunden überraschen immer öfter durch scheinbar irrationale Verhaltensweisen. Nach Ohmae stellt die Unternehmensumwelt damit ein System dar, welches „inhärent dynamisch, aber nicht immer prognostizierbar ist. Die Ergebnisse treten nicht wie erwartet ein. Eine kleine Veränderung in einer Variablen kann gewaltige und unerklärliche Auswirkungen an anderen Stellen haben.“[45] Auch Foscht/Swoboda stellen fest: „Emergente Phänomene tauchen spontan und überraschend auf und entstehen ohne erkennbare Vorgeschichte.“[46] Bieta et al. weisen in diesem Zusammenhang darauf hin, dass aufgrund dieser Diskontinuitäten und Brüche von Managemententscheidungen Abstand genommen werden sollte, die auf Grundlage vergangenheitsbezogener Statistiken getroffenen werden: „Was gestern noch statistische Kuriosität war, kann heute als realisierte Überraschung schon Realität sein.“[47]

Die steigende Komplexität, Dynamik und Diskontinuität der Unternehmensumwelt führen damit zu mehr Unsicherheit bzgl. künftiger Marktentwicklungen, womit ein erhöhtes Risiko unternehmerischer Fehlentscheidungen verbunden ist. Abbildung 3 veranschaulicht diesen Sachverhalt.

[45] Ohmae 2006, S. 109.
[46] Foscht/Swoboda 2007, S. 5.
[47] Bieta et al. 2004, S. 4.

Abbildung 3: Steigende Umweltunsicherheit

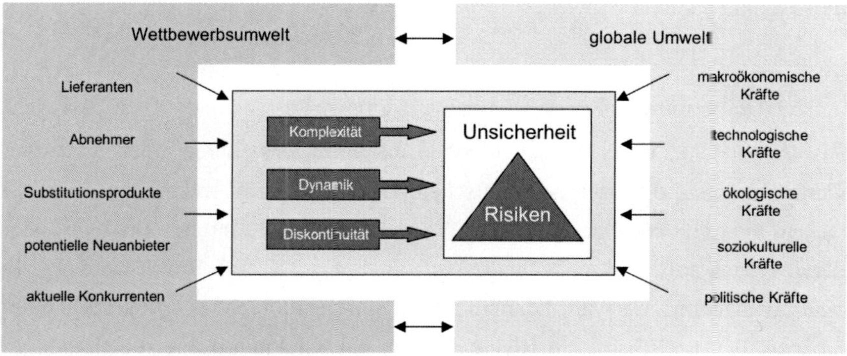

Quelle: In Anlehnung an Steinmann/Schreyögg 2005, S. 176 ff.

Die Phänomene von zunehmend dynamischeren, komplexeren und instabileren Märkten sowie schwerer zu verstehendem und unberechenbarem Marktverhalten der beteiligten Akteure, werden nicht mehr als vorübergehende Phasen im Auf und Ab langfristig schwankender sozioökonomischer Marktentwicklungen gesehen. Nach Heß handelt es sich vielmehr um „einen grundlegenden, gewissermaßen paradigmatischen Bruch der Produktionsverhältnisse entwickelter kapitalistischer Gesellschaften."[48] Bereits 1986 postuliert Beck die Entwicklung von der Industriegesellschaft zur industriellen Risikogesellschaft[49] und bringt damit die Herausforderungen der Unternehmen auf den Punkt: Unsicherheit ist eine Grundlage wirtschaftlicher Entscheidungen. Auch für Neumann bedeutet wirtschaften immer, „sich auf eine unsichere Zukunft einzulassen."[50] Ohmae vergleicht aufgrund dieser Undurchschaubarkeit und Unberechenbarkeit der Märkte die Global Economy mit der Quantenphysik: „Niemand weiß genau wie sie funktioniert, am wenigsten die Physiker."[51]

Dieser grundsätzliche Strukturwandel der Wirtschaft mit seiner sich immer schneller und tiefgreifender verändernden Umwelt erhöht die Unsicherheit und

48 Heß 1998, S. 5 f.
49 Vgl. Beck 1986.
50 Neumann 2004, S. 5.
51 Vgl. Ohmae 2006, S. 110.

damit die permanente Notwendigkeit einer Anpassung der Unternehmen an diese risikobehaftete Umwelt.[52]

2.1.2.1 Definition von Risiko

Risiko entsteht, wenn Entscheidungen in einer unsicheren Welt getroffen werden müssen, d.h. wenn die Entscheidungsalternativen, welche zur Auswahl stehen, lediglich mit einer gewissen Wahrscheinlichkeit eintreten (können) oder deren Folgen aufgrund mangelhafter Informationen falsch beurteilt werden.[53] In einer unsicheren Umwelt können sich „Entscheidungen ex post als Fehler herausstellen und damit ein Risiko für den Entscheidungsträger beinhalten."[54] Risiko stammt von dem frühitalienischen Wort „risicare" ab, was so viel bedeutet wie „etwas wagen". Ein Wagnis impliziert sowohl, dass ein Ereignis eintreten kann, das nicht geplant bzw. erwartet wurde, als auch, dass ein Ereignis, das geplant bzw. erwartet wurde, nicht eintritt.

Aus betriebswirtschaftlicher Sicht wird dann von einem Risiko gesprochen, wenn durch das Eintreten ungeplanter bzw. Ausbleiben geplanter Ereignisse die Verfehlung (mindestens) eines unternehmerischen Zieles zu erwarten ist.[55] Risiko bedeutet danach die „Möglichkeit, dass Ziele des Systems Betrieb aufgrund von Störprozessen nicht erreicht werden."[56] Risiko wird in der wirtschaftswissenschaftlichen Literatur unterschiedlich eng bzw. weit definiert. Als Risiko i.e.S. werden Gefahren bezeichnet, „die den Prozess der Zielsetzung und Zielerreichung begleiten und ihn negativ beeinflussen können."[57] Risiken i.e.S. stellen damit eine drohende Verlust- oder Schadensgefahr aufgrund einer negativen Zielabweichung dar.

Die potenzielle Zielabweichung, die eine risikoreiche Handlung oder Entscheidung mit sich bringt, kann jedoch auch positiv ausfallen und dem Unternehmen

[52] Vgl. Aderhold 2004, S. 129; Link/Greth/Voßbeck 2000, S. 19.
[53] Vgl. Schertler 1998, S. 93 f.
[54] Lowinski/Priddat 2003, S. 7.
[55] Vgl. Schröder 2005, S. 37 ff.
[56] Kratzheller 1997, S. 15.
[57] Hahn 1987, S. 137.

damit Chancen eröffnen. Als Risiko i.w.S. werden daher Ereignisse bzw. Situationen bezeichnet, die anders verlaufen können als erwartet und damit ökonomische Zielabweichungen bedingen, die sowohl negativer (Bedrohung) als auch positiver (Chancen) Natur sein können.[58]

Ob es sich bei einem zukünftigen Ereignis um eine Chance oder eine Bedrohung für ein Unternehmen handelt, hängt u.a. vom Zeitpunkt der Erkenntnis ab.[59] Wird eine Entwicklung nicht erkannt, wird sie aus wettbewerbstheoretischer Sicht früher oder später zu einer Gefahr für das Unternehmen. Je früher eine Entwicklung erkannt (und richtig interpretiert) wird, um so eher kann das Unternehmen sein Wirtschaften darauf abstimmen und damit die Entwicklung als Chance nutzen.[60]

Abbildung 4: Risiko in Abhängigkeit der Reaktionszeit

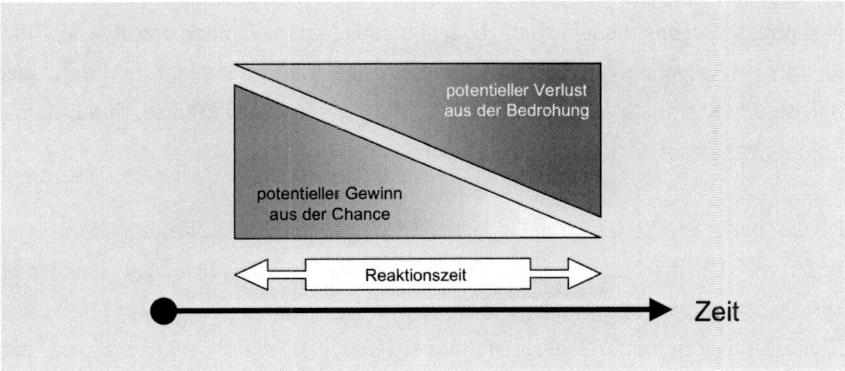

Quelle: In Anlehnung an Micic 2000, S. 41.

Wie in Abbildung 4 zu erkennen, spielt die Reaktionszeit, die ein Unternehmen benötigt, um sich auf das zukünftige Ereignis einzustellen, eine wesentliche Rolle bei der Differenzierung zwischen Chance und Bedrohung. Damit wird deutlich, dass einer strategischen Früherkennung insbesondere bei einer sich immer schneller verändernden Umwelt und damit einem kürzeren Reaktions-

58 Vgl. Schenkel 2003, S. 33 f; Wolf 2003, S. 41; Stahl 1992, S. 14 f; Haller 1986, S. 8 ff.
59 Neumann 2004, S. 8.
60 Vgl. Micic 2000, S. 26.

zeitraum eine herausragende Rolle zukommt. Ausschließlich kurzfristiges Reagieren auf neue Markterfordernisse kann auf heutigen dynamischen Märkten immer weniger wettbewerbsfähig sein.

Anzumerken ist, dass auch eine positive Zielabweichung ein Risiko bedeuten kann, und zwar dann, wenn das Unternehmen sich nicht oder nicht frühzeitig auf die Erfordernisse der neuen Situation einstellt. Wenn ein Eventveranstalter aufgrund seiner Marketingmaßnahmen mit 1000 Gästen rechnet, an dem besagten Event jedoch (z.B. aufgrund unterschätzter Mund-zu-Mund Werbung) 500 Gäste mehr erscheinen, so ist das zuerst als positive Zielabweichung und damit als Chance zu verstehen. Wenn der Eventveranstalter aufgrund seiner Planungen jedoch nicht genügend Kapazitäten (Raum, Personal, Getränke, Infrastruktur) für diesen Andrang bereithält, so kann diese zunächst positive Zielabweichung auch zur Gefahr werden: Das Sicherheitspersonal ist nicht mehr in der Lage, den Überblick zu behalten oder die Getränke gehen aus, was nicht nur direkt entgangenen Umsatz bedeutet, sondern sich auch negativ auf die Kundenzufriedenheit auswirkt. Chancen und Bedrohungen, die sich aus risikoreichen Situationen oder Entscheidungen ergeben können, sind damit immer als *potenzielle* Chancen und Bedrohungen zu verstehen.

Risiko hat zwei Seiten: eine ursachenbezogene und eine wirkungsbezogene. Während die ursachenbezogene Sicht auf die risikoauslösenden Umstände abstellt, ist die wirkungsbezogene Seite auf die ökonomischen Wirkungen des Risikos ausgerichtet.[61] Die Höhe des Risikos ist damit abhängig von der Eintrittswahrscheinlichkeit und den Auswirkungen des Ereignisses (vgl. Abbildung 5).[62]

[61] Vgl. Schröder 2005, S. 36 f.

[62] In der Literatur wird meist nur von einem möglichen Eintritt zukünftiger Ereignisse gesprochen und nicht von einem eventuellen Ausbleiben geplanter Ereignisse. Im Folgenden soll jedoch unter Eintrittswahrscheinlichkeit auch immer die Wahrscheinlichkeit des Ausbleibens eines erwarteten Ereignisses einbezogen sein.

Abbildung 5: Risiko in Abhängigkeit von Eintrittswahrscheinlichkeit und Auswirkungen

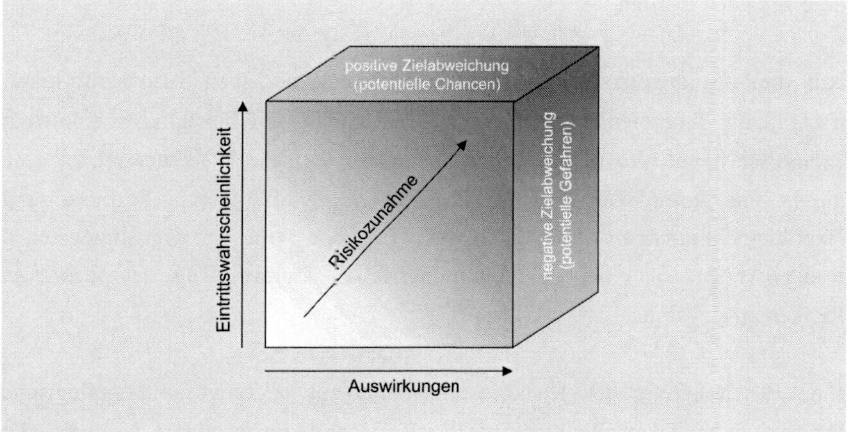

Quelle: Eigene Erstellung.

2.1.2.2 Kategorisierung von Risiko

In der wirtschaftswissenschaftlichen Literatur finden sich zahlreiche Klassifizierungen von Risikoarten.[63] Im Folgenden soll auf die am häufigsten vorgenommene Unterscheidung in operative, strategische und normative sowie produktionsseitige und absatzseitige Risiken näher eingegangen werden.

In der Literatur zum strategischen Risikomanagement wird meist zwischen strategischen und operativen Risiken unterschieden.[64] Als Kriterien der Abgrenzung werden dabei die Risikotragweite und der Zeithorizont, auf den sich die Risiken beziehen, herangezogen. Operative Risiken sind demnach durch einfach zu durchschauende Problemsituationen mit kurzfristigem Zeithorizont, geringer informatorischer Unvollkommenheit und einem geringen Grad an Tragweite gekennzeichnet.[65] Auf der Ebene der operativen Risiken kann weiter

[63] So z.B. die Einteilung in betriebsinterne und betriebsexterne Risiken, versicherbare und nicht-versicherbare Risiken, beeinflussbare und nicht-beeinflussbare Risiken, Aktions- und Bedingungsrisiken, Markt-, Betriebs- und Rechtsrisiken, Störbarkeits- und Verletzbarkeitsrisiken oder reine, spekulative und Mängelrisiken. Vgl. Schertler 1999, S. 123; Kratzheller 1997, S. 16 ff; Neumann 1995, S. 22.

[64] Vgl. Kaninke 2004, S. 11 ff; Hermann 1996, S. 28 ff.

[65] Vgl. Hermann 1996, S. 29.

in leistungswirtschaftliche (z.B. Personal-, EDV- oder Produktionsrisiken) und finanzwirtschaftliche Risiken (z.B. Zins-, Finanzierungs- oder Währungsrisiken) unterschieden werden.

Aufgrund des längeren Zeithorizontes auf strategischer Ebene ist die informatorische Unvollkommenheit und damit die Unsicherheit bezüglich zukünftiger Ereignisse höher als auf operativer Ebene. Strategische Risiken zeichnen sich durch eine komplexere Problemsituation mit vielfältigeren Einfluss- und Handlungsfaktoren aus. Bezüglich der Tragweite wird bei den strategischen Risiken meist von einer größeren potenziellen Tragweite als bei operativen Risiken ausgegangen.[66]

Eine Beschränkung des Risikomanagements auf operative und strategische Risiken ist heute jedoch nicht mehr ausreichend. Insbesondere aufgrund der zunehmenden Irregularitäten und scheinbar paradoxen Realitäten der Unternehmensumwelt einer Global Economy scheint eine Erweiterung um die Kategorie der normativen Risiken angebracht. Normative Risiken entstehen auf der Ebene der grundlegenden unternehmerischen Visionen und Ziele. Insbesondere das Markt- und Kundenverständnis, auf dem alle Visionen, Ziele, Strategien und operativen Prozesse gründen, bergen aufgrund der paradigmatischen Veränderungen erhöhte Risiken in sich. Normativen Risiken ist besonders dann höchste Aufmerksamkeit zu widmen, wenn es bei optimalem Management von strategischen und operativen Risiken dennoch zu einer existenzbedrohenden Entwicklung des Unternehmens kommt.

Die Risiken, die sich auf normativer, strategischer und operativer Ebene auswirken, lassen sich wiederum in produktions- und absatzseitige Risiken unterteilen (vgl. Abbildung 6). Als produktionsseitige Risiken werden alle Situationen und Ereignisse bezeichnet, die in Zusammenhang mit der Herstellung eines Produktes auftreten können. So stellt z.B. der technische Einsatz neuer Fertigungsanlagen ein operatives, produktionsseitiges Risiko dar. Die langfristige Versorgung mit produktionsnotwendigen Ressourcen über

[66] Vgl. Schierenbeck/Lister 2002, S. 183 f.

Allianzpartner (z.B. Zulieferer) kann hingegen ein strategisches, produktionsseitiges Risiko für das Unternehmen bedeuten.

Absatzseitige Risiken liegen dann vor, wenn unternehmerische Ziele aufgrund von Nachfrager- bzw. Endabnehmereinflüssen gefährdet sind. So könnte z.B. die mediale Realisierung einer Werbekampagne ein absatzseitiges, operatives Risiko bedeuten. Eine langfristige Ausrichtung der Marketingmaßnahmen auf eine bestimmte Zielgruppe kann hingegen mit strategischen, absatzseitigen Risiken verbunden sein.

Auf normativer Ebene lassen sich produktions- und absatzseitige Risiken nur noch schwer trennen. Zwar könnten sich aufgrund spezifischer Normen und Ziele einzelne Risiken eher der Absatz- oder der Produktionsseite zuordnen lassen, da diese jedoch alle auf einer gemeinsamen unternehmensweiten Vision und dem dahinterliegenden Markt- und Zielgruppenverständnis beruhen, kann eine weitere Unterteilung von normativen Risiken hier unterbleiben.

Abbildung 6: Kategorisierung unternehmerischer Risiken

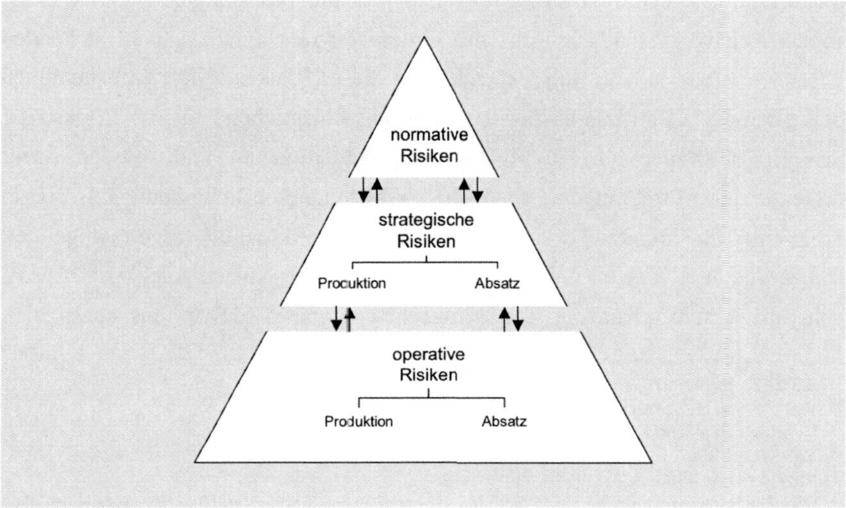

Quelle: Eigene Erstellung.

2.1.3 Managementkonsequenzen

„The trouble is that firms do not know how or when the environment will change. How can they prepare for the unknown?“[67] Die zentrale Frage lautet somit: Wie sollten die Unternehmen auf diese unsichere Umwelt reagieren und welche Aufgaben kommen dem strategischen Management dabei zu? Strategisches Management ist definitionsgemäß zukunftsgerichtet und die Zukunft ist unvermeidlich unsicher.[68] Die Fähigkeit zum Umgang mit und das Entscheiden in unsicheren Situationen wird somit zur Überlebensstrategie.[69] Den Managementaufgaben Risikoidentifikation, -bewertung, -bewältigung und -controlling kommt in der Folge eine besondere Bedeutung zu.[70]

Im Rahmen der Risikoidentifikation müssen alle potenziellen unternehmensrelevanten Risiken sowie Veränderungen bestehender Risiken erfasst werden. Methodisch lassen sich dabei zwei Ansätze bzw. Vorgehensweisen unterscheiden. Während die progressive Methode ausgehend von typischen Risikofaktoren und -ereignissen auf mögliche Schadensobjekte und Zielabweichungen schließt, versucht die regressive Methode, ausgehend von besonders risikosensiblen Unternehmensbereichen, mögliche Risikofaktoren aufzudecken.[71] Die Risikoidentifikation beschränkt sich dabei nicht nur auf das Erkennen von Risiken, sondern erstreckt sich auch auf die hinter den relevanten Risiken stehenden Ursachen sowie auf die Interdependenzen dieser Risiken.[72] Die Informationen bezüglich der identifizierten Risiken sind ausschlaggebend für die Effektivität und Effizienz der übrigen Risikomanagementaufgaben und müssen daher folgenden Anforderungen genügen: Vollständigkeit, Eindeutigkeit (kein Spielraum für folgereiche Fehlinterpretationen), Aktualität (regelmäßige und frühzeitige Analyse) und Wirtschaftlichkeit (Kosten-Nutzen-Aspekt).[73] Ansoff geht in seinem „Konzept der schwachen Signale“ davon aus, dass sich

---

67 Markides 1999, S. 7.
68 Vgl. Steinmann/Schreyögg 2005, S. 320.
69 Vgl. Bieta et al. 2004, S. 134.
70 Vgl. Wolke 2007, S. 3 ff; Wolf 2003, S. 50 ff.
71 Vgl. Hermann 1996, S. 41.
72 Die Risikoidentifikation beschränkt sich z.B. nicht nur auf das Identifizieren einer möglichen Leitzinssenkung, sondern fragt auch nach der dahinterliegenden Ursache, welche z.B. einer drohende Rezession sein könnte.
73 Vgl. Wolf 2003, S. 55 f; Kaninke 2004, S. 43.

Diskontinuitäten (Strukturbrüche, Krisen etc.) durch schwache Signale ankündigen.[74] Ziel der Risikoidentifikation muss es daher sein, permanent nach solchen frühzeitigen Anzeichen Ausschau zu halten. Ein optimales Frühwarn- bzw. Frühaufklärungssystem, welches die Risiken frühzeitig erkennt, verlängert die Reaktionszeit für unternehmerische Maßnahmen und schafft dadurch einen Wettbewerbsvorsprung. „Die besondere Problematik der Risikoidentifikation liegt dabei auf der Hand: Sie sollte möglichst vollständig, aktuell und wirtschaftlich sein, während demgegenüber die Risiken eines Unternehmens derart komplex und dynamisch sein können, dass eine vollständige und aktuelle Risikoidentifikation im Rahmen einer stichtagbezogenen und umfassenden Risikoinventur wirtschaftlich und inhaltlich kaum möglich erscheint."[75]

Im Anschluss an die Risikoidentifizierung folgt die Risikobewertung. Anhand diverser Analyseinstrumente (z.B. Sensitivitäts- oder Cross-Impakt-Analysen) sind die identifizierten Risiken zu untersuchen und entsprechend der identifizierten Informationen zu bewerten.[76] Ziel ist es, zu bewerten, ob die Risiken bezüglich Eintrittswahrscheinlichkeit, Eintrittshäufigkeit und möglichem Schadensausmaß von Relevanz sind und Handlungsbedarf für das Unternehmen besteht. Primär geht es damit um die Bestimmung des Risikogrades aufgrund der Ursache-Wirkungs-Struktur der Risiken sowie deren direkten und indirekten Auswirkungen auf das Unternehmen. Da viele Risiken nicht ausschließlich anhand objektiver, sondern vorwiegend subjektiver Kriterien gemessen und beurteilt werden können, kommt der Erfahrung, dem Fachwissen und der Motivation des Bewertenden eine hohe Bedeutung zu.[77]

Aufbauend auf den Ergebnissen der Risikobewertung kann, im Einklang mit der generellen Risikopolitik des Unternehmens, über die erforderlichen, situationsbedingten Maßnahmen der Risikobewältigung entschieden werden. Dabei

[74] Vgl. Ansoff 1976, S. 133 ff.

[75] Hermann 1996, S. 42.

[76] Eine trennscharfe Abgrenzung dieser beiden Managementaufgaben ist jedoch nicht möglich, da in der Phase der Identifikation bereits mit der Definition des Risikos eine erste Bewertung vorgenommen wurde.

[77] Vgl. Wolf 2003, S. 56 ff.

stehen dem Management grundsätzlich vier Maßnahmen bzw. Strategien der Risikohandhabung zur Verfügung: [78]

- Risikovermeidung: Grundsätzliche Vermeidung von wirtschaftlichen Aktionen auf risikoreichen Märkten. Damit können allerdings auch eventuelle sich ergebende Chancen nicht genutzt werden.
- Risikoreduzierung: Wahrscheinlichkeit des Schadeneintritts und/oder Ausmaß des drohenden Schadens reduzieren.
- Risikoüberwälzung: Risiken durch Verträge bzw. Versicherungen auf Dritte übertragen. Dies ist meist nur dann möglich, wenn messbare Risiken vorliegen, bei denen sich aufgrund statistischer, relativer Häufigkeiten objektive Wahrscheinlichkeiten über den Schadenseintritt errechnen lassen (z.B. Transportversicherung).
- Risiko tragen: Risiken, die weder vermieden, reduziert noch abgewälzt werden können, müssen selbst getragen werden, d.h. das Unternehmen kann diese Risiken in Kauf nehmen und z.B. entsprechende Rücklagen zur eventuellen Schadensbewältigung bilden.

Die vier Aufgaben des Risikomanagements bauen aufeinander auf, sodass von einem Risikomanagement-Prozess gesprochen werden kann. Die einzelnen Phasen sind jedoch nicht immer eindeutig voneinander zu trennen. Risiken gilt es nicht nur in der ersten Phase der Risikoidentifikation zu definieren. Auch während des Risikomanagementprozesses können in den jeweiligen Aufgabenbereichen wiederum Risiken dadurch entstehen, dass z.B. durch fehlendes Know-how oder qualitativ bzw. quantitativ mangelhafte Informationen der Vorphase, Fehleinschätzungen und Fehlentscheidungen getroffen werden. Ein permanentes und alle Risikomanagementphasen/-aufgaben umfassendes Risikocontrolling ist daher unerlässlich.

Abbildung 7 fasst die einzelnen Managementaufgaben zur Behandlung von operativen (o), strategischen (s) und normativen (n) Risiken als Prozess zusammen.

---

[78] Vgl. Führing 2006, S. 116 f; Wolf 2003, S. 60 ff; Lück 2000, S. 1476 f.

Abbildung 7: Risikomanagement-Prozess

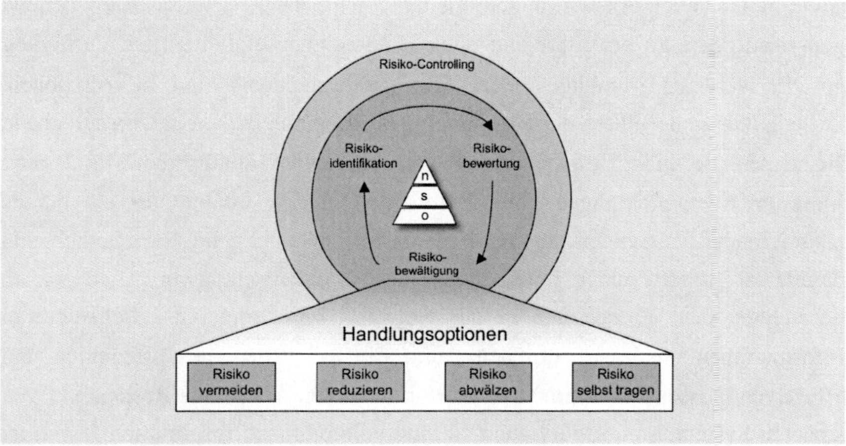

Quelle: Eigene Erstellung.

2.1.4 Ansatzpunkte der Risikoreduzierung

Die Anforderungen einer dynamischen, komplexen und irrationalen Umwelt führen zwangsläufig zu einer Verschärfung der Risikosituationen und damit zu einer wachsenden Bedeutung des Risikomanagements. Gelingt es den Unternehmen nicht, die sich ändernden Bedingungen schneller als die Konkurrenz zu antizipieren und auf die sich abzeichnenden Risiken adäquat zu reagieren, droht die Unternehmenskrise. Der Reduzierung der unternehmerischen Risiken bzw. deren Folgen kommt damit eine zentrale Aufgabe zu.[79] Eine Risikoreduzierung kann dabei an drei grundsätzlichen Stellschrauben ansetzen: Unsicherheit, Wahrscheinlichkeit und Schadensausmaß.[80]

Die Reduzierung der allen Risiken zugrunde liegenden Unsicherheit ist durch eine qualitative und quantitative Optimierung des Wissensmanagements zu erzielen. Das Wissen um das Vorhandensein aktueller unternehmensrelevanter

[79] Wenn im Folgenden von Risiko die Rede ist, dann ist Risiko i.e.S. gemeint, d.h. es wird nur auf die negativen Aspekte einer eventuellen Zielabweichung abgestellt, da ansonsten Maßnahmen der Risikoreduzierung auch die Reduzierung potenzieller Chancen bedeuten würde.

[80] Vgl. Führing 2006, S. 116 f.

Risiken, die Wahrscheinlichkeit des Eintretens neuer Risiken, deren Ursachen sowie potenziellen Auswirkungen auf Unternehmensziele, muss daher laufend generiert, gepflegt, erweitert und allen Unternehmenseinheiten zur Verfügung gestellt werden. Grundlage jeden Wissensmanagements sind Informationen. Diese gilt es in der Phase der Risikoidentifizierung zu erheben und entsprechend zu deuten. Je mehr Informationen über bestimmte zukünftige Markt- und Marktumfeldentwicklungen generiert werden und je qualitativer ein daraus resultierendes Wissensmanagement ist, desto mehr sinkt die Unsicherheit und damit das Risiko einer unternehmerischen Fehlentscheidung. Bieta et al. bezeichnen das Wirtschaften in der Networked Economy als „Schlacht um Informationen" und verdeutlichen damit die Relevanz eines effizienten und effektiven Wissensmanagements.[81] Aufgrund der beschränkten Rationalität von sozialen Systemen und Individuen ist eine vollkommene Informationslage über alle Risiken und deren Ursache-Wirkungs-Beziehungen nicht möglich. Komplexität und beschränkte Rationalität erzwingen daher Selektion, und Selektion zieht zwangsläufig Kontingenz im Sinne von Unbestimmtheit nach sich.[82] „Dort, wo Selektion unvermeidlich ist, ist auch keine Sicherheit mehr möglich."[83] Aus diesem Grund kann eine Reduzierung des Risikos über eine wissensbasierte Unsicherheitsreduzierung als essentielle aber nicht als hinreichende Maßnahme gelten.

Die Risikoreduzierung über die Minimierung der Wahrscheinlichkeiten des Schadeneintritts ist ursachebezogen und setzt eine gewisse Unsicherheitsreduzierung durch Informationen und Wissen voraus.[84] Als Beispiel einer ursachebezogenen Risikoreduzierungsmaßnahme kann die Installation eines Blitzableiters auf dem Dach einer Produktionshalle genannt werden. Damit werden das Risiko eines Blitzeinschlages und die damit verbundenen Folgerisiken eines Brandes verringert. Voraussetzung zur Ergreifung einer solchen Maßnahme ist jedoch das Wissen um die Möglichkeit eines Blitzeinschlages und dessen Auswirkungen.

---

81 Vgl. Bieta et al. 2004, S. 7.
82 Vgl. Steinmann/Schreyögg 2005, S. 140 f.
83 Steinmann/Schreyögg 2005, S. 141.
84 Vgl. Führing 2006, S. 117 ff; Hermann 1996, S. 45 ff.

Für den Fall, dass der Eintritt einer risikoreichen Situation oder eines Ereignisses nicht verhindert werden kann, ist durch wirkungsbezogene Maßnahmen das Schadensausmaß zu reduzieren. Da durch die Installation eines Blitzableiters die Möglichkeit eines Blitzeinschlages nicht vollkommen ausgeschlossen werden kann, können z.B. durch die Bereitstellung von Feuerlöschern die drohenden Folgeschäden eines Blitzeinschlages verringert werden. Abbildung 8 fasst die Ansatzpunkte der Risikoreduzierung nochmals grafisch zusammen.

Abbildung 8: Ansatzpunkte der Risikoreduzierung

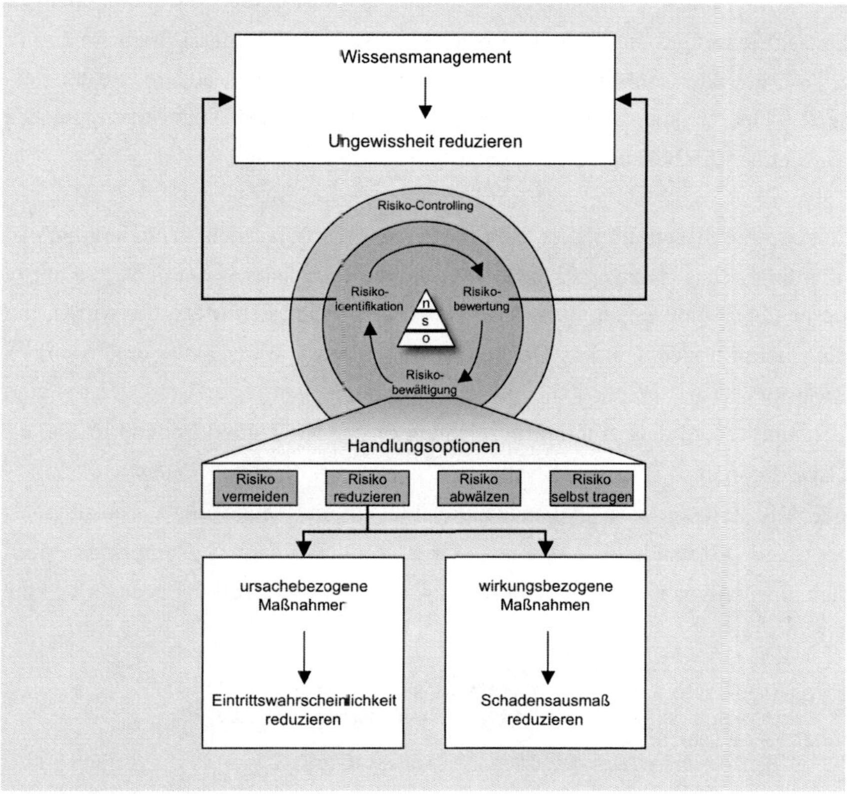

Quelle: Eigene Erstellung.

2.1.5 Vernetzung als Instrument der Risikoreduzierung

Die operativen und strategischen Risiken, die sich aus einer komplexen, dynamischen und irrationalen Unternehmensumwelt ergeben, versuchen die Unternehmen immer mehr durch Kooperationen und Allianzen mit anderen Marktteilnehmern zu reduzieren.[85] „Vernetzung zählt zu den zentralen unternehmerischen Aktions- bzw. Reaktionsmustern auf die volkswirtschaftlichen und informationstechnischen Entwicklungen.“[86] Kein Unternehmen ist heute weder in der Lage alle markterforderlichen Aktivitäten der Produktion und des Absatzes alleine zu bewältigen, noch Willens, die damit verbunden Risiken alleine zu tragen. Es gilt daher, „sich auf bestimmte Kernfähigkeiten zu konzentrieren und die Erstellung solcher Leistungen, die das Unternehmen nur ebenso gut oder schlechter als der Wettbewerb beherrscht, anderen zu überlassen.“[87] Unternehmen agieren daher zunehmend in globalen Netzwerken, um sich im Wettbewerb behaupten zu können.[88]

„Netzwerke haben in jeder Wirtschaft existiert. Was sich verändert hat, ist allerdings, dass Netzwerke, technologisch verbessert und vervielfacht, so tief in unser Leben eindringen, dass das Netzwerk zur zentralen Metapher wurde, um die herum sich unser Denken und unsere Wirtschaft organisiert.“[89] Shaprio/Varian sprechen in diesem Zusammenhang von der „Networked Economy“.[90] Andere Autoren bezeichnen diese „Networked Economy“ u.a. als „New Economy“[91], „Age of Network“[92], „Network Society“[93], „Network Era“[94] oder als Zeitalter des „Allianzkapitalismus“[95] und sehen die Vernetzung als zentralen Bestandteil moderner Organisationsformen. „Companies need fundamentally new strategies for the new economy. Networking is enabling new

85 Vgl. Herzog 2006, S. 15; Aderhold 2004, S. 48; Steinbicker 2001, S. 89.
86 Fleisch 2001, S. 58; vgl. auch Siebert 2006, S. 16 ff; Morschett 2005, S. 379.
87 Macharzina 2003, S. 243.
88 Vgl. Backhaus/Braun/Schneider 2005, S. 72; Österle et al. 2000, S. 2.
89 Kelly 1999, S. 10.
90 Vgl. Shaprio/Varian 1999.
91 Vgl. Kelly 1999.
92 Vgl. Lipnack/Stamps 1994.
93 Vgl. Castells 2004.
94 Vgl. Bradley/Nolan 1998.
95 Vgl. Dunning 1997.

structures and new strategies."[96] Auch Ohmae betont die aktuelle Bedeutung der Netzwerke: „Wir leben in einer durch und durch vernetzten, interdependenten und durch die Global Economy vereinten Welt."[97]

Die Gründe, wieso Unternehmen kooperieren, sind vielfältig und werden in der wissenschaftlichen Literatur ebenso facettenreich wie kontrovers diskutiert. Während Transaktionskostentheoretiker die Existenz von interorganisationalen Kooperationen mit Kosten-, Internalisierungs- und Externalisierungsvorteilen begründen, argumentieren Wettbewerbstheoretiker, dass Unternehmen durch Kooperationen ihre Ressourcenausstattung erweitern und damit ihre strategische Marktposition gegenüber Konkurrenten und Kunden verbessern.[98]

Als vorrangige Ziele einer interorganisationalen Vernetzung gelten daher

- die Steigerung der innerbetrieblichen Effizienz (Reduktion der Prozesskosten, Lagerkosten oder Einkaufspreise sowie Generierung von Zeitvorteilen),
- die Steigerung des Kundennutzens und der Effektivität (Individualisierung, kürzere Liefer- und Durchlaufzeiten),
- die Erschließung neuer ökonomischer Potenziale (innerhalb und außerhalb der Stammbranche, Überwindung von Handelsbarrieren).

Diese im Bezug auf bestehende Tätigkeitsfelder effizienz- und effektivitätssteigernde Eigenschaften von Kooperationen sowie deren Funktion als Türöffner für neue wirtschaftliche Tätigkeitsfelder weisen sowohl wirkungs- als auch ursachebezogene Aspekte auf und verdeutlichen damit den risikorelevanten bzw. risikoreduzierenden Charakter von interorganisationalen Vernetzungen.[99]

Die Netzwerke, über die Unternehmen kooperieren, können sowohl auf strategischer als auch operativer Ebene angesiedelt sein. Unternehmen beschränken sich dabei nicht auf ein bestimmtes Netzwerk, sondern agieren in

96 Tapscott 1998, S. 12.
97 Ohmae 2006, S. 31.
98 Vgl. Knieps 2007, S. 4 ff; Stein 2005, S. 172; Swoboda 2005, S. 35 ff; Kutschker 2005, S. 259; Aderhold 2004, S. 148 ff; Fleisch 2001, S. 47 ff.
99 Im Folgenden soll nicht weiter auf die wirtschaftstheoretischen Unterscheidungen in der Begründung von Kooperationen eingegangen werden. Zielführend für diese Arbeit ist lediglich der Aspekt, dass sowohl durch die kosten- als auch die wettbewerbsrelevanten Eigenschaften von Kooperationen das unternehmerische Risiko reduziert oder geteilt werden kann.

der Regel in mehreren Netzwerken gleichzeitig. „Sie beteiligen sich z.B. parallel an Entwicklungs- und Einkaufsgemeinschaften, gehen strategische Marketingpartnerschaften ein und sind mit unterschiedlichen Produkten bzw. Dienstleistungen in unterschiedlichen Wertschöpfungsketten involviert."[100] Die Multioptionalität unserer Gesellschaft betrifft nicht nur den Konsumenten, sondern auch den Produzenten. Die Globalisierung lässt potenzielle Partner in das Blickfeld rücken, die früher nicht als Kooperationspartner zur Verfügung standen. Und genau so wie der Kunde unter der Qual der Wahl leidet, so stehen die Unternehmen vor der schwierigen Aufgabe, aus dem oft unüberschaubar großen Möglichkeitsspektrum an Kooperationspartnern die geeignetsten auszuwählen. Aufgrund der Vielfalt der möglichen Kooperationsformen, -partner und -ausgestaltungen sowie Netzwerkstrukturen, stellt sich die Frage, ob Vernetzung und Kooperation die Marktrisiken verringert oder ob durch die Anforderungen einer komplexen und vielschichtigen wirtschaftlichen Vernetzung die Risiken des unternehmerischen Handelns steigen. Ein Risikomanagement bzw. eine Risikoreduzierung über Netzwerke erfordert somit ein netzwerk- bzw. multikooperationsbasiertes Managementverständnis.

Vernetzung und Kooperation erfahren nicht nur auf Unternehmensseite mehr Bedeutung. Auch die Konsumenten versuchen durch den Austausch mit anderen Konsumenten ihre Unsicherheit bezüglich verschiedener Entscheidungssituationen zu verringern. Sie gründen Online-Communities in denen sie z.B. ihre Erfahrungen zu einem Produkt oder der Serviceleistung eines Unternehmens austauschen, Testberichte aus unterschiedlichen Medien sammeln und bereitstellen oder sich gegenseitig über künftige Produktinnovationen informieren und reduzieren so gemeinsam z.B. das Risiko eines Fehlkaufs. Eine verstärkte Vernetzung unter Konsumenten bzw. sozialen Individuen ist jedoch nicht nur aus wirtschaftlichen Gesichtspunkten festzustellen. Aufgrund der Orientierungslosigkeit, unter der die Gesellschaft im Zeitalter der Multioptionalität leidet, suchen Individuen verstärkt die Nähe zu anderen Individuen, die in der gleichen Situation sind. So bilden sich immer mehr Gruppen Gleichgesinnter, die sich auf vielfältige Weise untereinander vernetzen, miteinander

---

[100] Fleisch 2001, S. 4.

interagieren und so versuchen, ihr soziales Risiko einer individuellen Vereinsamung zu minimieren. Popcorn bezeichnet diesen gesellschaftlichen Trend als „Clanning“.[101] Kotler/Bliemel sprechen hier von „(...) dem Wunsch, zu einer oder mehreren Gruppen von Gleichgesinnten zu gehören, die gemeinsame Ideale vertreten und uns in unserer eigenen Grundüberzeugung bestärken.“[102]

Zusätzlich zur verstärkten Bildung von Anbieter- und Nachfragernetzwerken kommt es auch zu einer Ausweitung und Intensivierung der Vernetzung zwischen Anbieter und Nachfrager. Die Unternehmen haben erkannt, dass auf unsicheren und dynamischen Märkten den Beziehungen zu den Kunden eine entscheidende Bedeutung zukommt. Mit Hilfe von Kundenorientierung, Kundenbindungsprogrammen und Kundenintegration versuchen die Unternehmen ihre Kunden enger an sich zu binden und damit insbesondere strategische Risiken zu verringern.[103] In Folge einer immer intensiveren Vernetzung „verschwimmen zusehends die Grenzen zwischen Unternehmen, beteiligten Mitarbeitern, Lieferanten und Kunden.“[104]

„Die Dynamik unserer Gesellschaft und insbesondere unserer neuen Wirtschaft wird zunehmend der Logik von Netzwerken gehorchen. Das Verständnis, wie Netzwerke funktionieren, wird der Schlüssel zum Verständnis sein, wie die Wirtschaft funktioniert.“[105] Vernetzung per se kann Unsicherheit jedoch noch nicht reduzieren. Die zunehmende Vielfalt an Vernetzungsmöglichkeiten und -notwendigkeiten geht Hand in Hand mit einer Komplexitätssteigerung von intra- und interorganisationalen Prozessen bzw. Strukturen. So stellen Hage/Alter fest, dass Unternehmensnetzwerke immer häufiger Branchengrenzen überspannen, die Diversität der Netzwerkmitglieder zunimmt, die über Netzwerke zu koordinierenden Aufgaben komplexer werden und die Anzahl der Netzwerke, in die ein Unternehmen involviert ist, steigt.[106] „Die Komplexität und Feinheit der

[101] Vgl. Popcorn 2002.
[102] Kotler/Bliemel 1999, S. 265.
[103] Beispiel einer Kundenintegration in die Produktionsprozesse sind z.B. Radiohörer, die im Sender anrufen, um einen aktuellen Stau oder Blitzer zu melden und damit den Content der Radiosendung mitgestalten.
[104] Aderhold 2004, S. 53.
[105] Kelly 1999, S. 22.
[106] Vgl. Hage/Alter 1997, S. 94 ff.

in einer Netzwerkgesellschaft gesponnenen Beziehungen ist unbegrenzt.“[107] Erst ein Verstehen dieser Netzwerke und ein zielgerichtetes strategisches Management von und Agieren in diesen Netzwerken kann zur Unsicherheits- und damit Risikoreduzierung beitragen.

Netzwerke haben aufgrund der Marktveränderungen in den letzten Jahren sowohl in der Praxis als auch in der Wissenschaft eine verstärkte Aufmerksamkeit erfahren. Dennoch ist die moderne Netzwerkforschung bis heute nur bedingt in der Lage, ein geschlossenes und einheitliches theoretisches Konzept zur Beschreibung und Erklärung von Netzwerken und den darin auftretenden Einzelphänomenen zu liefern.[108] „Trotz der theoretischen und methodischen Vielfalt an wissenschaftlicher Forschung und einem sich in vielen Richtungen abzeichnenden Forschungsfortschritt ist die Netzwerkorganisation immer noch ein weitgehend unbekanntes Wesen.“[109] Oliver/Ebers sprechen aufgrund dieser Vielfalt an unterschiedlichen und zum Teil konträren Forschungsansätzen und -ergebnissen sogar von einem „chaotischen Zustand“: „(...) the increase in the number of the studies has contributed to a rather messy situation marked by cacophony of heterogeneous concepts, theories, and resesarch results.“[110] Auch Weibel konstatiert, dass die Breite und Multidisziplinarität des Forschungsgebiets dazu führt, dass „kaum Einigkeit darüber herrscht, was genau unter Netzwerken zu verstehen ist.“[111]

2.2 Netzwerke

2.2.1 Begriffsdefinition

Das aus dem Englischen stammende Wort „network“ setzt sich aus dem Substantiv „net“ (Netz) und dem Verb „to work“ (arbeiten, gestalten) zusammen. Diese wörtliche Begriffsbetrachtung lässt bereits erkennen, dass es sich bei

[107] Kelly 1999, S. 165.
[108] Aderhold 2004, S. 94.
[109] Sydow 2006, S. 434.
[110] Oliver/Ebers 1998, S. 549.
[111] Vgl. Weibel 2002, S. 6.

einem Netzwerk um ein dynamisches System handelt, welches aus einer Struktur und Aktionen innerhalb dieser Struktur besteht und aktiv gestaltet werden kann bzw. muss. Ein Netzwerk kann damit ganz allgemein als eine Struktur bzw. ein System untereinander verbundener Knoten beschrieben werden.[112] Netzwerke bestehen demnach aus Elementen (Akteuren) und Verbindungen zwischen diesen Elementen.

Bezüglich der Verbindungen zwischen den Netzwerkakteuren gilt es zwischen Transaktion, Interaktion und Beziehung zu unterscheiden. Eine Transaktion wird als dyadischer, isolierter Austauschprozess verstanden, bei dem eine Leistung von einem Akteur auf einen anderen übertragen wird. Transaktionen sind damit einseitig und erfordern keine Reaktion des Leistungsempfängers.[113] Eine Interaktion stellt aus sozialtheoretischer Sicht eine höhere Form des Austausches dar, bei dem mindestens zwei Akteure in direkten Kontakt treten. Dabei agieren jedoch im Gegensatz zur Transaktion beide Akteure, d.h. es kommt zu einem wechselseitigen Austausch von Leistungen.[114] Dieses wechselseitige Interagieren von Individuen stellt nach Luhmann eine wesentliche Voraussetzung zum Aufbau sozialer Systeme dar.[115] Interaktionen sind im Gegensatz zu Beziehungen zeitlich und sozial begrenzt.[116] Ein wiederholtes Interagieren zwischen denselben Akteuren führt zur Ausbildung einer Beziehung zwischen diesen Akteuren.[117] Eine Beziehung kann damit weder einseitig sein noch kann sie auf einem einmaligen sozialen Austausch beruhen. „Nur ihre laufende Reproduktion durch Interaktionen verstetigt Beziehungen in Zeit und Raum."[118] Beziehungen sind latent vorhanden und erfordern im Gegensatz zu Interaktionen keinen permanenten sozialen Austausch. Beziehungen müssen jedoch immer wieder durch Interaktionen oder Transaktionen aktiviert und belebt werden, damit sie nicht verfallen.

---

112 Vgl. Castells 2001, S. 528.
113 Vgl. Peitz 2002, S. 78.
114 Vgl. Peitz 2002, S. 79.
115 Vgl. Luhmann 1984, S. 16 ff.
116 Vgl. Scherr/Peuckert 2006, S. 117.
117 Vgl. Gukenbiehl/Kopp 2006, S. 41 f; Hadwich 2003, S. 14.
118 Herzog 2006, S. 36.

Netzwerke finden sich in allen Wirtschaftsbereichen, Branchen und gesellschaftlichen Ebenen. „Technisch realisierte Verknüpfungen (zum Beispiel Internet), wirtschaftliche Kooperationen (zum Beispiel Joint Ventures), politikfeldbezogene Verhandlungssysteme (zum Beispiel Policy-Netzwerke) oder soziale Gefälligkeitssysteme (zum Beispiel soziale Unterstützungsnetze) werden allesamt als Netzwerk gedeutet."[119] Eine auf Verallgemeinerung abzielende, fächer- bzw. disziplinübergreifende Begriffsbildung ist bisher jedoch nicht gelungen.[120]

2.2.2 Netzwerke aus soziologischer Sicht

Bereits Anfang der 1940er Jahre benutzte der Sozialanthropologe Radcliffe-Brown den Begriff des Netzwerks, um damit die Vielfalt der sozialen Beziehungen, über die sich die Individuen einer Gesellschaft miteinander verknüpfen, zu beschreiben. „A social relation exists between two or more individual organisms when there is some adjustment of their respective interests, by convergence of interest, or by limitation of conflicts that might arise from divergence of interests. (...) I use the term social structure to denote this network of actually existing relations."[121] Darauf aufbauend formuliert Mitchell eine der bis heute weitverbreitetsten Definitionen eines sozialen Netzwerks: „A social network is a specific set of linkages among a defined set of actors, with the additional property that the characteristics of these linkages as a whole may be used to interpret the social behaviour of the actors involved."[122]

Der Fokus einer soziologischen Betrachtung der Netzwerke liegt nicht auf dem einzelnen Akteur, sondern auf den zwischen den Menschen ablaufenden sozialen Prozessen.[123] Dieses „Zwischenmenschliche" entsteht aufgrund der

[119] Aderhold 2004, S. 94. Neben der wirtschaftswissenschaftlichen und soziologischen Betrachtungsweise lässt sich die Netzwerkthematik auch aus einer Vielzahl weiterer Fachrichtungen betrachten (z.B. neuronale Netze in der Medizin oder computerbasierte Infrastrukturen in der Informatik). Mit Blick auf den Schwerpunkt der vorliegenden Arbeit beschränken sich die weiteren Ausführungen jedoch auf die soziologische und wirtschaftliche Betrachtung von Netzwerken.
[120] Vgl. Aderhold 2004, S. 94.
[121] Radcliffe-Brown 1940, S. 9.
[122] Mitchell 1969, S. 2.
[123] Vgl. Luhmann 1993, S. 195 ff; Simmel 1992, S. 16.

Beziehungen, die Menschen eingehen und sich dadurch wechselseitig beeinflussen. Das Spektrum relevanter Beziehungsarten umfasst jegliche Art sozialer Interaktion wie z.B. „ökonomischer Austausch, Kommunikation, Affekte (Liebe, Hass, Neid, Freundschaft, Feindschaft etc.) sowie Verwandtschaftsbeziehungen.“[124] Auf Basis dieser Wechselwirkungen sind die Menschen in der Lage, Netzwerke und damit soziale Gruppen auszubilden.[125]

Ein soziales Netzwerk kann somit als „ein Geflecht von sozialen Beziehungen, in das der Einzelne, Gruppen, kollektive oder korporative Akteure eingebettet sind“ definiert werden.[126] „Diese Feststellung könnte soweit reichen, alle sozialen Strukturen als netzwerkförmig angelegt zu betrachten beziehungsweise die gesamte Gesellschaft als von Netzwerken durchzogen zu sehen beziehungsweise diese gar selbst als Netzwerk zu interpretieren.“[127] Kraemer spricht hier auch von einer „Vergesellschaftung“ der Individuen.[128]

Die Gesellschaft darf nicht als Ansammlung isolierter und unabhängig agierender Individuen gesehen werden. Die Pluralisierungs- und Individualisierungsprozesse der „Networked Economy“ führen zu einer Komplexitätssteigerung gesellschaftlicher Wirklichkeitskonstruktionen. Die damit einhergehende Orientierungslosigkeit versuchen die Individuen durch eine verstärkte Gesellung auszugleichen. „Denn gerade die Konfrontation mit einer immer komplexeren Realität verunsichert den Einzelnen. Diese Verunsicherung wiederum erhöht seinen Bedarf an bzw. sein Bedürfnis nach kollektiven Vorgaben.“[129] Dieser Trend zur Vergesellschaftung durch den Zusammenschluss von Individuen in zahlreichen sozialen Gruppen wird auch als Gruppenindividualisierung bezeichnet.[130]

124 Beck 1998, S. 44.
125 Vgl. Aderhold 2004, S. 100.
126 Jansen 2006b, S. 207.
127 Aderhold 2004, S. 95.
128 Vgl. Kraemer 1997, S. 13.
129 Hitzler/Bucher/Niederbacher 2005, S. 17.
130 Vgl. Schertler 2006, S. 22 f.

Heintz bezeichnet eine Gesellschaft als „ein Kontinuum, das von lockeren Netzwerken bis zu gruppenförmig organisierten Beziehungen reicht."[131] Der Gruppenbegriff wird hier konkreter als der Gesellschaftsbegriff verwandt. Gruppen sind demnach nur eine spezifische Ausprägung sozialer Netzwerke, stellen aber das in den Sozialwissenschaften am häufigsten thematisierte und am umfassendsten untersuchte Netzwerkkonstrukt dar.[132] Nach Thiedeke sind soziale Gruppen „(...) grundlegende Erscheinungsformen der Vergesellschaftung. (...) In der Gruppe erfahren wir Unterstützung, Annerkennung und Eingebundenheit, aber auch soziale Einflussnahme, Zwang und Anpassung."[133]

Eine Gruppe stellt nach einer frühen Definition von Shaw ein Netzwerk dar, aus „two or more persons who are interacting with one another in such manner that each person influences and is influenced by each person."[134] In diesem Sinn betont auch Forsyth die zentrale Bedeutung von sozialer Interaktion und gegenseitiger Beeinflussung, indem er eine soziale Gruppe als „two or more interdependent individuals who influence each other through social interaction"[135] definiert. Wellman versteht unter einer Gruppe „ein soziales Netzwerk, dessen Bindungen eng auf einen abgegrenzten Bereich beschränkt und dicht verknüpft sind, so dass fast alle Netzwerkmitglieder direkt miteinander in Beziehung stehen."[136] Die Gruppe lässt sich damit als Spezialfall von Netzwerkstrukturen betrachten.[137]

Obwohl sich die Soziologie seit Ende des 19. Jahrhunderts mit der Gruppenthematik befasst, ist wie auch im Falle des Netzwerks bis heute noch keine einheitliche Definition gelungen. In den zahlreichen wissenschaftlichen Abhandlungen zur Soziologie der Gruppe findet sich eine Vielzahl an Definitionen, die sich zum Teil widersprechen oder überschneiden. Im Folgenden soll daher eine der heute gängigsten Definitionen von Schäfers herangezogen

[131] Heintz 2003, S. 181.
[132] Vgl. Prykop 2005, S. 44.
[133] Thiedeke 2003, S. 7.
[134] Shaw 1976, S. 11.
[135] Forsyth 1999, S. 5.
[136] Wellman 2003, S. 127.
[137] Vgl. Fuhse 2006, S. 245.

werden: „Eine soziale Gruppe umfasst eine bestimmte Zahl von Mitgliedern (Gruppenmitgliedern), die zur Erreichung eines gemeinsamen Ziels (Gruppenziel) über längere Zeit in einem relativ kontinuierlichen Kommunikations- und Interaktionsprozess stehen und ein Gefühl der Zusammengehörigkeit (Wir-Gefühl) entwickeln. Zur Erreichung des Gruppenziels und zur Stabilisierung der Gruppenidentität ist ein System gemeinsamer Normen und eine Verteilung der Aufgaben über ein gruppenspezifisches Rollendifferenzial erforderlich."[138]

Nach Schäfers lassen sich damit folgende Definitionsmerkmale einer sozialen Gruppe herausstellen:

- Bestimmbare Zahl von Mitgliedern
- Gemeinsames Ziel bzw. gemeinsame Teilnahmemotive
- Zusammengehörigkeitsbewusstsein (Wir-Gefühl)
- System gemeinsamer Normen und Werte
- Geflecht aufeinander bezogener sozialer Rollen (Gruppenstrukturen)
- Relativ kontinuierliche, langfristige Beziehungen und Interaktionen.

Je nach Besonderheiten ihrer Funktion oder strukturellen Ausgestaltung lassen sich u.a. folgende Unterscheidungen von Gruppen vornehmen:

- Primärgruppe vs. Sekundärgruppe: In Bezug auf den Grad der Intimität und der damit verbundenen Sozialisationswirkung von Gruppen lassen sich Primär- und Sekundärgruppen unterscheiden. Die Primärgruppe, die auch als Gruppe im engeren Sinn bezeichnet wird, dient in erster Linie der Vermittlung primärer sozialer Kontakte. Primärgruppen, wie z.B. der Familie, kommt eine herausragende Stellung in der Ausformung der sozialen Persönlichkeit bzw. Identität eines Individuums zu.[139] Sie sind durch enge, unmittelbare persönliche (face-to-face) Beziehungen zwischen wenigen Individuen gekennzeichnet (Kleingruppe).[140] In Sekundärgruppen hingegen ist der

[138] Schäfers 1999a, S. 20.

[139] Vgl. Schäfers 2008, S. 134 f.

[140] Nach Dunphy ist eine Primärgruppe eine „kleine Gruppe, die lange genug besteht, um feste emotionale Bindungen zwischen ihren Mitgliedern zu entwickeln, die zumindest ein Set rudimentärer, funktional differenzierter Rollen und eine eigene Subkultur aufweisen, die sowohl ein Selbstbild der Gruppe wie ein informelles normatives System enthält, das die gruppenspezifischen

Intimitätsgrad geringer, d.h. die Gruppenmitglieder haben ein eher formelles, unpersönliches Verhältnis zueinander. Sekundärgruppen haben den Charakter einer Großgruppe und verfügen über ein im Gegensatz zur Primärgruppe schwächer ausgebildetes Wir-Gefühl.[141]

- Positive vs. negative Bezugsgruppe: Bezugsgruppen üben einen wesentlichen Einfluss auf das Denken und Handeln der Individuen aus. Bezugsgruppen haben damit eine komparative Funktion, d.h. dass Individuen sich bzw. ihre Situation (Status, Konsumniveau, Ansprüche, Erfolg etc.) mit diesen Gruppen vergleichen. Neben dem Vergleich mit anderen Personen, Gruppen oder Situationen kommt der normativen Orientierung eine wichtige Rolle im Bezugsgruppenkonzept zu. Bezugsgruppen stellen für den Einzelnen Normen auf, „deren Einhaltung im Grad der Konformität von Verhalten und Einstellung etc. ablesbar ist."[142] Neben diesen beiden primären Funktionen von Bezugsgruppen (Orientierung und Vergleich) erfüllen Bezugsgruppen zudem eine informative Funktion, d.h. sie dienen als Quelle für spezifische Informationen. Je nachdem, ob ein Individuum die Normen, Werte und Verhaltensweisen der Gruppe als erstrebenswert ansieht oder eher als abschreckendes Beispiel betrachtet, kann von einer positiven oder negativen Bezugsgruppe gesprochen werden.[143]
- Natürliche Gruppe vs. willkürliche Gruppe: Auf Grundlage der Freiwilligkeit der Gruppengründung lassen sich natürliche und willkürliche Gruppen unterscheiden. Während sich bei einer natürlichen Gruppe wie z.B. dem Freundeskreis die Mitglieder aus eigenem Interesse zusammenfinden, so werden bei einer willkürlichen Gruppe Individuen von einer autoritären Instanz nach bestimmten Kriterien „künstlich" zusammengeführt (z.B.

Aktivitäten der Gruppenmitglieder kontrolliert." Dunphy 1972, S. 5; Vgl. auch Peuckert/Scherr 2006, S. 116.

[141] Vgl. Schäfers 1999b, S. 97 ff.

[142] Wagner 1999, S. 23.

[143] Als Orientierungsmaßstab für das Individuum können beide Arten von Bezugsgruppen dienen. „Im Falle der negativen Bezugsgruppe kommt es zu einem bewussten Abgrenzen, Andersdenken und Sich-anders-Verhalten des Individuums. Je nach Handlungsdimension kann eine Gruppe gleichzeitig positive als auch negative Bezugsgruppe sein. Die Eltern (bzw. die Familie) können für einen Jugendlichen z.B. in Sachen Religion eine positive Bezugsgruppe darstellen; wenn es um das Thema Mode und Styling geht, dienen die Eltern jedoch oft als negative Bezugsgruppe." Göbel 2003, S. 35.

Projektgruppen, die von einem Abteilungsleiter eines Unternehmens gegründet und gesteuert werden).

- Eigengruppe vs. Fremdgruppe: Hinsichtlich der ideellen Mitgliedschaft der Individuen lassen sich Eigen- und Fremdgruppen unterscheiden. Als Eigengruppe werden diejenigen Gruppen bezeichnet, denen sich ein Individuum subjektiv zugehörig fühlt und objektiv, d.h. von anderen Individuen innerhalb und außerhalb der Gruppe, als zugehörig empfunden und anerkannt wird. Fremdgruppen zeichnen sich demnach durch das Fehlen der subjektiven und/oder objektiven Zugehörigkeit aus.[144]
- Mitgliedschaftsgruppe vs. Nicht-Mitgliedschaftsgruppe: Im Unterschied zur ideellen Mitgliedschaft stellt die nominelle Mitgliedschaft auf die faktische Zugehörigkeit zu einer Gruppe ab. Mitgliedschaftsgruppen sind daher meist formale Gruppen wie z.B. Vereine oder Organisationen, deren Mitglieder z.B. namentlich in der Vereinskartei aufgenommen sind. Die Begriffe Eigengruppe und Mitgliedschaftsgruppe sowie Fremdgruppe und Nicht-Mitgliedschaftsgruppe werden in der Literatur wie auch im alltäglichen Sprachgebrauch meist synonym verwandt. „Eine Unterscheidung dieser Begriffe ist jedoch sinnvoll, denn ein Individuum kann z.B. formal in einer Gruppe Mitglied sein, sich subjektiv jedoch fremd bzw. nicht dazugehörig fühlen (wenn die Mitgliedschaft z.B. durch äußeren Druck erzwungen wird). Auch das Gegenstück hierzu, formale Nicht-Mitgliedschaft und subjektives Zugehörigkeitsgefühl, könnte aufgrund der Gleichsetzung der Begriffe nicht mehr erfasst werden.“[145]
- Konsensuelle Gruppe vs. symbiotische Gruppe: Mit Blick auf die Ursachen des Gruppenzusammenhalts und der Gruppenstabilität als Differenzierungskriterium lassen sich konsensuelle (homogene) und symbiotische (heterogene) Gruppen unterscheiden. Konsensuelle Gruppen zeichnen sich durch die Ähnlichkeit ihrer Mitglieder aus (in Bezug auf Charakteristika und Ressourcenausstattung). Symbiotische Gruppen hingegen bestehen aus Mitgliedern, die sich hinsichtlich ihrer Charakteristika, Einstellungen und

[144] Vgl. Gukenbiehl 1999, S. 115 f; Ulich 1972, S. 22.
[145] Göbel 2003, S. 33.

Eigenschaften unterscheiden und im Sinne eines gemeinschaftlichen Gruppenziels optimal ergänzen.

Nach Simmel drückt sich die Einzigartigkeit eines Individuums in seiner Zugehörigkeit zu einer Vielzahl an unterschiedlichen Gruppen bzw. sozialen Kreisen aus.[146] Im Gegensatz zu gegebenen Formen sozialer Zugehörigkeit (z.B. Familie, Verwandtschaft, Geschlecht etc.) tritt ein Individuum im Laufe seiner Persönlichkeitsentwicklung entsprechend seinen Neigungen und Anlagen auch freiwillig unterschiedlichen Gruppen bei (Assoziationskreise) und definiert damit seine Individualität. Der persönliche Kontakt zwischen den Gruppenmitgliedern ist dabei, u.a. aufgrund der Vielzahl an Beziehungen und der Globalisierung der Interaktionsnetze, nicht immer gegeben.

Bezüglich der Notwendigkeit direkter, persönlicher Interaktionsbeziehungen als zwingendes Definitionskriterium einer sozialen Gruppe werden in der Literatur sehr unterschiedliche Ansichten vertreten. Während Homans[147] die Notwendigkeit von Face-to-Face-Beziehungen betont, verlangt Thiedeke[148] nur mehr nach einer zeitweiligen persönlichen Begegnung der Mitglieder. Für Abels ist die persönliche Bekanntschaft der Gruppenmitglieder keine notwendige Voraussetzung, um definitorisch von einer sozialen Gruppe zu sprechen.[149] Anderson umgeht das Problem der persönlichen Kontakte indem er davon ausgeht, dass eine Gruppe nicht primär durch den persönlichen Kontakt, sondern durch das gemeinsame Gefühl der Zusammengehörigkeit und Solidarität zu definieren ist.[150] Auch Fischer/Bristor/Gainer stellen fest, dass eine Gemeinschaft durch Erfahrungen, Ideen und Gemeinsamkeiten aufgebaut und stabilisiert werden kann, ohne dass ein persönlicher Kontakt der Individuen oder eine räumliche

[146] Simmel geht davon aus, „dass unter modernen Verhältnissen die soziologische Bestimmung des Individuums nur über die soziale Einbindung des Menschen durch Besetzung von (nichtidentischen) Positionen in unterschiedlichen Lebensbereichen sowie über die individuell verschiedene Verarbeitung und Bearbeitung der Kontakte und Kreise erfolgen kann." Aderhold 2004, S. 101.

[147] „We mean by a group a number of persons who communicate with one another (...) and who are few enough so that each person is able to communicate with all the others, not at second hand, through other people, but face-to-face." Homans 1950, S. 1.

[148] Vgl. Thiedeke 2003, S. 7.

[149] Vgl. Abels 2002, S. 270.

[150] Vgl. Anderson 1983, S. 7.

Nähe gegeben sein muss: „communities may be characterized as groups linked by social relationships and a sense of belonging, or by common bonds and a sene of shared identity.“[151]

Eine Form gruppenartiger Netzwerke, die weniger auf persönlichen Kontakt und räumliche Nähe abstellt, sondern in erster Linie gemeinsam geteilte Interessen als Grund für die Gruppenbildung sowie den Gruppenzusammenhalt in den Mittelpunkt rückt, ist die so genannte „Community of Interest“ wie z.B. eine Szene.[152] Szenen erfahren als „neue Ordnungsschemata gesellschaftlicher Relevanzstrukturen“[153] in den letzten Jahren verstärkte Aufmerksamkeit in den Sozialwissenschaften. Sie werden nicht mehr nur als jugendkulturell relevante Erscheinungsform temporärer, sozialer Vergesellschaftung erachtet, sondern werden aufgrund ihrer emotionalen Bindungsqualität als Ersatz für wegbrechende Milieus und andere traditionelle Orientierungsstrukturen gesehen und können als Primär- und Bezugsgruppe fungieren.[154] Das Alter bzw. die Gleichaltrigkeit der Individuen scheint bei dieser Form sozialer Strukturen weniger eine Rolle zu spielen, als vielmehr die Gleichartigkeit der Interessen.[155] In diesen Gesinnungsgemeinschaften finden Individuen „Verbündete für ihre Interessen, Kumpane für ihre Neigungen, Partner ihrer Projekte, Komplementäre ihrer Leidenschaften.“[156]

Nöthel sieht Szenen als „freiwillig gebildete Netzwerke – physisch und/oder mental – von Personen, die eine für sie übergeordnete Interessenlage als gemeinsamen Nenner haben. Diese dient der Gruppe als Orientierungsmuster und sozialisiert die Werte, Interessen und Aktivitäten – kurz die gesamten Deutungs- und Verhaltensmuster – des Einzelnen in Richtung des Gruppencodex.“[157] Der Aspekt der gemeinsamen Entwicklung und Stabilisierung von Orientierungsmustern wird auch von Höfer/Keupp/Straus hervorgehoben: „Eine

[151] Fischer/Bristor/Gainer 1996, S. 179.
[152] Vgl. Prykop 2005, S. 38; Obst/Zinkiewicz/Smith 2002, S. 88.
[153] Nöthel 1999, S. 141.
[154] Vgl. Hitzler/Bucher/Niederbacher 2005, S. 13 f.
[155] Vgl. Höfer/Keupp/Straus 2006, S. 290; Nöthel 1999, S. 137.
[156] Hitzler/Bucher/Niederbacher 2005, S. 20.
[157] Nöthel 1999, S. 131.

Szene wird als ein Netzwerk von Akteuren definiert, die bestimmte materielle und mentale Formen der kollektiven Selbst-Stilisierung teilen, um diese Teilhabe wissen, und die diese Gemeinsamkeiten kommunikativ stabilisieren, modifizieren oder transformieren.“[158] Je nachdem, wie intensiv die Individuen an dieser Manifestation bzw. Reproduktion der Gruppenstrukturen mitwirken, lassen sich Szeneeliten bzw. Szenekern (langjähriges, intensives Engagement und hohes Ansehen innerhalb der Szene), Szenegänger (regelmäßige Teilnahme an Szeneaktivitäten) und Szenepublikum (nur sporadisches, latentes Interesse an dem Szenegeschehen) abgrenzen.[159]

Nach Prykop lassen sich zehn elementare Merkmale einer Szene herausheben:[160]

- Gesinnungsgemeinschaft (interessens- und faszinationsbezogene Vergesellschaftung)
- Komplexitätsreduzierende Funktion (Orientierungsfunktion)
- Eigendynamik (innovative Weiterentwicklung, kein statisches Konstrukt)
- Keine formale Hierarchie
- Multioptionalität (Szenen als Teilwelten, Individuen können Mitglieder mehrerer Szenen sein)
- Freiwillige Selbstbindung (kein Zwang zur Teilnahme, keine Sanktionen bei Austritt)
- Kontinuierliche Manifestation und Reproduktion von Deutungsschemata (Werte, Einstellungen), Handlungsschemata (Konsum, Aktivitäten) und Ausdrucksschemata (Sprachencodes, Zeichencodes, ästhetische Stile)
- Altersunabhängigkeit (Altersstruktur in einer Szene kann variieren, Szenen können in allen Altersschichten Relevanz haben)
- Ortsunabhängigkeit (keine persönlichen Face-to-Face-Kontakte notwendig).

Zusammenfassend lassen sich Szenen als „dynamische altersübergreifende soziale Netzwerke von „Gesinnungsgenossen“ charakterisieren, die auf Basis der teilzeitlichen freiwilligen Beziehungen um eine themenbezogene Faszination

[158] Höfer/Keupp/Straus 2006, S. 290; Vgl. auch Hitzler/Bucher 2000, S. 45.

[159] Vgl. Hitzler/Bucher/Niederbacher 2005, S. 213 ff. Eine ähnliche Unterteilung in Kernszene, Freizeitszene und Randszene findet sich bei Heinzlmaier. Heinzlmaier 1999, S. 29.

[160] Vgl. Prykop 2005, S. 24 ff.

interaktiv Deutungs-, Ausdrucks- und Handlungsmuster durch die öffentliche Verwendung von ästhetischen Stilen in Richtung einer gemeinsamen Kultur/Identität ausprägen und stabilisieren."[161]

2.2.3 Netzwerke aus betriebswirtschaftlicher Sicht

Die Betriebswirtschaftslehre ordnet das Netzwerkthema allgemein in die Diskussion um die Evolution der Unternehmensformen ein.[162] Lange Zeit wurden Markt und Hierarchie als einzige alternative Koordinationsformen ökonomischer Aktivitäten angesehen, bis Anfang der 1970er Jahre die ersten Vertreter[163] einer intermediären Strukturform das Wort ergriffen: „Hybrid modes are much more important than had hitherto been realized."[164] Insbesondere Vertreter der Institutionenökonomie sehen Netzwerke und Kooperationen als hybride, intermediäre Koordinationsform wirtschaftlicher Aktivitäten zwischen den idealtypischen Extrempolen Markt und Hierarchie:[165]

- Markt: Bei dem Austausch ökonomischer Leistungen über den Markt fungiert der Preis als zentraler Koordinationsmechanismus.
- Hierarchie: In einer Hierarchie erfolgt die Koordination hingegen mittels Verhaltensanweisung durch eine übergeordnete Institution.
- Netzwerk: In Netzwerken kommt es zu einem kooperativen Austausch der Marktteilnehmer. Sie vereinen sowohl hierarchische als auch marktliche Elemente und werden daher auch als hybride Organisationsform bezeichnet.

Unter Kooperation ist die Zusammenarbeit von wirtschaftlich selbständigen Akteuren zu verstehen, bei welchen durch die kollektive Ausübung bestimmter Funktionen und/oder Geschäftsprozesse versucht wird, die Wirtschaftssituation aller Beteiligten zu verbessern.[166] „Kooperation bezeichnet hiernach die zielgerichtete Zusammenarbeit von Menschen, Gruppen und Organisationen. Sie kommt dann zum Tragen, wenn wechselseitig erkannt wird, dass die Zweckmä-

---

161 Prykop 2005, S. 27.
162 Aderhold 2004, S. 148.
163 Vgl. Jarillo/Ricart 1987; Butler 1983; Williamson 1979; Richardson 1972.
164 Riordan/Williamson 1985, S. 376.
165 Vgl. Morschett 2005, S. 380; Aderhold 2005, S. 116 f; Friese 1998, S. 66.
166 Wojda/Herfort/Barth 2006, S. 5.

ßigkeit des eigenen Verhaltens vom Verhalten anderer Personen/Gruppen/Organisationen abhängt, und diese Erkenntnis in eine entsprechende zeitlich befristete Verhaltenskoordinierung zum Zwecke einer besseren Zielerreichung einmündet.“[167]

Kooperationen können sich auf dyadischer Ebene zwischen zwei Marktteilnehmern etablieren. Sind mehrere rechtlich selbständige und formal unabhängige Unternehmen durch kooperative Beziehungen miteinander verknüpft, wird von Unternehmensnetzwerken gesprochen. „Ein Unternehmensnetzwerk ist ein Netzwerk, in welchem eine größere Anzahl von Unternehmen zielgerichtet und kooperativ zusammenarbeitet.“[168] Entscheidend dabei ist, dass „mehrere bislang autonom agierende Unternehmen ein gemeinsames Ziel verfolgen und ihre Individualziele zumindest teilweise dem Kollektivziel des Netzwerkes unterordnen.“[169]

Auch wenn sich in den vergangenen Jahren eine Vielzahl von Publikationen mit Unternehmensnetzwerken befasst hat, so konnte sich bislang allerdings noch kein kohärentes, universell akzeptiertes Begriffsverständnis von Unternehmensnetzwerken durchsetzen.[170] Eine der am weitesten verbreiteten Definitionen, denen sich auch die vorliegende Arbeit anschließt, stammt von Sydow: „Ein Unternehmensnetzwerk stellt eine auf die Realisierung von Wettbewerbsvorteilen zielende Organisationsform ökonomischer Aktivitäten dar, die sich durch komplex-reziproke, eher kooperative denn kompetitive und relativ stabile Beziehungen zwischen rechtlich selbständigen, wirtschaftlich jedoch zumeist abhängigen Unternehmungen auszeichnet.“[171]

In der betriebswirtschaftlichen Literatur findet sich eine breite Palette an Kriterien, anhand derer sich interorganisationale Netzwerke voneinander

[167] Aderhold 2004, S. 168.
[168] Wojda/Herfort/Barth 2006, S. 5.
[169] Siebert 2006, S. 9; Vgl. auch Aderhold 2004, S. 155.
[170] „Während die Praxis stürmisch voranschreitet und die empirische Forschung eine Fülle deskriptiven Materials bereitstellt, hinkt das analytische Verständnis der beobachteten Vorgänge jedoch noch deutlich hinterher.“ Semlinger 2006, S. 29; Vgl. auch Herzog 2006, S. 37; Morschett 2005, S. 379 ff.
[171] Sydow 1992, S. 79.

abgrenzen lassen.[172] Eine einheitliche Systematisierung ist jedoch bislang nicht gelungen.[173] Einige der am häufigsten thematisierten Unterscheidungen von Netzwerken seien im Folgenden näher erläutert.

Anhand der Stellung der kooperierenden Unternehmen innerhalb der Wertschöpfungskette lassen sich vertikale, horizontale und laterale Netzwerke unterscheiden.[174] In vertikalen Netzwerken schließen sich Unternehmen entlang der Wertschöpfungskette zusammen. Aus Sicht eines Unternehmens lassen sich hierbei vorwärtsgelagerte (z.B. Vertriebs-) und rückwärtsgelagerte (z.B. Zulieferer-) Netzwerke unterscheiden. Horizontale Netzwerke hingegen verbinden Unternehmen der gleichen Wertschöpfungsstufe miteinander. Derartige Kooperationen zwischen im Grunde konkurrierenden Unternehmen finden sich z.B. in der Luftfahrtindustrie (Star Alliance, Oneworld etc.). Von lateralen Netzwerken kann gesprochen werden, wenn Unternehmen aus unterschiedlichen Wertschöpfungsketten bzw. Branchen kooperieren. Dies kann z.B. im Rahmen von Sponsoringaktivitäten der Fall sein.

Auf Basis der Ressourcenprofile der vernetzten Unternehmen lassen sich „X-Allianzen" und „Y-Allianzen" unterscheiden.[175] Als X-Allianzen werden Kooperationsformen bezeichnet, bei denen sich Unternehmen mit unterschiedlichen Stärken/Schwächen-Profilen vernetzen. In diesen auch als „closing gap alliances" bezeichneten Netzwerken konzentrieren sich die Unternehmen auf ihre Stärken und versuchen ihre Kompetenzdefizite wechselseitig auszugleichen. Tendenziell sind X-Allianzen daher auch meist auf vertikaler Ebene zu finden. Y-Allianzen hingegen versuchen Wettbewerbsvorteile zu generieren, indem sie die Stärken der kooperierenden Unternehmen bündeln. Beispiele dieser auch als „critical mass alliances" bezeichneten Netzwerke sind z.B.

[172] Vgl. Killich 2007, S. 18 ff.; Wojda/Herfort/Barth 2006, S. 7. „Im Laufe der letzten Jahre und Jahrzehnte ist ein fast nicht mehr durchschaubares Spektrum möglicher und eingesetzter Beziehungsgeflechte zwischen Unternehmen entstanden." Aderhold 2004, S. 155.
[173] Vgl. Picot/Reichwald/Wigand 2001, S. 302.
[174] Vgl. Pausenberger 1989, S. 623.
[175] Vgl. Morschett 2005, S. 382; Fuller/Porter 1989, S. 389 ff.

Einkaufsgemeinschaften, in denen sich Unternehmen zusammenschließen, um ihre Verhandlungsmacht gegenüber Zulieferern zu erhöhen.[176]

Mit Blick auf die Koordinationsform der Netzwerke lassen sich nicht-vertragliche, vertragliche und kapitalmäßige Vernetzungen unterscheiden. In zahlreichen wissenschaftlichen Abhandlungen wurde versucht, unterschiedliche Allianzen wie z.B. Franchising, Joint Venture oder Forschungsgemeinschaften aufgrund ihrer Koordinationsform zwischen den beiden Polen Markt und Hierarchie einzuordnen.[177] Eine einheitliche Systematisierung ist jedoch bislang nicht gelungen.[178] Tendenziell nehmen jedoch die Bindungsintensität, und damit das Gewicht hierarchischer Koordination, von den vertraglich ungebundenen Netzwerken zu den Kapitalbeteiligungen hin zu.[179]

Anhand der Beziehungen zwischen den Akteuren eines Netzwerkes lassen sich einfache und komplexe Netzwerke unterscheiden.[180] Zentralistische Netzwerke, in denen ein fokaler Akteur die übrigen Kooperationspartner über vorwiegend gleichartige Beziehungen zentral koordiniert, werden als einfache Netzwerke bezeichnet. Hier stehen die einzelnen Kooperationspartner nicht direkt, sondern nur über indirekte Beziehungen (über das fokale Unternehmen) miteinander in Verbindung. Eine derartige Netzwerkstruktur liegt z.B. bei vielen Franchise-Systemen vor. Komplexe Netzwerke hingegen zeichnen sich dadurch aus, dass der größte Teil der potenziell möglichen Beziehungen zwischen den Netzwerkpartnern auch realisiert ist. In komplexen Netzwerken sind damit sowohl bilaterale, direkte als auch multilaterale, indirekte Beziehungsstrukturen vorhanden. Windeler differenziert dabei anhand des Modus der Regulation in Netzwerken in hierarchische und heterarchische Netzwerke (vgl. Abbildung 9). Während in hierarchischen Netzwerken ein von allen Akteuren akzeptierter Netzwerkkoordinator die Netzwerkausrichtung, -grenzen und -regeln bestimmt, erfolgt die Koordination in heterarchischen Netzwerken gemeinsam oder durch

[176] Vgl. von der Oelsnitz 2005, S. 193 ff.
[177] Versuche einer diesbezüglichen Einordnung finden sich z.B. bei Siebert 2006, S. 9; Morschett 2005, S. 386; Sydow 1992, S. 104; Rotering 1993, S. 14.
[178] Vgl. Morschett 2005, S. 384; Das/Teng 2002, S. 726; Hakansson/Johanson 1988, S. 369.
[179] Vgl. Morschett 2005, S. 384.
[180] Vgl. Kutschker 1994, S. 126 ff.

gemeinsame Steuerungsgremien, in denen wechselnde Rollen eingenommen werden können.[181]

Abbildung 9: Bilaterale Beziehungen, hierarchische und heterarchische Netzwerke

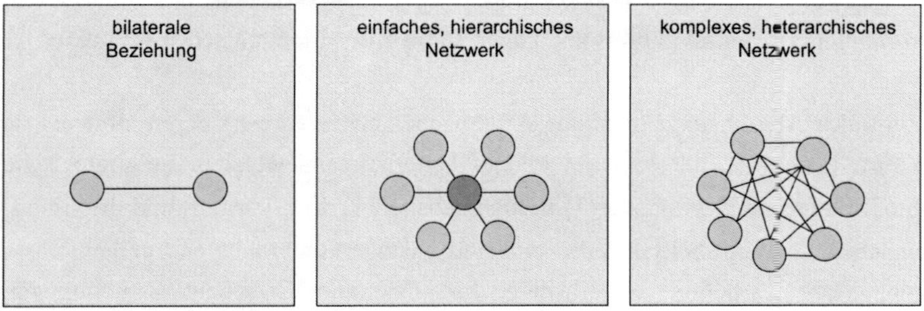

Quelle: In Anlehnung an Windeler 2001, S. 49; Kutschker 1994, S. 126.

Mit Bezug auf die geografische Nähe der Netzwerkpartner lassen sich regionale Netzwerke identifizieren. Ein regionales Netzwerk besteht aus Unternehmen, die sich alle in demselben räumlich relativ abgegrenzten Gebiet (sog. regional cluster oder industrial district) befinden und meist als kleine bis mittelgroße Unternehmen einzustufen sind. „Zentrales Merkmal regionaler Netzwerke ist ihre heterarchische Organisation, welche eine Polyzentriertheit und weitgehende Selbstorganisation des regionalen Netzwerks impliziert."[182] Regionale Netzwerke sind durch lose Beziehungen zwischen den angrenzenden Unternehmen gekennzeichnet, die meist nur im Bedarfsfall aktiviert werden. Siedeln sich Unternehmen aus dem gleichen Wirtschaftsbereich in regionaler Nähe zueinander an, kann auch von einem Wirtschaftscluster gesprochen werden.[183]

Während regionale Netzwerke aufgrund ihrer einheitlichen Standortwahl auf längere Zeit ausgelegt sind, bestehen Projektnetzwerke nur für einen begrenzten

[181] Vgl. Windeler 2001, S. 49.
[182] Herzog 2006, S. 39 f.
[183] Vgl. Wojda/Herfort/Barth 2006, S. 6. Ein Beispiel für ein regionales Wirtschaftscluster ist das Silicon Valley in Kalifornien, in dem sich vornehmlich IT- und Internetfirmen angesiedelt haben.

Zeitraum und werden nach der intendierten Aufgabenerfüllung wieder aufgelöst. Auch wenn die Zusammenarbeit der beteiligten Unternehmen nach Abschluss des Projektes endet, so kann die Kooperationsbeziehung zwischen diesen Akteuren dennoch latent fortbestehen und bei Bedarf wieder reaktiviert werden. Projektnetzwerke können sich sowohl innerhalb eines Unternehmens (intraorganisational) als auch zwischen Unternehmen (interorganisational) ausbilden, werden meist zentral geführt und haben somit einen hierarchischen Charakter.[184]

Zentrales Abgrenzungskriterium strategischer Netzwerke ist deren strategische Führung durch mindestens ein fokales Unternehmen, welches die strategische Stoßrichtung des gesamten Unternehmensnetzwerkes vorgibt und bestimmt, welchen Leistungsbeitrag jedes einzelne Netzwerkunternehmen zur gemeinsamen Marktbearbeitung zu erbringen hat. Operative Entscheidungen obliegen jedoch weiterhin den jeweiligen Unternehmen und werden nicht zentral getroffen.[185] „Ein strategisches Netzwerk stellt eine auf die Realisierung von Wettbewerbsvorteilen zielende, polyzentrische, von einer oder mehreren Unternehmen strategisch geführte Organisationsform ökonomischer Aktivitäten dar (...).“[186] Strategische Netzwerke zeichnen sich zudem durch das Vorhandensein langfristiger Beziehungsstrukturen aus, d.h. deren Bestand muss nicht wie bei Projektnetzwerken auf eine im Vorhinein bestimmte Dauer festgelegt sein.[187]

2.3 Affinity-Group – Ein netzwerkbasiertes Marktverständnis

2.3.1 Begriffsverständnis

Aufgrund der großen Bedeutung von interorganisationalen Beziehungen und Netzwerken in der heutigen „Networked Economy“ sollten Märkte nicht mehr nur als ökonomischer Ort des Zusammentreffens von Angebot und Nachfrage

[184] Vgl. Herzog 2006, S. 40.
[185] Vgl. Kreikebaum/Gilbert/Reinhardt 2002, S. 166.
[186] Sydow 1992, S. 82.
[187] In der Literatur finden sich auch Definitionen, in denen strategische Allianzen auf Kooperationen zwischen Unternehmen der gleichen Wertschöpfungsstufe beschränkt werden. Vgl. u.a. Killich 2007, S. 17. In der vorliegenden Arbeit wird jedoch von einem breiteren Verständnis ausgegangen, wonach sich strategische Allianzen sowohl auf vertikale als auch auf horizontale Kooperationen beziehen können.

definiert werden, sondern vor allem auch als wirtschaftlich orientierte, soziale Netzwerkstrukturen zwischen Anbietern (Einzelunternehmen, Unternehmensnetzwerke) und Nachfragern (Individuen, soziale Gruppen).[188] Eine Marktdefinition, welche der Networked Economy gerecht wird, ist die der AFG.

Jeder Markt besteht, unabhängig von der Marktdefinition oder der Marktsegmentierung, aus Anbietern und Nachfragern, Produzenten und Konsumenten, welche über vielfältige Austauschbeziehungen untereinander und miteinander in Kontakt stehen. Anders als bei traditionellen Marktsegmentierungen, wie z.B. nach soziodemographischen oder psychographischen Kriterien, fokussiert eine Segmentierung nach AFGs jedoch den Netzwerkaspekt eines Marktes. AFGs sind kein theoretisches Konstrukt, keine theoretische Menge an Akteuren mit gleicher Merkmalsausprägung. AFGs werden als real existierende Beziehungsnetzwerke von Akteuren verstanden, welche sich aufgrund einer gemeinsamen Leidenschaft (Affinität) aneinander orientieren, sich organisieren und miteinander interagieren, wodurch es zu einem vielfältigen Austausch an Informationen und Produkten kommt.[189] Die Definition eines Marktes als AFG unterscheidet sich damit grundlegend von einer theoretischen Definition des Marktes als fiktiver Ort des Zusammentreffens von Angebot und Nachfrage.

2.3.2 Affinity-Group Definition

Eine AFG lässt sich als eine natürliche Gruppe bezeichnen, „deren Mitglieder aufgrund der Affinität zur gleichen Sache miteinander in Beziehung stehen und sich (hinsichtlich dieser Affinität) untereinander oder auch Nicht-Mitgliedern (bzw. Fremdgruppen) als Bezugsobjekte dienen.“[190] Anhand dieser Definition fällt jedoch eine Abgrenzung zum Szenekonzept schwer. Schertler erweitert und präzisiert daher das AFG-Konzept, indem er eine AFG als „ein szenebasiertes Netzwerk von Konsumenten und Anbietern, das sich öffentlich zu einer gemeinsamen Leidenschaft bekennt und sich organisiert“ definiert.[191]

[188] Vgl. Windeler 2005, S. 216.; Kappelhoff 2000a, S. 26.
[189] Vgl. Göbel 2003, S. 41 ff.
[190] Göbel 2003, S. 42.
[191] Schertler 2006, S. 45.

Eine AFG bezieht sich danach immer auf eine bestimmte Szene, d.h. die Szene stellt die Basis bzw. den thematisch und emotional fokussierten „Ankerplatz" eines größeren und wirtschaftlich relevanten sozialen Netzwerks dar. Sie dient als Bezugsgruppe, Impulsgeber und treibende Kraft der AFG und könnte aufgrund ihrer starken Identifikationskraft nach Spar auch als „Motor und Innovator, die Spitze, die wirklichen Leader"[192] einer breiteren Gruppierung bezeichnet werden. Auch Nöthel attestiert Szenen einen Trendsetter-Charakter und damit einen wirtschaftlich relevanten Ausstrahlungseffekt auf das die Szene umgebende Netzwerk. Szenen „sind die Macher für neue Moden und Kulte und bestimmen damit letztlich die Produkte, die irgendwann von ökonomisch Vielen konsumiert werden."[193] In Anlehnung an die von Hitzler/Bucher/Niederbacher vorgenommene Unterteilung in Szenekern, Szenegänger und Szenepublikum (vgl. Kapitel 2.2.2) kann die Szene als Kern der AFG bezeichnet werden. Sie steht im Zentrum einer breiten Masse an mehr oder weniger stark interessierten und engagierten AFG-Teilnehmern. Je geringer die szenespezifische Neigung und der damit verbundene Interaktionsgrad der AFG-Teilnehmer ist, umso weiter sind diese vom AFG-Kern (Szene) entfernt. Die szenetypischen Merkmale einer Primär- bzw. Bezugsgruppe, bzw. deren Funktion als solche für die Netzwerkteilnehmer, nehmen vom AFG-Kern zum AFG-Rand ab. Eine AFG kann demnach als ein affinitätsbezogenes Netzwerk gesehen werden, das sich um eine Szene herum bildet und je nach Intensität der Interaktionen über eine mehr oder weniger starke Ausprägung von Gruppenmerkmalen verfügt (vgl. Abbildung 10).

---

192 Spar 1996, S. 62.
193 Nöthel 1999, S. 145.

Abbildung 10: Szene als Kern der AFG

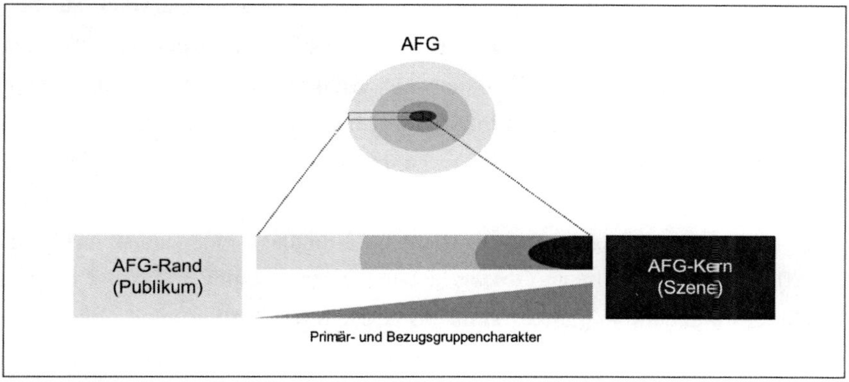

Quelle: Eigene Erstellung.

Die definitorische Einbeziehung und Gleichgewichtung von Anbietern und Nachfragern ermöglicht eine Kombination wirtschaftswissenschaftlicher und soziologischer Netzwerkaspekte. AFGs können damit sowohl als ökonomische Märkte wie auch als soziologische Orientierungs- und Referenzsysteme interpretiert werden.

2.3.3 Affinity-Group-Netzwerkstruktur

Strukturalistisch gesehen stellt eine AFG ein multilaterales und komplexes Netzwerk aus zahlreichen Akteuren dar, welche durch direkte sowie indirekte Beziehungen miteinander verflochten sind, und lässt sich sowohl von rein bilateralen Beziehungen als auch von einfachen, zentralistischen Netzwerken abgrenzen.[194]

Die Akteure, welche das Netzwerk einer AFG aufspannen, bestehen aus Anbietern und Nachfragern, Unternehmen und Unternehmensnetzwerken, Individuen und sozialen Gruppen. Sie alle stehen aufgrund der geteilten Affinität miteinander in Beziehung und lassen sich anhand der Ausprägung ihrer

[194] Vgl. Schertler 2006, S. 123.

Orientierung an sowie ihrer Interaktion in und mit der AFG innerhalb des Kontinuums zwischen AFG-Kern und AFG-Rand verorten. Mit Blick auf den Beitrag zur Entstehung und Entwicklung einer AFG kommt einigen Branchen und Unternehmen in ihrer Funktion als Anbieter von affinitätsrelevanten Produkten, Dienstleistungen und Informationen eine zentrale Bedeutung zu:[195]

- Unternehmen, die sich mit ihrem Produkt- und Leistungsangebot auf die Befriedigung affinitätsgetriebener Bedürfnisse einer bestimmten AFG konzentrieren bzw. spezialisieren, stellen die Grundlage einer jeden AFG dar. Affinitäten sind meist an Objekte gebunden bzw. bedingen deren Existenz: Ohne Mountainbike gäbe es keine AFG der Mountainbiker und ohne Wein keine AFG der Weinliebhaber.
- Je nach AFG ist meist auch eine entsprechende Lokation bzw. Destination zum Ausleben der Affinität erforderlich. So ist ohne verschneite Berge keine AFG der Skifahrer denkbar und die AFG der Squashspieler ist auf die Bereitstellung geeigneter Sportanlagen angewiesen.
- Neben AFG-Produkten und -Destinationen kommt Medien (z.B. Onlineportale), Events (z.B. Turniere) und Organisationen (z.B. Vereine) eine bedeutende Rolle im AFG-Netzwerk zu. Sie tragen in besonderem Maße zur Vernetzung und Strukturierung der AFG bei, wodurch die Interaktion der AFG-Mitglieder erst möglich wird. Insbesondere die Entwicklungen im Bereich der Informationstechnologie (z.B. WWW, Email, Handy, TV) ermöglichen dabei eine Vernetzung über lokale und regionale Grenzen hinweg.

Anders als auf anderen Märkten sind damit in AFGs Anbieter und Nachfrager, Unternehmen und Endkonsumenten zur beiderseitigen Existenzberechtigung bzw. -sicherung in besonderem Maße aufeinander angewiesen.[196]

Die Beziehungen, durch welche die einzelnen Akteure miteinander verbunden sind, lassen sich primär anhand ihrer Form, Intensität und Inhalte näher

[195] Vgl. Schertler 2006, S. 127 ff.

[196] Die Definition eines Akteurs als Anbieter oder Nachfrager lässt sich nur situationsspezifisch und immer nur aus Sicht des Akteurs vornehmen. So kann ein Unternehmen, welches z.B. Schutzbekleidung für Mountainbiker produziert, einerseits als Anbieter von Bekleidung, andererseits aber auch als Nachfrager von endkundenspezifischen Informationen und Bedürfnissen auftreten.

beschreiben.[197] Mit der Form der Beziehung ist die Richtung des Informations- bzw. Warenflusses gemeint. Beziehungen können demnach einseitig (nur ein Sender und ein Empfänger) oder wechselseitig (beide Akteure sind sowohl Sender als auch Empfänger) sein. Die Intensität der Beziehungen reicht von sporadisch, selten und unregelmäßig bis zu geplant, häufig und regelmäßig. Der Inhalt dieser Beziehungen bezieht sich dabei, unabhängig von der Form der Beziehung, primär auf affinitätsrelevante Informationen, Emotionen oder physische Produkte und kann innerhalb derselben Beziehung wechseln.

Die AFG-Akteure stehen über vielfältige Austauschbeziehungen miteinander in Kontakt und spannen damit das Netzwerk der AFG auf, in dessen Zentrum eine intensiv interagierende Szene steht. Beziehungen und Netzwerke bestehen jedoch nicht nur zwischen einzelnen Unternehmen und Endkonsumenten, sondern auch zwischen Unternehmensnetzwerken sowie zwischen Endkonsumentennetzwerken. Diese Netzwerke innerhalb des AFG-Netzwerkes werden im Folgenden als AFG-Subnetzwerke bezeichnet.

AFG-Subnetzwerke auf Unternehmensseite entstehen durch vielfältige Kooperationsformen zwischen mehreren Unternehmen. So bilden sich horizontale, vertikale und laterale Unternehmensnetzwerke, strategische Allianzen und regionale Netzwerke, hierarchisch und heterarchisch koordinierte Unternehmensnetze (vgl. Kapitel 2.2.3). Als AFG-Subnetzwerke auf Endkonsumentenseite können z.B. Cliquen, Online-Communities oder Vereinsstrukturen genannt werden. Sie dienen den Konsumenten dazu, sich mit anderen AFG-Mitgliedern über ihre Affinität auszutauschen und sich an diesen zu orientieren. Im Gegensatz zu herkömmlichen Markt- bzw. Zielgruppendefinitionen, wie z.B. Lifestyleclusterungen oder sozio-demographischen Segmenten, werden Konsumenten damit nicht als statistische Masse, sondern als interagierendes Netzwerk von Individuen betrachtet, die ihr Wissen bezüglich Unternehmen,

[197] Weitere mögliche Kriterien der Beziehungsbeschreibung wären z.B. hierarchisch/kooperativ, subjektiv/objektiv, persönlich/unpersönlich, direkt/indirekt, positiv/negativ, geschäftlich/privat, freiwillig/unfreiwillig, zufällig/intendiert, zeitlich begrenzt/unbegrenzt, langfristig/kurzfristig. Zur Vielfalt der Beziehungscharakteristika vgl. Windeler 2001, S. 209.

Produkten und Marktmechanismen in zunehmendem Maße miteinander teilen, bündeln und erweitern.

Diese Subnetzwerke sind nicht als isolierte und unabhängige Bestandteile der AFG zu sehen. Sie stehen wiederum über vielfältigste Beziehungen miteinander in Kontakt und ergänzen, bedingen oder behindern sich gegenseitig. Eine AFG kann aus den vielfältigsten Subnetzwerken bestehen, im Ganzen stellt eine AFG jedoch immer ein komplexes, heterarchisches Netzwerk dar, in dem die Akteure sowohl direkt als auch indirekt miteinander kommunizieren und interagieren (vgl. Abbildung 11).

Abbildung 11: AFG-Netzwerk

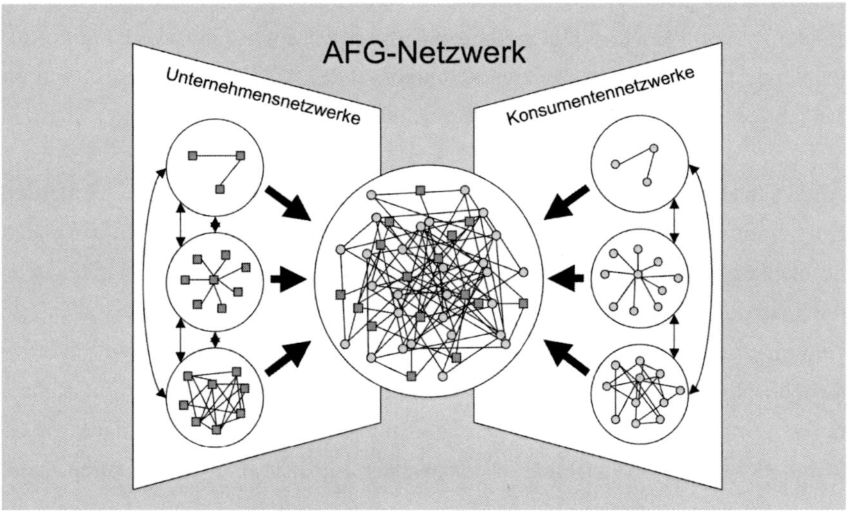

Quelle: In Anlehnung an Schertler 2006, S. 125.

Die bisherigen Ausführungen zur komplexen, instabilen und permanent im Wandel befindlichen Networked Economy, in denen Anbieter und Nachfrager, Unternehmen und Konsumenten auf vielfältigste Weise miteinander verbunden sind, verdeutlichen, dass

- ein vollkommen unabhängig, autonomes bzw. isoliertes Wirtschaften weder möglich noch, in Hinsicht auf das zunehmende Umfeldrisiko, sinnvoll erscheint,
- eine Vernetzung mit diesen Strukturen, d.h. ein zumindest zum Teil kooperatives Verhalten, eine unabdingbare Voraussetzung jeden effizienten und effektiven wirtschaftlichen Handelns ist und
- aufgrund der zunehmenden Komplexität der dadurch entstehenden interorganisationalen globalen Netzwerke ein Management dieser Netzwerke erforderlich wird. „Ohne deren erfolgreiche Handhabung durch ein adäquates Netzwerkmanagement dürfte der Netzwerkorganisation keine allzu große Zukunft beschieden sein.“[198]

2.4 Definition eines Affinity-Group-Netzwerkmanagements

2.4.1 Netzwerkmanagementansätze

Die in der betriebswirtschaftlichen Literatur vorzufindenden Konzepte eines Netzwerkmanagements ergänzen die primären Managementfunktionen (Planung, Organisation, Führung und Kontrolle) durch weitere, beziehungsspezifische Aufgaben. So schlagen Ritter/Gemünden vor, die Anbahnung (potenzielle Kooperationspartner identifizieren und gewinnen), den Austausch (von Leistungen und Gegenleistungen) und die Koordination (harmonische Ausgestaltung der Beziehungen) von Kooperationen als zusätzliche Managementaufgaben in den Unternehmen zu integrieren.[199] Ähnlich stellen Sydow/Windeler vier zentrale Funktionen des Netzwerkmanagements heraus: die Selektion adäquater Kooperationspartner, die Allokation von Aufgaben und Ressourcen auf die Kooperationspartner, die Regulation der Zusammenarbeit mittels formeller und informeller Regeln sowie die Evaluation der Leistungsbeiträge aller Netzwerkpartner.[200] Vielfach finden sich in der Literatur auch Phasenmodelle, welche die Notwendigkeit der spezifischen Netzwerkmanagementaufgaben entlang des Prozesses einer Kooperation von der Gründung bis zur Beendigung verdeutli-

[198] Sydow 2006, S. 407.
[199] Vgl. Ritter/Gemünden 1998, S. 260 ff.
[200] Vgl. Sydow/Windeler 1994, S. 2 ff.

chen. Im Folgenden soll anhand der Einteilung von Zentes/Swoboda/Morschett[201] das Netzwerkmanagement in den Phasen Entscheidung, Partnerselektion, Gestaltung, Betrieb und Beendigung näher beleuchtet werden.

Zu Beginn muss ein Unternehmen die grundlegende strategische Entscheidung treffen, ob es mit Blick auf die jeweilige Unternehmens- bzw. Marktsituation überhaupt mit anderen Unternehmen kooperativ zusammenarbeiten möchte und dies aufgrund der eigenen Ressourcen und Fähigkeiten auch möglich ist. Grundlage dieser Entscheidung sollten Erkenntnisse aus z.B. einer Potenzial- und Lückenanalyse, Stärken- und Schwächenanalyse und/oder der Konkurrenz- und Marktanalyse sein. Es ist zu überprüfen, inwiefern eine Kooperation (unabhängig von einem bestimmten Kooperationspartner) als Koordinationsform zwischen Markt und Hierarchie zur Erreichung der strategischen Unternehmensziele geeignet ist. Dabei ist auch die Tragweite einer möglichen Kooperation zu beleuchten. Je nachdem, auf welche Wertschöpfungsstufe sich eine Kooperation beziehen würde und inwieweit dabei Kernkompetenzen des Unternehmens betroffen wären, kann eine Entscheidung für oder gegen eine Kooperation ausfallen. Ist die Entscheidung zu Gunsten einer Kooperation gefallen, sind die individuellen Ziele einer derartigen interorganisationalen Beziehung festzulegen.[202]

Mit der Auswahl der potenziellen Kooperationspartner steht und fällt der Erfolg dieser Organisationsform. „The choice of partners is crucial in any networked organization."[203] Die Identifizierung und Evaluierung kann anhand zahlreicher Selektionskriterien vorgenommen werden. Entscheidend sind die Kompetenz und die Intention der jeweiligen Partner. Nur wenn diese kompatibel sind, können die Netzwerkziele erreicht werden. Diese Kompatibilität wird auch als „Fit" bezeichnet, der auf unterschiedlichen Ebenen Relevanz besitzt (fundamentaler Fit, strategischer Fit, kultureller Fit). Mit Blick auf die angestrebte Kooperationsform (z.B. horizontale, Y-Allianzen oder vertikale X-Allianzen)

[201] Vgl. Zentes/Swoboda/Morschett 2005, S. 942 ff.
[202] Vgl. Zentes/Swoboda/Morschett 2005, S. 942 f.
[203] Galbraith 1998, S. 436.

spielt die Ressourcenausstattung der Unternehmen eine wesentliche Rolle bei der Bewertung und Auswahl der potenziellen Kooperationspartner. Nur wenn ein Unternehmen mit seinen Ressourcen einen relevanten Beitrag zur Erreichung der gesteckten Kooperationsziele leisten kann, wird es für eine weitere Evaluierung in Betracht gezogen. Ein weiterer wesentlicher Faktor, der bei der Entscheidung für oder gegen einen bestimmten Partner eine Rolle spielt, ist das Vertrauen bzw. die Vertrautheit.[204] Oft werden Kooperationspartner im dem „Kreis der Bekannten" gesucht, was u.a. auf die Einsparung von Such- und anderen Transaktionskosten sowie auf organisatorische Beharrungseffekte zurückgeführt wird.[205]

Im Anschluss an die Partnerselektion folgt die über Verhandlungsprozesse zu erreichende Gestaltung, d.h. die inhaltliche und formale Konfiguration der Kooperationsbeziehung, in der die Verteilung von Aufgaben, Zuständigkeiten und Ressourcen auf die einzelnen Netzwerkpartner geregelt wird. Aspekte, die hierbei gemeinschaftlich diskutiert werden müssen, sind z.B. die Dauer, Reichweite, Intensität oder Symmetrie der geplanten Austauschbeziehung sowie deren Inhalt (Wissen, Geld, Waren etc.) und Koordinationsform (heterarchisch, hierarchisch). Auch wenn diese Beziehungsausgestaltung in der Praxis meist unbewusst im Zuge zahlreicher Interaktions- und Kommunikationsprozesse stattfindet und damit die Phase der Gestaltung nicht mehr eindeutig von der Phase der Kooperationsausübung abgegrenzt werden kann, so fordert die Theorie dennoch ein strukturiertes Vorgehen im Rahmen von Vertragsverhandlungen. In den Verhandlungen müssen die jeweiligen individuellen Kooperationsziele offen dargestellt werden, um darauf aufbauend ein gemeinsames, harmonisches Kooperationsziel formulieren zu können. Neben der Markt- bzw. Verhandlungsmacht der Akteure entscheidet u.a. auch die Fähigkeit bzw. die Bereitschaft Kompromisse einzugehen über den Ausgang der Verhandlungen.[206] In dieser Phase gilt es ebenfalls, sich auf ein gemeinsames interorganisationales Informations- und Kommunikationssystem zu einigen, die Frage einer

[204] Vgl. Sydow 2006, S. 410.
[205] Vgl. Li/Rowley 2002, S. 1104 ff.
[206] Vgl. Zentes/Swoboda/Morschett 2005, S. 944 ff; Weber 2002, S. 590 f.

organisationsübergreifenden Wissensspeicherung zu klären sowie Regelungen einer Konflikthandhabung zu treffen.[207]

In der Phase des Betriebs bzw. der Durchführung der theoretisch und strategisch gestalteten Kooperationsbeziehung gilt es, die in den vorangegangenen Verhandlungen ausgearbeiteten Vereinbarungen zu implementieren und operativ umzusetzen. Der Fokus liegt dabei auf der „Integration und Koordination von komplementären Geschäftsaktivitäten mit der Aufgabe, die angestrebten Zielsetzungen der Allianz (und der Allianzpartner) zu erreichen."[208] Diese Integration und Umsetzung der zuvor theoretisch erarbeiteten Kooperationsausgestaltung ist dabei nicht als starre Eins-zu-Eins-Umsetzung zu verstehen. Erst im Laufe einer Kooperationspraxis zeigt sich, ob die Ausgangsannahmen bezüglich der Eigenschaften, Fähigkeiten und der Intention der Kooperationspartner korrekt waren oder ob bestimmte Annahmen korrigiert werden müssen. Zudem können sich die Markt- und Umfeldbedingungen, unter welchen die Kooperationsvereinbarungen getroffen wurden, ändern, womit u.U. Konfigurationen an den Kooperationszielen notwendig werden können. Auch sind während der Evolution der Unternehmen Veränderungen z.B. bezüglich der Dominanz eines Partners möglich, die zu einer Veränderung der Kooperationsinhalte und -struktur führen können. Daher ist eine permanente Kooperationsflexibilität zu gewährleisten, die eine Erweiterung oder Einschränkung der Kooperationsbeziehung erlaubt. Mit Blick auf die zu erreichenden Kooperationsziele ist zudem eine laufende Evaluation bzw. ein Controlling vorzunehmen.[209]

Die Gründe für eine Kooperationsbeendigung können vielfältig sein. So können die intendierten Ziele der Kooperation erreicht worden sein, womit eine Weiterführung der Kooperation daher nicht mehr erforderlich ist, oder eine Kooperation wird aufgrund des ausbleibenden Kooperationserfolges nicht weitergeführt. Unabhängig von dem Ergebnis kann eine Kooperation auch schlicht nach Ablauf eines vordefinierten Kooperationszeitraumes beendet

[207] Vgl. Sydow 2006, S. 411 f; Weissenberger-Eibl 2004, S. 313 ff.
[208] Zentes/Swoboda/Morschett 2005, S. 948.
[209] Vgl. Zentes/Swoboda/Morschett 2005, S. 948 ff; Balling 1997, S. 109 ff.

werden.[210] Entscheidend für den Aufbau von Netzwerkkompetenz ist die Nutzung der Erfahrungen aus jeder Kooperation. Daher sind die Gründe für den Erfolg oder Misserfolg der Kooperation systematisch zu analysieren und zu diskutieren. Die Beendigung kann auf verschiedene Weise erfolgen. Neben einer einfachen Beendigung der operativen Zusammenarbeit zweier rechtlich und organisatorisch selbständiger Unternehmen kann eine Kooperation auch in eine einseitige Übernahme (Akquisition) oder ein beidseitiges Verschmelzen der kooperierenden Unternehmen oder Unternehmensteile zu einem neuen Unternehmen (Merger) münden. Auch die Auflösung oder der Verkauf einer rechtlich verbundenen Kooperationseinheit an einen Dritten ist möglich.[211] Um sich die strategische Option offen zu halten, mit dem Partner in Zukunft erneut eine Kooperation eingehen zu können, ist nicht nur während einer Kooperation, sondern auch bei Beendigung dieser weitgehend auf opportunistisches Verhalten zu verzichten und das etablierte Vertrauensverhältnis auch nach der Beendigung aufrechtzuerhalten. „Maintaining a positive bond with the partner even after the project is completed is useful, since new opportunities will ultimately arise."[212]

Meist beschränkt sich ein solches Netzwerkmanagement allerdings auf die Gestaltung von dyadischen Beziehungen und sollte daher präziserweise als (Single-) Kooperationsmanagement bezeichnet werden. Erst durch die Erweiterung dieser bilateralen Beziehungsgestaltung um die Aufgabe der Allokation, Regulation und Evaluation von Aufgaben, Ressourcen und Verantwortlichkeiten im Zusammenspiel von mehreren dyadischen Kooperationen, gelangt man zu einem Netzwerkmanagement. In der Literatur wird ein solches Management von multilateralen Kooperationsbeziehungen meist vor dem Hintergrund von strategischen Allianzen diskutiert.

Die Netzwerkorganisation[213] wird als „Erfolgskonzept der Zukunft"[214] gesehen. Die in der wissenschaftlichen Managementliteratur zahlreich vorhandenen

---

[210] Vgl. Zeira/Newburry 1999, S. 334.
[211] Vgl. Zentes/Swoboda/Morschett 2005, S. 956 f.
[212] Parise/Sasson 2002, S. 45.
[213] Der Begriff der Netzwerkorganisation bzw. des Netzwerkunternehmens wird in der betriebswirtschaftlichen Literatur häufig verwendet und bezieht sich auf Unternehmen, die über vielfältige Kooperationen mit anderen Marktteilnehmern Austauschbeziehungen unterhalten und damit

Abhandlungen über strategisches Kooperations- und Netzwerkmanagement beschränken sich jedoch zumeist auf die Anbahnung und Ausgestaltung von einzelnen Kooperationen oder Netzwerken. Die aufgrund der Networked Economy zunehmende Anzahl an interorganisationalen Beziehungen, Allianzen und Kooperationen, mit denen ein Unternehmen aus transaktionskosten- oder wettbewerbstheoretischen Gründen vernetzt sein kann bzw. muss, führt zu einer erhöhten interorganisationalen Komplexität. Eine vielfältige und intensive Vernetzung bedeutet nicht automatisch mehr Markteinfluss, höhere Flexibilität, erweiterten Ressourcenzugriff und verstärkte Risikoreduzierung. Ein Zuviel an Vernetzung kann ebenso wie eine Vernachlässigung oder ein falsches Timing der Kooperationen eine erhöhte Umfeldabhängigkeit, geringere Flexibilität, erhöhte Komplexität und damit ein erhöhtes unternehmerisches Risiko bedeuten. Das Management ist daher gefordert, für jede spezifische Unternehmens- bzw. Marktsituation ein angepasstes Maß an Vernetzung zu gewährleisten. Damit rückt eine zusätzliche Managementaufgabe in den Blick, die in der betriebswirtschaftlichen Literatur nur ansatzweise diskutiert wurde: die Koordination des Beziehungsportfolios eines Unternehmens. „We have to face the fact that a company is embedded in a network which consists of more than one relationship with different kinds of partners. The interconnectedness of all relationships requires another bundle of tasks than does the management of a single relationship."[215] Auch Gulati betont die Notwendigkeit eines umfassenderen Netzwerkmanagements: "While issues concerning the management of individual alliances are still important (...), new issues resulting from managing a portfolio of alliances have arisen."[216]

In Anlehnung an Hoffmann, der das zielorientierte Management des Allianzportfolios eines Unternehmens als eine der wichtigsten Führungs-aufgaben betont[217], soll im Folgenden Netzwerkmanagement als zielorientiertes,

vorwiegend zwischen Markt und Hierarchie agieren. „Netzwerkunternehmen sind Unternehmen in der Networked Economy, die ihre Rolle als Knoten in unterschiedlichen Unternehmensnetzwerken aktiv gestalten." Fleisch 2001, S. 1.

214 Aderhold 2004, S. 151.

215 Gemünden/Ritter 1997, S. 294.

216 Gulati 1998, S. 308.

217 Vgl. Hoffmann 2006, S. 252 f.

bewusstes und den entsprechenden Umfeldbedingungen angepasstes Gestalten und Koordinieren aller interorganisationalen Beziehungen eines Unternehmens verstanden werden. Die Stellschrauben, an denen ein so definiertes Netzwerkmanagement ansetzen kann, sind u.a. die Größe (Anzahl der Beziehungen) und die Struktur (Art und Intensität der Beziehungen) des Portfolios.

2.4.2 Strategisches Affinity-Group-Netzwerkmanagement als ganzheitlicher dynamischer Ansatz

Die Aufgabe der Gestaltung des Portfolios interorganisationaler Kooperationsbeziehungen gewinnt wie beschrieben mit steigendem Umfang und erhöhter Komplexität der Beziehungsnetzwerke, in die ein Unternehmen eingebunden ist, zunehmend an Bedeutung. Dabei wird in der Literatur bislang jedoch, wenn überhaupt, nur auf die Gestaltung des Allianzportfolios, d.h. die kooperativen Beziehungen zu anderen Unternehmen und Unternehmens-netzwerken eingegangen. Bislang keine Beachtung im Rahmen von Netzwerkmanagementansätzen finden indes Beziehungen zwischen dem Unternehmen und seinen Kunden. Aufgrund der verstärkten Kundenorientierung auf Märkten der Networked Economy nehmen diese jedoch ebenso an Umfang, Komplexität und Intensität zu, wie Allianz- bzw. Kooperationsbeziehungen zu anderen Unternehmen. Eine Betrachtung des Beziehungsgeflechtes zwischen einem Unternehmen und seinen Nachfragern, wie es für das Management von Unternehmen innerhalb von AFGs notwendig wäre, wird, wenn überhaupt, nur aus Marketingsicht diskutiert.[218] Im Zuge der verstärkten Kundenorientierung kommt es auch immer mehr zu einer Integration des Kunden in die Produktionsprozesse des Unternehmens, womit sich die Funktion des Kunden von einem reinen Abnehmer zu einem Kooperationspartner wandelt. Besonders in AFGs wird die gegenseitige Abhängigkeit von Unternehmen und Kunden evident: ohne Unternehmen, die Affinitätsobjekte produzieren, gäbe es bestimmte AFGs nicht; andererseits sind Unternehmen, die Produkte für eine bestimmte AFG produzieren, sehr spezialisiert und damit in besonderem Maße von den AFG-

[218] Zahlreiche Managementdisziplinen haben die Kundenbeziehungen und deren optimale Gestaltung zum Ziel. Bezogen auf die Kundenbeziehung in sozialen Netzwerken wie den AFGs sind hier u.a. das Szenemarketing zu nennen. Vgl. Förster/Kreuz 2006; Prykop 2005; Nöthel 1999.

Konsumenten abhängig.[219] Ein Unternehmen muss die Gestaltung von Umfang und Struktur seiner Kundenbeziehungen daher ebenso auf ressourcen- und wettbewerbstheoretischen Entscheidungen begründen, wie dies auf Seiten der Unternehmensallianzen der Fall ist. Entsprechend der Gestaltung des Portfolios von Unternehmenskooperationen ist daher auch die Frage zu stellen, wie ein Portfolio von Kundenbeziehungen zu einem bestimmten Zeitpunkt gestaltet und im Zeitverlauf entwickelt werden sollte.

Als strategisches AFG-Netzwerkmanagement soll damit ein ganzheitlicher und dynamischer Netzwerkansatz verstanden werden, der sowohl die situationsspezifische Gestaltung und Entwicklung des Portfolios von Kooperationsbeziehungen zu den strategisch relevanten Partnerunternehmen berücksichtigt, als auch die zielgerichtete Gestaltung und Entwicklung der Gesamtheit an Kundenbeziehungen erlaubt.[220]

Im Blickfeld der vorliegenden Arbeit steht daher weder die Optimierung des Kooperationsprozesses einzelner Unternehmenskooperationen noch das Management multiorganisationaler strategischer Allianzen (vgl. Abbildung 12). Ziel der folgenden Kapitel soll es sein, die zahlreichen Beziehungen, die ein Unternehmen zu anderen Unternehmen wie auch zu seinen Endkonsumenten innerhalb einer AFG unterhält, im Bezug auf ihre Anzahl und strukturelle Ausgestaltung vor dem Hintergrund der Risikoreduzierung entsprechend den jeweiligen Umfeldbedingungen anzupassen.

---

[219] Vgl. Schertler 2006, S. 125.

[220] Es soll im Folgenden nur um die Betrachtung der AFG-relevanten Netzwerkbeziehungen gehen. Externe Beziehungen zu Politik, Shareholdern etc. sollen hier ebenso wenig beleuchtet werden wie intraorganisationale Beziehungen zwischen Mitarbeitern, Managern und Projektteams.

Abbildung 12: Kooperations-, Allianz- und AFG-Netzwerkmanagement

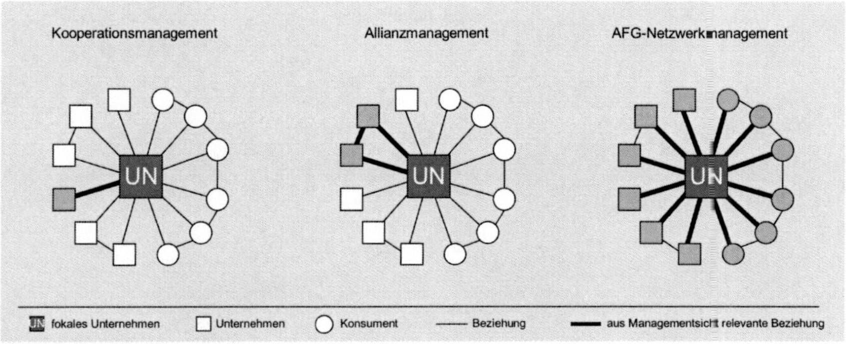

Quelle: Eigene Erstellung.

Nachdem in den vorangegangenen Kapiteln die Notwendigkeit eines ganzheitlichen AFG-Netzwerkmanagements verdeutlicht wurde, gilt es nun im Weiteren, theoretische Erklärungsmodelle aufzubereiten, die fundierte Orientierungspunkte auf dem Weg zu einem strategischen AFG-Netzwerkmanagement liefern können.

3 Theoretischer Bezugsrahmen

3.1 Kriterien der Theorieauswahl

Der Auswahl der geeigneten Theoriebausteine des Bezugsrahmens liegen folgende Annahmen bezüglich einer Networked Economy zugrunde:

- Vernetzung: Die vorliegende Arbeit geht von vernetzten Märkten aus, in denen Unternehmen ihre zahlreichen Beziehungen zu Konkurrenten, Kunden, Zulieferern etc. koordinieren und optimieren müssen. Damit sind Theorien gefragt, welche Verbundeffekte und Wechselwirkungen zwischen verschiedenen Faktoren berücksichtigen. Theorien, welche primär einzelne dyadische Beziehungen oder Allianzen thematisieren, finden daher nur beschränkt Eingang in den Bezugsrahmen, da sie für die Ausarbeitung eines Multi-Kooperations-Managements nicht sehr fruchtbar sind.
- Dynamik: Da sich die Unternehmensumwelt dynamisch entwickelt, müssen Theorien diese Dynamik berücksichtigen und eine evolutorische Betrachtung von Unternehmen und Netzwerken erlauben. Theorien, die sich auf statische Momentaufnahmen beziehen, werden daher im Folgenden nicht aufgegriffen.
- Unsicherheit: Dieser Arbeit liegt ein gemäßigt voluntaristischer Führungsstil zugrunde. Demnach finden deterministische Theorien ebenso wenig Eingang in den Bezugsrahmen wie Konzepte, die auf vollständigen Marktinformationen oder einem streng rationalen Entscheidungsverhalten der Unternehmen beruhen.

3.2 Meta-Theorien

3.2.1 Systemtheorie

Bis in die 1950er Jahre war die Systemtheorie durch ein streng mechanistisches Weltbild geprägt, was sich in dem Glauben an eine uneingeschränkte Gestaltung und Lenkung sozialer Systeme widerspiegelte.[221] Charakteristisch für eine derartige Systemsicht sind vollkommen determinierte Ursache-Wirkungs-Mechanismen, welche auf Kausalität, Linearität und Reversibilität beruhen. Vor

[221] Bekanntester Vertreter eines derartigen Systemverständnisses ist Taylor. Vgl. Taylor 1911.

diesem Hintergrund definiert die klassische Systemtheorie Organisationen bzw. Unternehmen als geschlossene Systeme, d.h. sie werden als von ihrer Umwelt vollkommen unabhängig betrachtet und können durch die Modifikation einzelner Systemvariablen optimiert werden. Ziel dieser mechanistischen Gestaltung ist ein statisches Gleichgewicht.

Mit den Forschungen der Kybernetiker Wiener[222], Ashby[223] und von Bertalanffy[224] verabschiedete sich die Systemtheorie Anfang der 1950er Jahre immer mehr von der Definition sozialer Systeme als geschlossene Systeme. Die Kybernetik konzipiert Systeme als offene Systeme, die über vielfältige Austauschbeziehungen mit ihrer Umwelt verbunden sind. Aufgrund dieser Vernetzung zwischen System und Umwelt rückt anstelle eines intern ausgerichteten, isolierten und statischen Gleichgewichts ein dynamisches Gleichgewicht (Fließgleichgewicht) in den Vordergrund, welches eine permanente Anpassung des internen Systems an die sich dynamisch entwickelnde externe Umwelt erfordert. Während in organisationstheoretischen Kontingenzansätzen ein derartiges Gleichgewicht als Fit zwischen systeminternen Strukturen und situationsspezifischen Umweltmerkmalen gesehen wird (Kongruenz-Effizienz-Hypothese)[225], stellen systemtheoretische Managementforscher hingegen auf eine der Umwelt adäquate Gestaltung der Steuerungs- und Regelungsprozesse (Managementsystem)[226] ab. Ziel muss es nach Ashby sein, das Potenzialgefälle zwischen externer Umweltkomplexität und interner Systemkomplexität zu reduzieren, um langfristig erfolgreich wirtschaften zu können. Jede Umweltveränderung führt damit zwangsweise zu einer reaktiven Anpassung des Systems.

Während die kybernetische Systemtheorie die Unternehmens- bzw. Systementwicklung als passiv-reaktiven Anpassungsprozess an eine sich laufend verändernde Umwelt versteht und Systeme damit als fremd gesteuert betrachtet,

[222] Vgl. Wiener 1948.
[223] Vgl. Ashby 1956.
[224] Vgl. von Bertalanffy 1969.
[225] Nach Burns/Stalker sind beispielsweise in einer statischen Umwelt bürokratische und mechanistische Strukturen (ausgeprägte Hierarchien, hoher Formalisierungsgrad) erfolgreicher, während in einer dynamischen Umwelt entbürokratisierte, organische Strukturen (geringe Zahl an Hierarchieebenen, geringer Formalisierungsgrad) zu empfehlen sind. Vgl. Burns/Stalker 1961, S. 150 ff.
[226] Vgl. Krieg 1971; Ulrich 1968.

geht die neuere Systemtheorie eher von einer aktiv-gestaltenden Entwicklung und einer Selbstorganisation der Systeme aus.[227] Mit der Selbstorganisation bzw. Eigendynamik sozialer Systeme wird auf deren begrenzte Beeinflussbarkeit durch die sie umgebende Umwelt abgestellt. „Das Neue am Paradigma der Selbstorganisation liegt in der Idee der Selbstregulation. Man nimmt an, dass Systeme selbstbezogen agieren, das heißt Änderungen im System sind selbst veranlasst und nicht als von der Umwelt determiniert gedacht.“[228] Zwar haben durch die Vernetzung von System und Umwelt Veränderungen in der Umwelt immer noch Einfluss auf die Systemorganisation bzw. -struktur, jedoch werden sie nur mehr als Impuls bzw. Anregung möglicher systeminterner Veränderungen gesehen. Die Neurobiologen Maturana/Valerta sprechen hier auch von Perturbation zwischen Umwelt und autopoietischen Systemen.[229] Die neuere Systemtheorie löst sich damit von der Modellvorstellung linearer, einseitiger Input-Output-Schemata. „Selbstorganisation wird hier als ein Vorgang verstanden, der nicht von außen dem System aufgezwungen wird, sondern durch das System selbst, durch das Zusammenwirken der Teile des Systems erzeugt wird.“[230] Systeme stellen demnach autonome, selbstreferenzielle Systeme mit einer Identität und Geschichte dar und können in Anlehnung an von Foerster auch als „nicht-triviale Systeme“ bezeichnet werden.[231]

Darüber hinaus gibt die neue Systemtheorie auch die Vorstellung einfacher Ursache-Wirkungs-Schemata auf und ersetzt diese durch Ursache-Wirkungs-Ursache-Schemata. „Stark vereinfacht ausgedrückt legt die Systemumwelt die Ausgangsbedingungen für jede Handlung eines Systems fest (Ursache); die autonom ausgewählten Handlungen eines Systems (Wirkung) verändern jedoch wiederum die wahrgenommene Systemumwelt und damit auch die Ausgangsbe-

[227] Richter 1995, S. 12.

[228] Aderhold 2004, S. 182.

[229] „Bei der Interaktion zwischen Lebewesen und der Umgebung (...) determinieren die Perturbationen der Umgebung nicht, was dem Lebewesen geschieht; es ist vielmehr die Struktur des Lebewesens, die determiniert, zu welchem Wandel es infolge der Perturbation in ihm kommt.“ Maturana/Valerta 1987, S. 106. Autopoietische Systeme können im Gegensatz zu allopoietischen Systemen, wie z.B. Maschinen, ihre Komponenten selbst erzeugen und verändern. Vgl. Richter 1995, S. 14.

[230] Aderhold 2004, S. 183.

[231] Vgl. von Foerster 1992, S. 60. Nach Luhmann können auch Unternehmen als autopoietische Systeme bezeichnet werden. Vgl. Luhmann 2000, S. 39 ff.

dingungen für alle weiteren Handlungen (Ursache).“[232] Die in einem derartigen Interaktions- und Wirkungsgeflecht eingebetteten „Handlungen und auch die Nichthandlungen aller im Netzwerk agierenden Unternehmen sind kreuzweise verknüpft und bilden ein verzweigtes Beziehungsgefüge. Kein Unternehmen hat einen unabhängigen und direkten Einfluss auf das Netzwerk, sondern erst die Gesamtheit der Interaktionen zwischen den Unternehmen bestimmt die Verhaltensweisen, Eigenschaften und Zustände des Gesamtsystems.“[233] Selbstorganisierte Systeme werden damit nicht nur von ihrer Umwelt beeinflusst, sondern haben ihrerseits die Möglichkeit, aktiv in das Geschehen ihrer Umwelt einzugreifen. „And once we recognize this, it becomes clear that organizations are in principle able to influence the nature of their environment. They can play an active role in shaping their future, especially when acting in concert with other organizations. Environments then become in some measure always negotiated environments, rather than independent external forces.“[234] Abbildung 13 veranschaulicht nochmals die Entwicklung von der traditionellen zu einer neueren systemtheoretischen Sichtweise.

Abbildung 13: Entwicklungsphasen der Systemtheorie

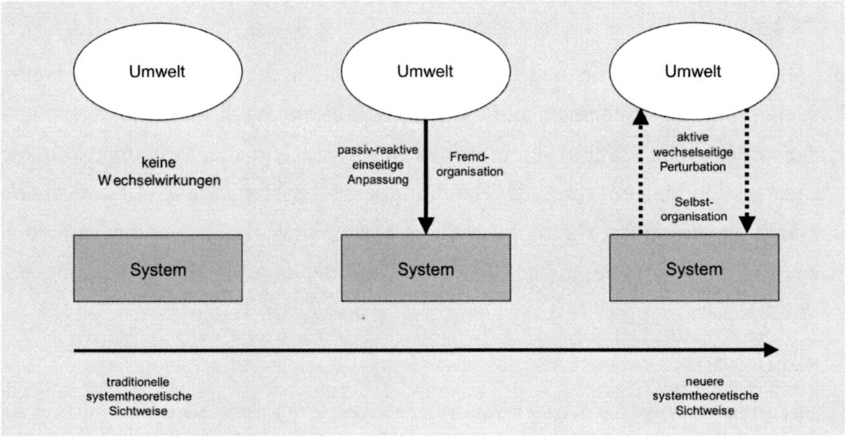

Quelle: Eigene Erstellung.

[232] Mildenberger 1998, S. 100.
[233] Richter 1995, S. 69.
[234] Morgan 1986, S. 69 f.

3.2.2 Strukturationstheorie

Der Soziologe Anthony Giddens überwindet mit seiner Theorie der Strukturation[235] die in den Sozialwissenschaften lange Zeit vorherrschende „Dichotomie zwischen struktur- und handlungstheoretischen Erklärungen des Sozialen."[236]

Die Strukturationstheorie formuliert eine praxistheoretische Sicht auf Netzwerke und betont die Wechselwirkungen zwischen den beiden Polen Individuum und Gesellschaft bzw. Handlung und Struktur. „Structuration theory offers a conceptual scheme that allows one to understand both how actors are at the same time the creators of social systems and yet created by them."[237] Diese Dualität der Struktur besagt, dass Akteure zugleich Subjekt als auch Objekt ihrer sozialen Handlungen sind.[238] Netzwerkakteure beziehen sich in ihren Handlungen auf gegebene Strukturen und produzieren bzw. reproduzieren diese dadurch. Soziale Strukturen sind demnach nicht durch Akteure hervorgebracht, sondern sind rekursiv und werden durch das Handeln der Akteure reproduziert.[239] Die Auswahl der Kooperationspartner verändert einerseits die Strukturmerkmale der beteiligten sozialen Systeme, andererseits wirkt die so geschaffene Struktur auf das Handeln der beteiligten Systeme zurück.[240]

Aus Sicht der Strukturationstheorie besteht die Struktur aus Regeln und Ressourcen.[241] Regeln bezeichnet Giddens dabei als generalisierbare Prozeduren, die den Akteuren die „fortlaufende soziale Orientierung im Laufe ihrer täglichen Aktivitäten"[242] ermöglichen. Sie bestehen aus Regeln der Sanktionierung sozialer Verhaltensweisen (korrektes Verhalten bzw. Handeln wird durch die Legitimation entsprechender Vorgaben definiert) und Regeln der Sinnkonsti-

---

[235] Vgl. Giddens 1984.
[236] Zimmermann/Ortmann 2001, S. 31.
[237] Giddens 1991, S. 204.
[238] Giddens unterscheidet 3 Dimensionen sozialen Handelns: Legitimation (u.a. Sanktionshandlungen), Signifikation (u.a. Bildung von Unternehmenszielen) und Domination (aufgeteilt in eine politische und eine ökonomische Herrschaft). Vgl. Zimmer/Ortmann 2001, S. 335 ff.
[239] Vgl. Sydow 2006, S. 153 ff.
[240] Dieser Zusammenhang der wechselseitigen Beeinflussung wird in der Literatur auch oft mit den Begriffen Rekursivität oder Reproduktion bezeichnet.
[241] Giddens definiert Struktur als „rules and resources, recursively implicated in the reproduktion of social systems". Giddens 1984, S. 377.
[242] Zimmer/Ortmann 2001, S. 32.

tution, mittels welcher Bedeutungszuweisungen zu bestimmten Sachverhalten innerhalb der Struktur reguliert werden.[243]

Besondere Bedeutung misst Giddens den Ressourcen bei, da sie im Gegensatz zu Regeln akkumuliert werden können und dem Akteur die Macht verleihen, über deren Bereitstellung oder Unterschlagung Einfluss auf die Umwelt bzw. die Struktur zu nehmen. Zu unterscheiden sind autoritative Ressourcen (Fähigkeiten, Kapazitäten) und allokative Ressourcen (Verfügung über materielle Güter).[244] Ressourcen können jedoch nach dem Konzept der Reproduktion erst dann als solche bezeichnet werden, „wenn sie in sozialen Interaktionen genutzt und dadurch in ihrer Struktureigenschaft als Ressourcen reproduziert werden.“[245]

Auch im Hinblick auf das Strategische Management eröffnet der Strukturationsansatz einen neuen Blickwinkel. Das Entweder-Oder bezüglich „structure follows strategy“ oder „strategy follows structure“ löst sich auf „(...) und dies nicht einfach im Sinne eines Kompromisses, eines Sowohl-als-auch, sondern im Sinne rekursiver Konstitution: Strategien induzieren Veränderungen von Strukturen, die ihrerseits die Entwicklung von Strategien beeinflussen, welche sodann wieder Strukturveränderungen nach sich ziehen (können) und so fort.“[246]

3.2.3 Evolutionstheorie

Die Evolutionstheorie hat ihren Ursprung in den Naturwissenschaften und beginnt „sich in den letzten Jahren als Metatheorie auch verstärkt in den Wirtschafts- und Sozialwissenschaften durchzusetzen.“[247] Im Gegensatz zu älteren Evolutionsansätzen konzeptualisiert die moderne soziokulturelle Evolutionstheorie die Entwicklung sozialer Systeme als nicht-deterministisch,

[243] Vgl. Becker 2001, S. 98.
[244] Vgl. Cohen 1989, S. 28; Giddens 1984, S. 258
[245] Zimmer/Ortmann 2001, S. 33.
[246] Ortmann/Sydow 2001, S. 428.
[247] Hoffmann 2001, S. 28. Vgl. auch Aldrich/Ruef 2006; Kappelhoff 2000b, S. 348 ff; Baum/Singh 1994. Mit dem Grundlagenwerk „An Evolutionary Theorie of Economic Change“ von Nelson/Winter aus dem Jahre 1982 erfuhr der Evolutionsgedanke erstmals auch in der Managementwissenschaft breite Aufmerksamkeit.

nicht-reduktionistisch und nicht ausschließlich graduell.[248] Die Evolutionstheorie basiert auf einer dynamischen Entwicklungssicht und erlaubt es, Wirkungszusammenhänge im Zeitverlauf zu betrachten. Dabei sind sowohl kontinuierlich (graduell) als auch diskontinuierliche Entwicklungen möglich. „Durch die Übernahme evolutionärer Theorieelemente hat die Ökonomie zum ersten Male eine realistische Chance, sich aus der babylonischen Gefangenschaft des mechanistischen Weltbildes zu befreien.“[249]

Die Evolutionstheorie fokussiert Entwicklungs- und Veränderungsprozesse zwischen Unternehmen und deren Umwelt, welche insbesondere durch folgende Kräfte angetrieben werden:[250]

- Variation
    - Diese kann sowohl über bewusste, zielgerichtete Such- und Problemlösungsprozesse, als auch
    - über zufällige Rekombination von Routinen sowie fehlerhafte Durchführung von Routinen erfolgen.
- Selektion
    - Eine Selektion kann sowohl intern (Akzeptanz durch Entscheidungsträger, Zugriff auf Ressourcen), als auch
    - extern, über Marktmechanismen (Absatz- und Faktormärkte) oder Legitimationszwang erfolgen.
- Retention (Replikation)
    - Eine Retention kann über die Abspeicherung positiv selektierter Verhaltensmuster und Entscheidungsregeln in der organisationalen Wissens- und Wertebasis (Routinen, Werte, Programme), als auch
    - über die aktive Unterstützung der Diffusion von bewährten Problemlösungen durch Formalisierung, Standardisierung, EDV-Unterstützung, etc. erfolgen.
- Wettbewerb
    - Wettbewerb um knappe Ressourcen auf Absatz- und Faktormärkten sowie um Legitimation (Akzeptanz durch wichtige Stakeholder).

---

[248] Vgl. Hoffmann 2001, S. 23; Aldrich/Ruef 2006.
[249] Kappelhoff 2000b, S. 379.
[250] Hoffmann 2001, S. 30; vgl. auch Aldrich/Ruef 2006, S. 16 ff.

Verstärkt werden diese Kräfte wiederum durch die Entwicklungen auf dem Gebiet der Informations- und Kommunikationstechnologien, die als Treiber soziokultureller Entwicklungen gelten. Sie ermöglichen personenübergreifende aktive Variations-, Selektions-, und Retentionsprozesse, woraus im Vergleich zur biologischen Evolution eine ungleich höhere Entwicklungsgeschwindigkeit soziokultureller Evolution möglich ist.[251]

Auch wenn nach der Evolutionstheorie die Unternehmensentwicklung durch aktive Prozesse bewusst beeinflusst werden kann, so wird doch gleichzeitig betont, dass diese zielorientierte Gestaltung nur in begrenztem Maß realisierbar ist. Einschränkungen ergeben sich u.a. aus der begrenzten Rationalität und dem begrenzten Wissen der Akteure, den unbeeinflussbaren oder unberechenbaren Umfeldeinflüssen sowie aus der Unternehmensentwicklung in der Vergangenheit (path dependence). Der Aspekt der path dependence (Pfadabhängigkeit) spielt unter Evolutionsgesichtspunkten eine zentrale Rolle. Danach ist jede zukünftige Entscheidung und jede intendierte Handlung eines Unternehmens von den Entscheidungen und Handlungen sowie deren Auswirkungen in der Vergangenheit abhängig.

Durch die Verknüpfung der Evolutionstheorie mit Elementen der Strukturationstheorie gelangt man zum Konzept der Koevolution, welches die Wechselwirkungen zwischen System und Systemumwelt im Zeitverlauf betrachtet. Unter Koevolution ist ein Entwicklungsprozess zu verstehen; ein wechselseitiger und evolutionärer Wandel interagierender Systeme.[252] Danach werden nicht nur Unternehmen in ihrer Entwicklung von der Branchenentwicklung beeinflusst, sondern Unternehmen beeinflussen ihrerseits (bewusst oder unbewusst) auch die Entwicklung der Branche.[253] „Das Koevolutionsmodell sieht das Unternehmen dadurch nicht ausschließlich in einer reaktiven Anpassungsrolle, sondern eröffnet dem Unternehmen auch die Möglichkeit zur aktiven Gestaltung seines Umfeldes."[254] Dabei werden insbesondere die Mehrebenenbetrachtung sowie die

---

[251] Vgl. Hoffmann 2001, S. 29 f; Kappelhoff 2000b, S. 383.
[252] Vgl. Von den Eichen et. al. 2006, S. 486; Hoffmann 2001, S. 31.
[253] Vgl. Hoffmann 2001, S. 31; Lewin/Volberda 1999, S. 526 f.; McKelvey 1997.
[254] Hoffmann 2001, S. 31.

Interdependenz der Variablen betont. Im Bezug auf Unternehmensnetzwerke bedeutet dies:

- Die Entwicklung des Unternehmens (Mikro-Evolution) ist eingebettet in die Entwicklung der Branche sowie der Wirtschaft und Gesellschaft (Makro-Evolution).
- Jeder Netzwerkteilnehmer wird in seiner Entwicklung von seinen direkten Netzwerkpartnern sowie durch das Netzwerk als Ganzes beeinflusst und beeinflusst seinerseits die Entwicklung des Netzwerkes sowie die Entwicklung jedes direkt verbundenen Netzwerkpartners.

Diese wechselseitige, interdependente Koevolution von Unternehmen und Umfeld dient vielfach als theoretische Basis zur Entwicklung weiterführender Netzwerkansätze der Managementforschung und soll auch im Weiteren für die Entwicklung des Bezugsrahmens eines ganzheitlichen AFG-Netzwerkmanagements als metatheoretische Basis dienen.

3.3 Ansätze des strategischen Managements

3.3.1 Ressourcenbasierte Strategieansätze

Ende der 1950er Jahre legte Penrose den Grundstein für den ressourcenbasierten Ansatz (resource-based-view) des Strategischen Managements.[255] Als Grundlage wirtschaftlichen Erfolgs führt Penrose die Verfügbarkeit von strategisch relevanten Ressourcen an, sowie die Art und Weise, wie Unternehmen diese zur Realisierung nachhaltiger Wettbewerbsvorteile nutzen.[256] Ein nachhaltiger Vorteil lässt sich dabei jedoch nur auf Grundlage von Ressourcen schaffen, welche einzigartig, schwer imitierbar und substituierbar und für die strategischen Ziele relevant (wertvoll, nützlich) sind.[257]

Unter Ressourcen werden nicht nur materielle und immaterielle Vermögensgegenstände, finanzielle Ressourcen oder Humanressourcen gefasst, sondern auch

[255] Vgl. Penrose 1959.
[256] Vgl. Zentes/Schramm-Klein 2005, S. 284; Penrose 1959.
[257] Vgl. Habann 2002, S. 146; Barney 1991, S. 99 ff.

im Unternehmen gespeichertes Wissen bzw. Know-how sowie daraus entstandene organisationale Fähigkeiten. Ressourcen werden meist in folgende Kategorien eingeteilt:[258]

- Finanzielle Ressourcen: Kredite, Kapital etc.
- Physische Ressourcen: Büroräume, Produktionsanlagen, Produkte, Rohmaterialien etc.
- Humane Ressourcen: Mitarbeiter
- Organisatorische Ressourcen: Beschaffungs- und Vertriebssystem, Planungs- und Informationssystem etc.
- Informatorische Ressourcen: Kundeninformationen, Know-how etc.
- Technologische Ressourcen: Produktionsverfahren, Patente, Lizenzen etc.
- Marktliche Ressourcen: Kundenbeziehungen, Wettbewerbsbarrieren etc.

Der ressourcenbasierte Strategieansatz betrachtet „dauerhaften Erfolg als Resultat der Auswahl, Bündelung und Entwicklung unternehmungsspezifischer Technologie- und Managementressourcen zu komplexen Kernkompetenzen (...), deren Einsatz und Verteidigung kompetenzbasierte Wettbewerbsvorteile impliziert (resource-conduct-performance-Paradigma).“[259] Ressourcen werden dabei nicht als primäre Quelle von Macht eingestuft, sondern als strategisches Erfolgspotenzial, welches bei optimaler Ausnutzung der Ressourcen den zukünftigen Aufbau von dauerhaften Wettbewerbsvorteilen begünstigt.

Kooperationen und Netzwerke dienen aus Sicht des ressourcenbasierten Ansatzes dazu, sich den Zugang zu komplementären oder sich ergänzenden Ressourcen zu verschaffen, „in Erwartung der Erreichung von Economies of Scale, Economies of Scope oder der Schaffung von Innovationen, um damit die gesamte Ressourcenbasis zu erweitern und gleichzeitig die eigene Wettbewerbsposition zu stärken.“[260] Ausgehend von einer asymmetrischen Verteilung von Ressourcen ermöglichen Netze damit den Zugang zu Ressourcen und Fähigkeiten des Partners, ohne die hohen Investitionskosten eines Unternehmenserwerbs tragen zu müssen.

---

[258] Vgl. Grant/Nippa 2006, S. 183 ff.; Hermann 1996, S. 62.
[259] Beck 1998, S. 52.
[260] Zahn/Kapmeier/Tilebein 2006, S. 134.

Gründe und Ziele von Kooperationen und Netzwerken sind aus Sicht des ressourcenbasierten Ansatzes demnach

- der Zugriff auf externe Ressourcen,
- die Poolung von Ressourcen (Größenvorteile nutzen) und
- der gemeinsame Aufbau von neuen Ressourcen.[261]

Aufgrund der erfolgskritischen Relevanz von interorganisationalen Beziehungen können diese auch selbst als strategische Ressourcen aufgefasst werden.[262] Einige Autoren stellen die Bedeutung dieser Beziehungen in den Mittelpunkt ihrer Managementansätze.[263] Aus Sicht dieses relational-view wird „das Beziehungskapital des Unternehmens, d.h. die Summe seiner interorganisationalen Beziehungen (...) als eine der zentralen Ressourcen des Unternehmens betrachtet, das die Generierung so genannter relationaler Renten (...) ermöglicht."[264] „Relationships are one of the most valuable resources that a company possesses."[265] Da interorganisationale Beziehungen jedoch nicht nur positive Effekte, sondern auch negative Auswirkungen (z.B. Abhängigkeiten, Koordinationsaufwand) auf den unternehmerischen Erfolg haben können, sollte Sozialkapital exakterweise als „Differenz positiver und dysfunktionaler Effekte sozialer Beziehungen"[266] gesehen werden.

Pfeffer/Salancik führen den Grundgedanken der Ressourcen als wettbewerbsentscheidende Größe weiter und betonen in ihrem Resource-Dependence-Ansatz die Abhängigkeit der Unternehmen von unternehmensexternen Ressourcen.[267] Grundlage dieser Abhängigkeit ist die Fähigkeit, von externen Systemen Ressourcen zu kontrollieren, welche das Unternehmen zur Erreichung seiner Ziele benötigt.[268] Organisationen stehen danach im ständigen Kampf mit ihrer Umwelt um Autonomie und Entscheidungsmacht und sind laufend mit den

261 Vgl. Hoffmann 2001, S. 42.
262 Coleman 1988 spricht in diesem Zusammenhang auch von sozialem Kapital. Vgl. auch Zahn/Kapmeier/Tilebein 2006, S. 138.
263 Vgl. Ahuja 2000; Dyer/Singh 1998.
264 Hoffmann 2001, S. 43.
265 Hakansson 1987, S. 10.
266 Fried/Knoll 2005, S. 76.
267 Vgl. Pfeffer/Salancik 1978.
268 Vgl. Swoboda 2005, S. 52; Hermann 1996, S. 58.

Grenzen externer Kontrolle konfrontiert.[269] Unternehmen verfügen in den heutigen Märkten in der Regel nicht über alle erforderlichen Ressourcen, sondern sind in gewissem Maße auf Ressourcen angewiesen, die von anderen Unternehmen angeboten werden. Daraus folgt, dass Unternehmen in Beziehung zu ihrer Umwelt treten müssen, wodurch Abhängigkeiten und wechselseitige Beeinflussungen entstehen. Die so entstehenden Abhängigkeiten zwischen den einzelnen Marktteilnehmern sorgen dafür, dass Aktionen eines Unternehmens zwangsläufig Reaktionen anderer Unternehmen nach sich ziehen. Abhängigkeit wird dabei definiert als „the product of the importance of a given input or output to the organization and the extent to which it is controlled by relatively few organizations."[270] Eine Abhängigkeit kann unterschiedliche Ausmaße annehmen und definiert sich über

- die Bedeutung der Ressource für das Unternehmen,
- die beschränkte Substituierbarkeit der Ressourcen und Sourcen[271] und
- die asymmetrische Verteilung der Verfügungsmacht über die Ressourcen zu Ungunsten des Unternehmens.[272]

Allianzen, Kooperationen und Netzwerke stellen aus Sicht des Resource-Dependence-Ansatzes machtpolitische Instrumente dar, mit deren Hilfe Einfluss über kritische externe Ressourcen, sowie die sie steuernden Organisationen (Sourcen) gewonnen und gefestigt werden kann.[273] Ziel der Unternehmen muss es demnach sein, die eigene Abhängigkeit von anderen Marktakteuren zu reduzieren und gleichzeitig deren Abhängigkeit vom eigenen Unternehmen zu erhöhen.[274]

[269] Vgl. Pfeffer/Salancik 1978, S. 146.
[270] Pfeffer/Salancik 1978, S. 51.
[271] Als Sourcen werden diejenigen Akteure bezeichnet, welche die Ressourcen bereitstellen bzw. über diese verfügen.
[272] Vgl. Hermann 1996, S. 60 f.
[273] Vgl. Beck 1998, S. 42.
[274] Vgl. Beck 1998, S. 42.

3.3.2 Wissensbasierte Strategieansätze

Die Gesellschaft befindet sich im Informationszeitalter, in welchem Informationen und Wissen zu den entscheidenden Wirtschaftsfaktoren zählen.[275] Ausgehend von einer ressourcenbasierten Sicht des strategischen Managements betrachtet der wissensbasierte Strategieansatz dieses Wissen als wichtigste, Wettbewerb entscheidende Ressource.[276] Da kein Unternehmen über ausreichende Finanzmittel und Zeit verfügt, sich alles notwendige Wissen intern und selbständig aufzubauen, spielen interorganisationale Beziehungen und Netzwerke eine wichtige Rolle. In Zeiten einer sich immer schneller wandelnden und schwer zu prognostizierenden Marktentwicklung stellen strategische Kooperationen aus Sicht der wissensbasierten Ansätze überlebensnotwendige Plattformen für den Austausch von bestehendem und die Gewinnung von neuem Wissen dar.

In einem sich immer schneller wandelnden Umfeld steigt einerseits die Relevanz von Wissen, andererseits verliert das Wissen aber auch immer schneller an Aktualität und Gültigkeit. Daher finden bei aktuelleren wissensbasierten Strategieansätzen nicht nur der jeweilige Wissensbestand, sondern vor allem Prozesse der Wissensgenerierung, -speicherung, -verteilung und -anwendung Berücksichtigung.[277] Wissen ist grundsätzlich pfadabhängig, d.h. es muss sukzessive aufgebaut werden und kann nicht alleine durch das Akquirieren externer Ressourcen generiert werden.[278] Dieser prozessorientierte, dynamische Aspekt des Wissensmanagements stellt auch die Grundlage der Theorie des organisationalen Lernens dar. Kale/Singh/Perlmutter unterscheiden zwischen drei Ebenen des organisationalen Lernens:[279]

- Aus einer bestimmten Allianz lernen
- Lernen, eine bestimmte Allianz erfolgreich zu managen
- Lernen, Allianzportfolios erfolgreich zu managen.

[275] Vgl. Welsch 2000, S. 17.
[276] Vgl. Handlbauer/Renzl 2006, S. 157; Conner/Prahalad 1996; Grant 1996.
[277] Vgl. Handlbauer/Renzl 2006, S. 152.
[278] Vgl. Zahn/Kapmeier/Tilebein 2006, S. 135.
[279] Vgl. Kale/Singh/Perlmutter 2000, S. 219 f.

Auf einer anderen Ebene unterscheiden Lewin/Long/Caroll zwei grundsätzliche Strategien des organisationalen Lernens zum Zwecke der Anpassung an eine unsichere Umfeldentwicklung:[280]

- Exploitieren: Bestmögliches Ausschöpfen und Perfektionieren von vorhandenem Wissen und Fähigkeiten.
- Explorieren: Neues Wissen generieren und neue Fähigkeitspotenziale aufbauen.

Die Exploration von neuen Wissens- und Fähigkeitsressourcen ist nach Lewin/Long/Caroll in erster Linie durch interorganisationale Kooperationen zu erreichen. Interorganisationales Lernen, also der Wissensaustausch und -aufbau mit Kooperationspartnern, wird jedoch nicht nur positiv gesehen. Der unerwünschte und unkontrollierte Abfluss von implizitem, proprietärem Wissen stellt eine Gefahr für die kooperierenden Unternehmen dar und kann dazu führen, dass ein Partner von dem anderen „ausgelernt" wird. Dies gilt es durch gezielte Isolationsmechanismen zu verhindern und damit wissensbasierte Wettbewerbsvorteile zu verteidigen.

Wichtig anzumerken ist, dass Wissen zwar eine wichtige Quelle für nachhaltige Wettbewerbsvorteile sein kann, jedoch erst die Umsetzung bzw. Anwendung des erworbenen Wissens einen tatsächlichen Mehrwert bedeutet.

3.3.3 Marktbasierte Strategieansätze

Porter entwickelte Anfang der 1980er Jahre auf Grundlage von industrieökonomischen Überlegungen einen Ansatz, der den Wettbewerbserfolg von Unternehmen damit erklärt, dass sie auf Absatzmärkten erfolgreich Marktbarrieren gegen den Marktzutritt potenzieller Konkurrenten aufbauen und verteidigen. Markteintrittsbarrieren stellen u.a. niedrige Produktionskosten aufgrund von Skaleneffekten und eine daraus resultierende Preisführerschaft dar, sowie eine besondere Reputation bzw. Markenbekanntheit und damit verbundene Qualitätsführerschaft.

[280] Vgl. Lewin/Long/Caroll 1999, S. 535 ff.

Der marktbasierte Strategieansatz führt damit dauerhaften Erfolg „auf die Wahrnehmung externer Chancen im Rahmen der Branchenstruktur durch geschickte Wettbewerbspositionierung und -differenzierung durch Kosten- oder Leistungsvorteile sowie deren Verteidigung durch Aufbau von Markteintritts- und Mobilitätsbarrieren zurück.“[281] Aus Sicht des marktbasierten Strategieansatzes steht und fällt der unternehmerische Erfolg damit nicht mit der Ressourcenausstattung, sondern in erster Linie mit der Markt- und Wettbewerbspositionierung.[282] Neben dem Aufbau von Markteintrittsbarrieren für potenzielle Konkurrenten lässt sich die eigene Marktposition u.a. durch die Verminderung des Substitutionsdrucks durch alternative Produkte bzw. Dienstleistungen oder die Optimierung der Verhandlungsposition gegenüber Lieferanten und Kunden verbessern.[283] „Um erfolgreich zu sein, muss ein Unternehmen daher versuchen, auf diesen Märkten Wettbewerbsvorteile gegenüber seinen Konkurrenten aufzubauen und zu verteidigen. Damit wird das Verständnis der Märkte zum Ausgangspunkt für die Formulierung einer erfolgreichen Wettbewerbsstrategie.“[284] Zur Analyse dieser Branchen- und Wettbewerbsstrukturen, in denen sich Unternehmen behaupten müssen, hat das Modell der „Five-Forces“ von Porter große Beachtung gefunden. Als Triebkräfte des Branchenwettbewerbs identifiziert Porter dabei die Verhandlungsstärke der Abnehmer und Lieferanten sowie die Bedrohung durch Ersatzprodukte und den Markteintritt neuer Konkurrenten.[285]

Kooperationen und Netzwerke dienen nach diesem Ansatz einerseits der bewussten Gestaltung des Wettbewerbs sowie der optimalen Positionierung des Unternehmens innerhalb der Branche. Andererseits können Kooperationen und Netzwerke aber auch genutzt werden, um in neue Branchen und Märkte vorzudringen.

Während ressourcenbasierte Ansätze wirtschaftlichen Erfolg über die Ausstattung mit bzw. den Zugang zu strategisch relevanten Ressourcen definieren,

[281] Beck 1998, S. 52.
[282] Vgl. Zentes/Schramm-Klein 2005, S. 283.
[283] Vgl. Hoffmann 2001, S. 39.
[284] Hungenberg 1999, S. 15.
[285] Vgl. Porter 1980.

sehen marktbasierte Strategieansätze den unternehmerischen Erfolg primär durch eine einflussreiche Marktpositionierung und deren strukturelle Verteidigung gewährleistet. Mit Rückgriff auf die Strukturationstheorie lässt sich diese Dichotomie zwischen market-based-view und resource-based-view jedoch überwinden. „An entry barrier without a resource position barrier leaves the firm vulnerable to diversifying entrants, whereas a resource position without an entry barrier leaves the unable to exploit the barrier."[286] Weder die durch optimale Wettbewerbspositionierung noch durch optimale Ressourcenausstattung erworbenen potenziellen Konkurrenzvorteile können alleine einen unternehmerischen Erfolg garantieren. Ein Unternehmen mit unattraktiven Produkten bzw. Ressourcen wird nur schwer eine gute Wettbewerbspositionierung erlangen, was wiederum dazu führt, dass seine Ressourcenausstattung im Vergleich zu seinen Wettbewerbern weiter sinken wird. Andererseits ist es ohne eine entsprechend gute Marktposition kaum möglich, ein auch noch so gutes Produkt im Markt zu etablieren.

Die vorliegende Arbeit schließt sich dieser strukturationstheoretischen Sichtweise an und bedient sich damit sowohl der strategischen Implikationen des resource-based-view wie auch des market-based-view.

3.4 Interorganisationale Ansätze

3.4.1 Soziale Netzwerktheorie

Die soziale Netzwerktheorie geht davon aus, dass Individuen über zahlreiche und unterschiedlichste Beziehungen mit anderen Akteuren in Kontakt stehen und somit ein Netzwerk voneinander abhängiger Akteure aufspannen. An dieser Stelle sei nochmals die Netzwerkdefinition von Mitchell zitiert: „A social network is a specific set of linkages among a defined set of actors, with the additional property that the characteristics of these linkages as a whole may be used to interpret the social behaviour of the actors involved."[287] Zwischen den einzelnen Beziehungen, die ein Individuum oder ein Unternehmen mit seiner

[286] Wernerfelt 1984, S. 173.
[287] Mitchell 1969, S. 2. Vgl. auch Kapitel 2.2.2 der vorliegenden Arbeit.

Umwelt pflegt, bestehen wiederum Interdependenzen, weshalb jede interorganisationale Beziehung nur im Kontext des Gesamtnetzwerkes betrachtet werden darf. Die Netzwerktheorie löst sich damit von einer einseitigen Sichtweise des Kooperationsphänomens und betont explizit die Multilateralität sozialer Vernetzung.

Die Handlungsoptionen eines Unternehmens sind abhängig von der Position des Unternehmens in seinem interorganisationalen Beziehungsgeflecht. „A firms portfolio of alliances and its network position in an industry can have a profound influence on its overall performance.“[288] Die Summe der interorganisationalen Beziehungen und die Positionierung innerhalb dieser Beziehungen wird als Beziehungskapital bezeichnet.[289] Dieses Beziehungskapital ist damit als Ausdruck „kumulierter strategischer Wahlentscheidungen (...)“[290] zu verstehen.

Aus Sicht der Netzwerktheorie stellt ein Kooperationsportfolio ein egozentrisches Netzwerk dar, welches von dem jeweiligen Unternehmen strategisch gestaltet und gesteuert wird.[291] Die Charakteristika der Netzwerke und dyadischen Beziehungen haben dabei wesentlichen Einfluss auf die Entwicklung der Wettbewerbsfähigkeit des Unternehmens. Die Stärke sozialer Netzwerkansätze liegt jedoch weder in der ökonomischen Begründung, wie oder wieso Netzwerke entstehen, noch gibt sie ausreichend Anhaltspunkte, um Handlungsempfehlungen für ein strategisches Management dieser Netzwerke ableiten zu können. Hauptaspekt der Netzwerktheorie ist die Ausarbeitung und Bereitstellung eines differenzierten, methodischen Instrumentariums zur Erklärung und Beschreibung dieser Beziehungen und Netzwerke. Der Ansatz der Netzwerktheorie kann daher eher als formal deskriptiv als inhaltlich explikativ bezeichnet werden.[292] In Anlehnung an die Erkenntnisse der

[288] Gulati 1998, S. 311.
[289] Vgl. Hoffmann 2001, S. 73.
[290] Swoboda 2005, S. 57.
[291] Vgl. Kenis/Knoke 1998, S.20.
[292] Vgl. Aderhold 2004, S. 120; Beck 1998, S. 45.

Soziometrie[293] stellt die Netzwerktheorie eine breite Palette an Kriterien bereit, anhand derer Netzwerke und Beziehungen beschrieben werden können. Häufige in der Literatur herangezogene Merkmale zur Beschreibung von Beziehungen sind nach Schmid: Intensität (Umfang, Qualität, Häufigkeit und Dauer der Interaktionen), Symmetrie, Reziprozität, Multiplexität, Standardisierung, Kontakthäufigkeit, Zielkongruenz, Formalisierungsgrad und Konfliktgrad.[294]

Auch zur Beschreibung von Netzwerken findet sich in der Literatur eine Vielzahl an Kriterien.[295] Einige der am häufigsten verwandten Kriterien seien im Folgenden näher erläutert.

- Größe: Die Größe eines Netzwerkes bezieht sich auf die Anzahl der an dem Netzwerk beteiligten Akteure.
- Dichte: Die Dichte beschreibt das Ausmaß an Vernetzung der Mitglieder eines Netzwerkes. Eine absolute Dichte besteht dann, wenn jedes Mitglied mit allen anderen Mitgliedern eine direkte Beziehung pflegt.
- Abgrenzung: Die Abgrenzung bezieht sich auf die netzwerkexternen Beziehungen. Stark abgegrenzte Netzwerke zeichnen sich durch eine starke Fokussierung auf die interne Vernetzung (hohe Dichte) bei gleichzeitiger schwacher externer Verknüpfung aus.
- Redundanz: Die Redundanz beziehungsweise Homogenität bezieht sich auf die Gleichartigkeit der Netzwerkakteure bzw. deren Ressourcen.
- Reichweite: Die Reichweite eines Netzwerkes setzt sich aus den beiden Faktoren Größe und Heterogenität zusammen. Je größer und heterogener ein Netzwerk ist, umso größer ist dessen Reichweite. Die Reichweite bezieht sich dabei auf den Zugang zu externen Ressourcen durch viele unterschiedliche Netzwerkpartner.
- Soziale Kontrolle: Soziale Kontrolle kann z.B. durch Gruppenzwang entstehen und meint das Ausmaß der gegenseitigen Beeinflussung der Netzwerkmitglieder.

---

293 Aus Sicht der Soziometrie entstehen Netzwerke aufgrund zwischenmenschlicher Wahl- und Bewertungsprozesse. Diese Beziehungsnetze können anhand bestimmter Variablen gemessen, bewertet und grafisch in so genannten Soziogrammen dargestellt werden. Vgl. Moreno 1954.

294 Vgl. Schmid 2005, S. 241 f; Schenk 1984, S. 250.

295 Vgl. Sydow 2006, S. 394; Kirchgeorg 2005, S. 485; Schmid 2005, S. 242; Wellman 2003, S. 126 ff.

- Bindungsstärke: Das Ausmaß der Stärke der Bindungen setzt sich aus den Größen soziale Nähe, Freiwilligkeit, Multiplexität und Kontakthäufigkeit zusammen.
- Zentralität: Die Zentralität bezeichnet den Grad der Konzentration von beeinflussenden oder steuernden Elementen auf einen oder wenige Netzwerkteilnehmer.

3.4.2 Vertrauensforschung

Das wohl am häufigsten herausgestellte Strukturmerkmal, welches als Steuerungs- bzw. Koordinationsinstrument Einfluss auf das Entstehen sowie die Ausgestaltung von Beziehungen und Netzwerken hat, ist das Vertrauen. „Vertrauen ist tatsächlich der Anfang von allem, soll heißen, die unverzichtbare Basis für gelingende Kooperation."[296]

Wie empirische Studien zeigen, kommt Vertrauen in Netzwerken meist eine größere Rolle zu als formalen Vereinbarungen und Verträgen.[297] Vertrauensvolle interorganisationale Beziehungen werden auch oft als wichtigste strategische Ressource und als „Schmiermittel" oder „Bindemittel" der Koevolution von Beziehungsportfolios bezeichnet.[298] „Wie Preise in Märkten, die definieren, welche Menge an Gütern zwischen Verkäufern und Käufern ausgetauscht werden, bestimmt das Vorhandensein oder Aufkeimen von Vertrauen, wer an einer Kooperation teilnimmt oder nicht, wer Bestandteil des Netzwerkpotenzials ist oder nicht."[299]

Vertrauen dient der Stabilisierung unsicherer Erwartungen und der Reduktion von Verhaltensrisiken und sozialer Handlungskomplexität.[300] Der Mechanismus des Vertrauens reduziert Ungewissheit, indem er spezifisch selektierte Annahmen über das zukünftige Verhalten dessen, dem vertraut wird, ermöglicht. „Jemand, der in Erwägung zieht, seinem Gegenüber zu vertrauen, geht –

[296] Dammer 2007, S. 50.
[297] Vgl. Larson 1992, S. 76 ff.
[298] Hoffmann 2001, S. 35.
[299] Duschek/Wetzel/Aderhold 2005, S. 156.
[300] Vgl. Sell 2005, S. 162.

ohne dafür eine Garantie zu besitzen – schlicht von der Annahme aus, dass derjenige, dem zu vertrauen er beabsichtigt, sich als vertrauenswürdig erweisen wird und das Wohlwollen, das ihm entgegengebracht wird, schon nicht missbrauchen wird.“[301] Dadurch wird die Komplexität der jeweiligen Handlungssituation reduziert, denn der Vertrauende stellt sich nicht mehr auf alle Möglichkeiten des zukünftigen Handelns seines Gegenübers ein, sondern selektiert eine bestimmte Möglichkeit, bzw. eine geringe Varianzbreite möglichen Handelns Alter Egos, und nimmt diese quasi als gegeben an.

Da es Unternehmen in einer funktional differenzierten und globalisierten Networked Economy mit immer mehr Akteuren zu tun haben, aber gleichzeitig immer weniger über diese wissen, ist Vertrauen notwendig, um überhaupt handlungsfähig zu sein.[302] Damit wird auch deutlich, dass Vertrauen nur dann Relevanz besitzt, wenn Unsicherheit bezüglich zukünftiger Entwicklungen, insbesondere bezogen auf das Verhalten kooperierender Marktteilnehmer, besteht. In einer Welt mit vollständigen, symmetrischen Informationen und einer eindeutig prognostizierbaren Zukunft wäre Vertrauen überflüssig.[303]

Dietz definiert Vertrauen als ein „sich verlassen auf ein bestimmtes Verhalten anderer unter Bedingungen der Unsicherheit."[304] Auch für Giddens ist Vertrauen ein „Sich-verlassen-Können“ auf ein bestimmtes Verhalten eines Akteurs oder Systems.[305] Nach einer viel zitierten Definition von Mayer/Davis/Schoorman ist Vertrauen als „the willingness of a party to be vulnerable to the actions of another party beased on the expectation that the other will perform a particluar action important to the trustor, irrespective of the ability to monitor or control that other party“[306] zu verstehen. Ähnlich definiert Ripperger Vertrauen als „die freiwillige Erbringung einer riskanten Vorleistung unter Verzicht auf explizite vertragliche Sicherungs- und Kontrollmaßnahmen gegen opportunistisches

---

[301] Bachmann 2000, S. 111 f; vgl. auch Herzog 2006, S. 120.
[302] Hartmann 2001, S. 14.
[303] Herzog 2006, S. 118; Kubon-Gilke/Sturn/Held 2005, S. 11.
[304] Dietz 2003, S. 67 f.
[305] Vgl. Giddens 1990, S. 34.
[306] Mayer/Davis/Schoorman 1995, S. 712.

Verhalten in der Erwartung, dass sich der andere, trotz Fehlen solcher Schutzmaßnahmen, nicht opportunistisch verhalten wird."[307]

Vertrauen wird meist unter dem transaktionsökonomischen Gesichtspunkt der Senkung von Überwachungs- und Durchsetzungskosten betrachtet. Bevor diese Effekte jedoch relevant werden können kommt Vertrauen bereits eine wichtige Rolle im Aufbau von Beziehungen zu. Ausgangspunkt jeder Beziehung ist die Bereitschaft zu einer riskanten Vorleistung in Form eines Vertrauensvorschusses eines Akteurs.[308] Als riskant wird diese Leistung insofern bezeichnet, als sie nicht zwangsweise zu der intendierten Gegenleistung des Vertrauensnehmers führen muss. Vertrauen ist immer in Gefahr missbraucht zu werden. Bleibt die Erwiderung des Vertrauensvorschusses aufgrund opportunistischen Verhaltens aus, wird sich aufgrund der verletzten Reziprozität nur schwer eine vertrauensvolle Beziehung entwickeln können. Kommt es jedoch zur intendierten Gegenleistung, kann dies eine „Spirale des Vertrauens" erzeugen, in der sich die Akteure gegenseitig immer mehr Vertrauen schenken und damit stabile Vertrauensbeziehungen ausbilden.[309] Vertrauen erfordert insofern die wechselseitige Bereitschaft jederzeit auch ohne sofortige Gegenleistung füreinander einzuspringen und der Glaube daran, dass sich dieses Verhalten auf längere Sicht für alle Beteiligten auszahlt.

Vertrauen kann nicht erkauft oder produziert werden, sondern nur durch die Schaffung eines verhaltensbezogenen Vertrauensfundamentes und entsprechender Rahmenbedingungen gefördert werden. Der offensichtliche und aktive Versuch, Vertrauen zu erzeugen oder zu erzwingen, kann schnell zu kontraproduktivem, reaktantem Verhalten und sogar der Entstehung von Misstrauen führen.[310]

[307] Ripperger 1998, S. 45.

[308] Vertrauen im Sinne einer freiwilligen Vorleistung bzw. Investition ist grundlegend für den Aufbau von Beziehungen und wird daher als konstitutives Merkmal von sozialen Netzwerken gesehen. Vgl. Bachmann 2000, S. 112; Luhmann 1989, S. 23. Ein solcher initialer Vertrauensbonus zwischen zwei potenziellen Kooperationspartnern wird jedoch „nicht aus reinem Altruismus geschenkt, sondern ist auch mit der Hoffnung auf eine Gegenleistung – eben in Form von Vertrauen – verknüpft." Herzog 2006, S. 122.

[309] Vgl. Krystek/Zumbrock 1993, S. 8.

[310] Vgl. Nooteboom 2002, S. 85.

Nach Giddens lassen sich zwei Objekte des Vertrauens unterscheiden:

- Personales Vertrauen: Personales Vertrauen richtet sich auf die Fähigkeiten und die Absicht des Vertrauensempfängers, sich im Sinne des vertrauenden Individuums zu verhalten.[311]
- Systemvertrauen: Systemvertrauen kann als „Glaube an die Korrektheit abstrakter Prinzipien“[312] bezeichnet werden und löst sich damit von personengebundenen Merkmalen. Es stützt sich auf institutionell abgesicherte Berufsrollen, Karrieremuster, hierarchische Entscheidungs- und Verantwortungsstrukturen, Zertifikate, gesetzliche Vorschriften und abstrakte Prinzipien sozialer Systeme.[313] Im Gegensatz zu personalem Vertrauen ist die Reziprozität bei institutionellem Vertrauen eingeschränkt, da ein abstraktes System nicht in gleichem Maße das ihm entgegengebrachte Vertrauen der Individuen erwidern kann. Ein soziales System muss sich daher durch sein kollektives Verhalten immer wieder als vertrauenswürdig erweisen. Die Folge dieser schwächeren Reziprozität sind im Vergleich zu Prozessen des personalen Vertrauens weniger starke Bindungen der Akteure.

Ganz zu trennen sind personales und institutionales Vertrauen jedoch nicht. Giddens weist darauf hin, dass institutionelle Trägersysteme nicht existieren würden, wenn nicht real individuelle Akteure (boundary spanners) an den „access points“ dieser Systeme für die Vertrauenswürdigkeit der oft nicht zu durchschauenden Expertensysteme werben würden.[314] Solche boundary spanners können z.B. Mitarbeiter der Kundenbetreuung sein, die in direktem Kundenkontakt stehen.

Nach Butler/Cantrell lassen sich fünf fundamentale Faktoren identifizieren (Eigenschaften und Strukturmerkmale), die Vertrauen indirekt begünstigen bzw. beschränken können:[315]

- Fachkompetenz: Fachkompetenz ergibt sich aus speziellen technischen und menschlichen Fähigkeiten und einem fundierten Expertenwissen, über

[311] Vgl. Herzog 2006, S. 124.
[312] Giddens 1990, S. 33 f.
[313] Vgl. Bachmann 2000, S. 115.
[314] Vgl. Giddens 1990, S. 85.
[315] Vgl. Butler/Cantrell 1984, S. 19 ff.

welches andere Akteure (Laien) nicht verfügen. Die Beherrschung (durch Wissen und Fähigkeiten) eines Spezialgebietes ermöglicht es dem Experten, die ihm gestellten Aufgaben kompetent zu erfüllen.

- Integrität: Integrität bezieht sich vornehmlich auf die Glaubwürdigkeit und Aufrichtigkeit von Akteuren. Integrität basiert dabei auf bestimmten Wertvorstellungen, in denen der Vertrauensgeber und der Vertrauensnehmer übereinstimmen müssen. Ein Großteil dieser Strukturbedingungen speist sich aus erfahrungsbasiertem Vertrauen.
- Konsistenz: Die Konsistenz beziehen Butler/Cantrell auf das Verhalten der Akteure, wobei insbesondere auf die Aspekte der Verlässlichkeit und Berechenbarkeit hingewiesen wird. Wie die Integrität ist auch die Konsistenz des Vertrauens „pfadabhängig und speist sich aus Erfahrungen, die als Regeln und Ressourcen in sozialen Systemen über die Handlungen von Akteuren perpetuiert werden."[316]
- Loyalität: Loyaliät bezieht sich auf die Intention eines Akteurs, einen anderen Akteur „in einem guten Licht erscheinen zu lassen" und die bestehende Beziehung zu diesem Akteur zu schützen.[317] Loyale Akteure bekennen sich auch dann zu ihrer Beziehung, wenn diese gewissen Störungen ausgesetzt ist.
- Offenheit: Damit sind der freie Austausch und die unverfälschte Weitergabe von Ideen und Informationen gemeint. Dieses „Sich-Öffnen' wird oft als Grundvoraussetzung für die Entwicklung stabiler Beziehungen gesehen und kann sich auch auf die Transparenz von Systemen wie Unternehmensorganisationen beziehen.[318]

Begrifflich ist Vertrauen zudem von Vertrautheit und Zutrauen zu trennen:

- Vertrautheit baut auf dem Verhalten von Akteuren oder der Funktionsweise von Systemen in vergangenen Situationen auf. Vertrautheit ist damit vergangenheitsbezogen und als „eine Art Verwurzelung zu begreifen, die den Menschen mit seiner Umwelt verbindet."[319]

[316] Herzog 2006, S. 128.
[317] Herzog 2006, S. 128.
[318] Vgl. Dammer 2007, S. 52; Herzog 2006, S. 129.
[319] Herzog 2006, S. 121.

- Zutrauen ist im Gegensatz zu Vertrautheit nicht vergangenheitsbezogen, sondern beschreibt die grundsätzliche Fähigkeit der Akteure, sich im Sinne des Vertrauenden zu verhalten.[320]

„Der Vertrauensgeber muss mit dem Vertrauensnehmer also nicht nur gute Erfahrungen bezüglich einer vertrauensvollen Interaktion in der Vergangenheit gemacht haben, sondern er muss ferner davon überzeugt sein, dass der Vertrauensnehmer auch in der aktuellen Situation in der Lage ist, sich in seinem Sinne zu verhalten."[321]

3.5 Ökonomischer Ansatz der Realoption

In der Finanzbranche wird eine Option als das Recht bezeichnet, ein Wertpapier zu einem späteren Zeitpunkt zu einem vorher vereinbarten Preis zu kaufen (Call-Option) oder zu verkaufen (Put-Option). Myers übertrug bereits 1977 das Prinzip der Option auf andere unternehmerische Entscheidungen und führte den Begriff der Realoption ein, welche im Unterschied zur Finanzoption keine Investition in Finanzkapital, sondern in Sachkapital und immaterielle Vermögenswerte darstellt.[322] Strategische unternehmerische Entscheidungen wie z.B. die Investition in die Forschung und Entwicklung zukünftiger Produkte und Technologien oder in wettbewerbsrelevante organisationale Fähigkeiten, eröffnen dem Unternehmen die Chance bzw. das Recht, an künftigen Marktentwicklungen positiv zu partizipieren. Nach der Theorie der Realoption stellen immaterielle Ressourcen damit Optionen auf zukünftige Wachstumschancen dar. Auch interorganisationale Beziehungen können demnach als Realoptionen gesehen werden.[323]

Die Theorie der Realoptionen gewinnt in den letzten Jahren aufgrund der Globalisierung und des rasanten technologischen Wandels immer mehr Beachtung im strategischen Management. „Since there is real value in having a wide array of choices, which provide flexibility in an uncertain world, compa-

[320] Vgl. Giddens 1990, S. 33.
[321] Herzog 2006, S. 121.
[322] Vgl. Myers 1977.
[323] Vgl. Bowman/Hurry 1993; Kogut 1991.

nies should account for this value."[324] Aufgrund der Unsicherheit bezüglich der zukünftigen Marktentwicklungen sehen sich Unternehmen gezwungen, mehrere alternative Wachstums- und Entwicklungsrichtungen parallel zu verfolgen. Da jedoch kein Unternehmen alleine über die dafür notwendigen Ressourcen verfügt, müssen sich die Unternehmen den Zugang zu diesen Ressourcen über Kooperationen mit anderen Akteuren (Realoptionen) sichern. Das Eingehen einer Beziehung kann somit als Erwerb einer Realoption bezeichnet werden. Ein Netzwerk stellt damit ein Pool an Realoptionen dar und kann nach Aderhold als „ein Potenzial zukünftiger Zusammenarbeit" gesehen werden. „Netzwerke stellen in diesem Sinne Optionen auf Kooperationen dar."[325]

Realoptionen erweitern die potenziellen Handlungsmöglichkeiten in einer ungewissen Zukunft zu gegenwärtig bekannten Konditionen.[326] Der Kaufpreis einer Realoption entspricht den Transaktionskosten für die Anbahnung, Verhandlung, Ausgestaltung und Implementierung der Kooperation und ist in der Regel mit relativ geringen Kosten verbunden. Ist im Zeitverlauf jedoch abzusehen, dass die Kooperation und der damit verbundene Zugang zu bestimmten Ressourcen für den weiteren unternehmerischen Erfolg entscheidend sein werden, kann die Realoption ausgeübt werden. Das Ausüben einer Realoption ist mit Folgeinvestitionen verbunden und kann durch ein Erweitern der Kooperation, durch die (Teil-) Übernahme (Akquisition) des Kooperationspartners oder durch die eigenständige Nutzung der in der Kooperation aufgebauten Ressourcen erfolgen.[327] Kommt es jedoch zu einer negativen Entwicklung des strategischen Vorhabens, kann das Unternehmen die Realoption verfallen lassen und nicht weiter in die Beziehung investieren. Damit hat das Unternehmen nur vergleichsweise geringe Investitionskosten verloren. „A real option is the right, but not the obligation, to take an action (...) at a predetermined cost called exercise price, for a predetermined period of time – the life of the option."[328]

[324] Beinhocker 1999, S. 175.
[325] Aderhold 2004, S. 307; vgl. auch Aderhold/Meyer/Ziegenhorn 2001, S. 131 ff.
[326] Seisreiner 2002, S. 100.
[327] Vgl. Hoffmann 2001, S. 111.
[328] Copeland/Antikarov 2001, S. 5.

Um sich in einem Umfeld hoher Zukunftsunsicherheit für alle Eventualitäten strategisch abzusichern, gehen Unternehmen mehrere Beziehungen ein und erhöhen damit ihre strategische Flexibilität. Durch den Aufbau eines solchen Realoptionen-Pools (Beziehungsportfolio) werden die Investitionen je Beziehung begrenzt und das Investitionsrisiko mit mehreren Partnern geteilt. Reduziert sich die Umfeldunsicherheit, können zukunftsweisende Tätigkeitsfelder identifiziert und das Beziehungsportfolio auf die dafür relevanten Kooperationen reduziert werden. „Cooperation serves to generate a portfolio of relatively low-risk options, enabling small and incremental wagers to be made that can simultaneously achieve new learning and open up further options for the future.“[329]

3.6 Kernelemente des theoretischen Bezugsrahmens

Aus den Erkenntnissen der neueren Systemtheorie, der Evolutions- und der Strukturationstheorie, welche sich in der Koevolutionstheorie vereinen, lassen sich folgende Ansatzpunkte für ein strategisches AFG-Netzwerkmanagement ableiten:

- Mehrebenenmodell: Die Entwicklung von Unternehmensteilen ist Teil der Unternehmensentwicklung, welche wiederum Teil der Branchenentwicklung und diese Teil der Gesamtwirtschaftsentwicklung ist.[330] Die Entwicklung des Unternehmensnetzwerkes muss daher immer im Zusammenhang mit der Entwicklung der gesamten AFG gesehen werden.
- Interdependenz: Die Variablen eines Systems stehen vorwiegend in einem multidirektionalen Zusammenhang der gegenseitigen Beeinflussung (positive und negative Feedbackschleifen) und weniger in einem einfachen Ursache-Wirkungs-Zusammenhang und können damit zu nicht-linearen Entwicklungsverläufen führen.[331] Betrachtet man die Netzwerkbeziehungen eines Unternehmens als ein solches System, so bestehen positive und negative Wechselwirkungen zwischen den einzelnen Netzwerkbeziehungen, -

[329] Faulkner/De Rond 2000, S. 17.
[330] Vgl. Hoffmann 2001, S. 35.
[331] Vgl. Lewin/Volberda 1999, S. 526 f.

ressourcen und -strategien. Diese gilt es in einem Netzwerkmanagement zu berücksichtigen. Auf die Ebene des Gesamtmarktes (z.B. einer AFG) übertragen bestehen wiederum Interdependenzen zwischen den wirtschaftlichen Interaktionen der jeweiligen Marktteilnehmer.
- Dynamische Entwicklung: Die Wirkungszusammenhänge müssen im Zeitverlauf betrachtet werden. Dabei wird betont, dass die künftige Evolution des Unternehmens von der historischen Entwicklung des Unternehmens und seinen bisherigen Kooperationen bzw. dem Beziehungskapital abhängt (path dependence).
- Systemgestaltung: AFGs wie auch Unternehmen in diesen AFGs können als autopoietische Systeme mit eigener Identität betrachtet werden, die nicht von außen determiniert, gestaltet oder gesteuert werden können. Systeme können lediglich durch Impulse (Perturbationen) von außen zu einer Veränderung der Selbstorganisation angeregt werden.
- Umfeldgestaltung: Akteure beziehen sich in ihren Handlungen auf gegebene Strukturen und produzieren bzw. reproduzieren diese dadurch. Unternehmen sind damit nicht nur von den Strukturen ihrer Umwelt abhängig, sondern können diese auch aktiv im Sinne der eigenen Unternehmensziele beeinflussen und mitgestalten. Damit können Entwicklungschancen aktiv wahrgenommen und Risiken verringert werden.

Diese Erkenntnisse aus der Koevolutionstheorie bilden die metatheoretische Basis des Bezugsrahmens. Da hieraus jedoch noch keine konkreten Ableitungen für eine strategische Ausgestaltung eines Unternehmensnetzwerkes möglich sind, ist eine weitere inhaltliche Ausgestaltung durch eher operative Theorien notwendig.

Die oben diskutierten Ansätze des strategischen Managements fokussieren den Aufbau und die Verteidigung von Wettbewerbsvorteilen durch interorganisationale Vernetzung und der damit intendierten langfristigen Wertschaffung und Existenzsicherung. Die Ansätze der ressourcen-, markt- und wissensbasierten Theorien können den Bezugsrahmen um folgende Aspekte ergänzen:
- Beziehungen und Netzwerke ermöglichen den Zugang zu Ressourcen und stellen selber strategische Ressourcen dar. Die Größe und Struktur der

Unternehmensnetzwerke bestimmen damit entscheidend die Wettbewerbsfähigkeit und Rentabilität der Unternehmen.

- Beziehungen und Netzwerke dienen der bewussten Gestaltung und Beeinflussung eigener und fremder unternehmerischer Ressourcenpositionen sowie der optimalen Positionierung des Unternehmens innerhalb der Branche.
- Die Markt- und Wettbewerbspositionierung bzw. die Stellung eines Unternehmens innerhalb des Marktnetzwerkes hat ebenso wie die Ressourcenausstattung und deren Gestaltungsmöglichkeiten Einfluss auf den Unternehmenserfolg.

Die diskutierten interorganisationstheoretischen Ansätze (soziale Netzwerktheorie, Vertrauensforschung) ergänzen den Bezugsrahmen um Aspekte der institutionellen und relationalen Einbettung und Positionierung von Unternehmen in Netzwerken sowie der Erklärung, Beschreibung und Gestaltung von Netzwerken und Kooperationen:

- Unternehmen sind abhängig von Ressourcen, die andere Unternehmen kontrollieren. Allianzportfolios müssen daher so gestaltet werden, dass der eigene Handlungsspielraum vergrößert, die eigene Abhängigkeit von einzelnen Ressourcen kontrollierenden Partnern vermieden und die Abhängigkeit anderer Unternehmen von den eigenen Ressourcen erhöht wird.
- Die strukturelle Autonomie eines Unternehmens bestimmt den Handlungs- und Gestaltungsspielraum eines Unternehmens.
- Die optimale Gestaltung der Netzwerke (Größe, Dichte, Redundanz etc.) und der einzelnen Beziehungen (Intensität, Dauer, Symmetrie etc.) ist abhängig von der Unternehmensumwelt, der Ressourcenstärke und der Strategie des Unternehmens.
- Die Struktur der Beziehungsnetzwerke bestimmt die Zugriffsmöglichkeiten auf relevante Ressourcen und die Durchsetzungsmöglichkeit der strategischen Interessen der Unternehmen.
- Personales und institutionales Vertrauen ist die Voraussetzung für den Aufbau und die Ausgestaltung intensiver und langfristiger Beziehungsnetzwerke und gewinnt mit zunehmender Umfeldunsicherheit an Bedeutung.

Aus ökonomischer Sicht kann die Theorie der Realoptionen den metatheoretischen Bezugsrahmen der Koevolution um folgende Elemente weiter anreichern:

- Kooperationen bieten die Möglichkeit einer „schrittweisen Erkundung von Wachstumsmöglichkeiten durch jeweils begrenzte, zeitlich gestaffelte Investitionen".[332]
- Ein Netzwerk von interorganisationalen Beziehungen kann als Pool von Realoptionen oder Plattforminvestition[333] verstanden werden, welches durch das Offenhalten zukünftiger Handlungsmöglichkeiten die Grundlage für ein künftiges erfolgreiches Wirtschaften darstellt. Die damit gewonnene strategische Flexibilität gewinnt mit zunehmender Umfeldunsicherheit an Bedeutung.

Der dieser Arbeit zugrunde liegende theoretische Bezugsrahmen basiert auf einer wechselseitigen Beeinflussung von Unternehmens- und Umfeldentwicklung. Das Beziehungsnetzwerk eines Unternehmens dient dabei als Bindeglied zwischen diesen Entwicklungssträngen und ermöglicht durch den Zugriff auf und die Bereitstellung von Ressourcen die Reduzierung umweltinduzierter Risiken (vgl. Abbildung 14). Die strategische Ausgestaltung und koevolutionäre Entwicklung dieses Beziehungsnetzwerkes stellt damit eine elementar wichtige Managementaufgabe dar.

[332] Hoffmann 2001, S. 105.
[333] Vgl. Kogut/Kulatilaka 1994, S. 53 f.

Abbildung 14: Beziehungsnetzwerk als Bindeglied zwischen AFG und fokalem Unternehmen

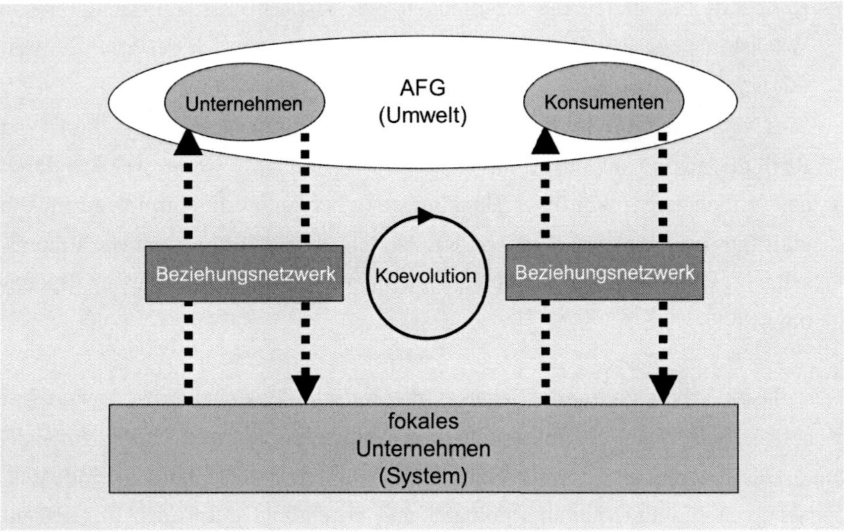

Quelle: Eigene Erstellung.

4 Affinity-Group-Netzwerkstrategien

4.1 Strategische Optionen des Netzwerkmanagements

Lewin/Long/Caroll liefern im Rahmen des wissensbasierten Strategieansatzes zwei grundsätzliche Strategien zur Ressourcengestaltung unter unsicheren Umfeldbedingungen:[334]

- Ausschöpfen und Optimieren bereits vorhandener Ressourcen und Fähigkeiten
- Erschließung und Generierung neuer Ressourcen und Fähigkeiten.

Auch March sieht mit Blick auf die Entwicklung von Unternehmen die beiden Möglichkeiten der Exploitation (Ausschöpfen von Vorhandenem) und Exploration (Erschließung von Neuem) von Unternehmensfähigkeiten: „The essence of exploitation is the refinement and extension of existing competences. (...) The essence of exploration is experimentation with new alternatives."[335] Bezogen auf die Entwicklung von Netzwerken formulieren Zahn/Kapmeier/Tilebein dies wie folgt: „Einerseits kann Netzwerkentwicklung ein inkrementeller, exploitativer Veränderungsprozess sein, andererseits kann der Entwicklungsprozess explorativ sein und auf radikale Veränderungen setzen."[336] Exploitation fokussiert damit auf eine Effizienzsteigerung durch Ausschöpfen bestehender Ressourcen (mittels Standardisierung, Rationalisierung und Routinisierung) und zeugt somit von einer eher risikoaversen strategischen Unternehmenshaltung. Die Exploration hingegen basiert auf der Bereitschaft, Risiken einzugehen sowie umfangreiche und tiefgreifende Veränderungen zuzulassen.

Bezüglich der Investitionsoptionen unter unsicheren Umfeldbedingungen schlagen Wernerfelt/Karnani drei grundsätzliche Strategien vor:[337]

- Warten, bis sich die strategische Unsicherheit reduziert hat
- Anpassung an das Umfeld durch breite Streuung der Ressourcen

[334] Vgl. Lewin/Long/Caroll 1999, S. 535 ff.
[335] March 1991, S. 85.
[336] Zahn/Kapmeier/Tilebein 2006, S. 141.
[337] Vgl. Wernerfelt/Karnani 1987, S. 187 ff.

- Gestaltung des Umfeldes durch fokussierten Ressourceneinsatz.

Auch Rall/König sehen grundsätzlich drei Handlungsmöglichkeiten, auf Unsicherheit strategisch zu reagieren:[338]

- Verschiebung von mit hohen Investitionen verbundenen Entscheidungen auf einen Zeitpunkt geringerer Unsicherheit
- Aufbau eines Portfolios von aktuellen und potenziellen Geschäften
- Gestaltung des Marktes im Sinne des eigenen Unternehmens (Shaper Strategy).

Neben der Einteilung in Exploitation und Exploration lässt sich damit eine weitere Unterteilung in Gestaltungs- und Anpassungsstrategie vornehmen. Verknüpft man diese strategischen Optionen des Ressourceneinsatzes mit den Handlungsoptionen der Risikoreduzierung aus Kapitel 2.1.4, so lässt sich Folgendes festhalten:

- Ein Unternehmen kann einerseits versuchen durch wirkungsbezogene Maßnahmen das Schadensausmaß potenzieller Risiken zu reduzieren, indem es seine Netzwerkbeziehungen (Ressourcen) verbreitert und sich damit den Umfeldentwicklungen flexibel anpasst.
- Andererseits besteht jedoch auch die Möglichkeit, durch ursachebezogene Maßnahmen die Eintrittswahrscheinlichkeit potenzieller Risiken zu verringern, indem durch eine Fokussierung der Netzwerkbeziehungen der Gestaltungseinfluss auf die Umwelt erhöht wird.
- Die Anpassung an und die Gestaltung der Umweltbedingungen können einerseits durch die Exploitation bereits vorhandener Netzwerkbeziehungen, andererseits aber auch durch die Exploration neuer Beziehungen erfolgen.

Abbildung 15 fasst die strategischen Optionen des Netzwerkmanagements noch einmal grafisch zusammen. Im Folgenden sollen die einzelnen Strategien der Risikoreduzierung aus Netzwerksicht näher beleuchtet werden.

338 Vgl. Rall/König 2005, S. 29 f.

Abbildung 15: Strategische Optionen des Netzwerkmanagements

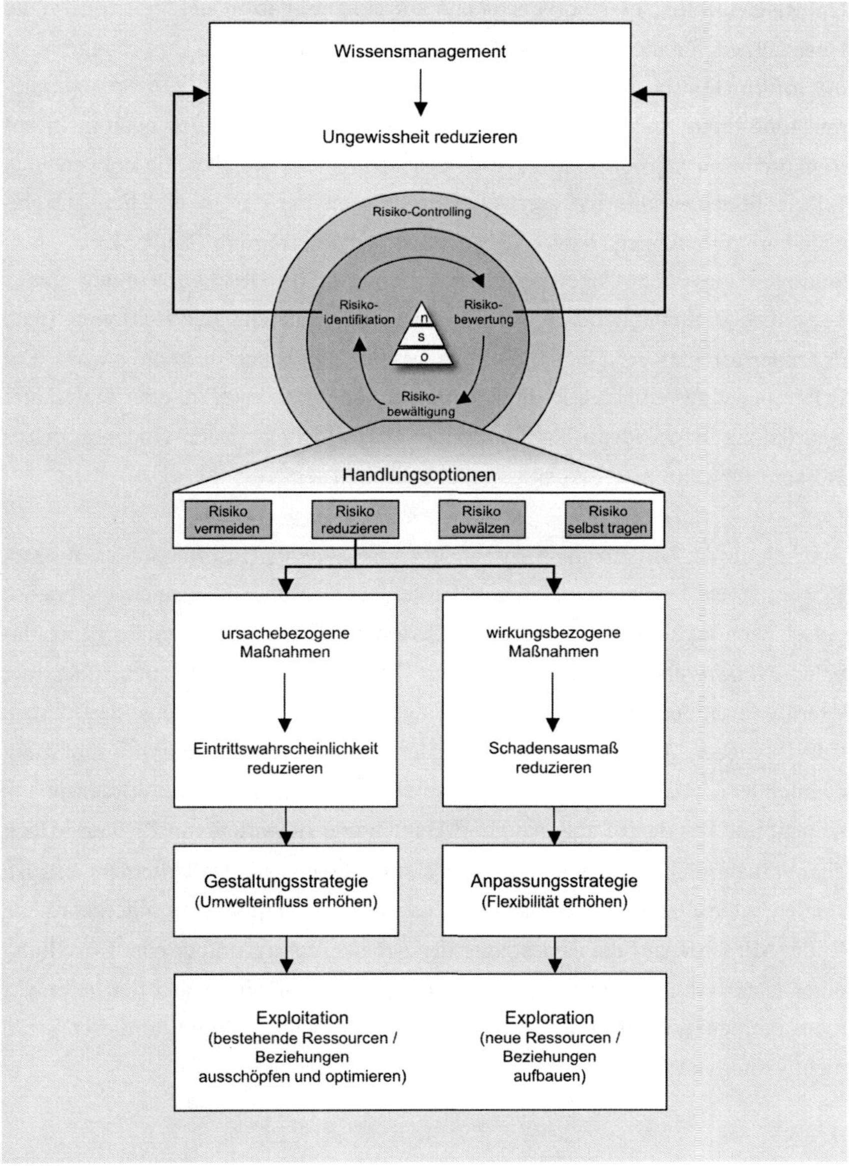

Quelle: Eigene Erstellung.

4.2 Wissensmanagement

Um Risiken frühzeitig zu erkennen und korrekt einschätzen zu können sowie die Unsicherheit für die folgenden strategischen Entscheidungen zu verringern, ist die Informationsbasis des Unternehmens qualitativ und quantitativ zu optimieren. Eine breite und tiefe Informationsbasis alleine trägt jedoch noch nicht zur Risikoreduzierung bei. Erst ein Wissensmanagement, welches die notwendigen Informationen strukturiert, verwaltet, in Wissen transferiert und den entsprechenden Abteilungen bzw. Mitarbeitern zur Verfügung stellt, kann dazu beitragen, dass die Ungewissheit reduziert und die Risikoerkennung und -bewertung optimiert wird. Wissen ist dabei als pfadabhängige Ressource (path dependence) zu verstehen, die sukzessive aufgebaut werden muss. Die Erfahrungen aus früheren Risikosituationen und deren korrekte oder fehlerhafte Beurteilung bzw. Identifikation können bei entsprechender Nutzung dieses Wissens für künftige Risikosituationen behilflich sein.

Reichen die im Unternehmen vorhandenen Ressourcen (Informationen, Wissen, Erfahrung etc.) nicht aus, um die Umfeldentwicklungen ausreichend präzise einschätzen zu können, sollte dieses Ressourcendefizit mittels interorganisationaler Netzwerkbeziehungen verringert werden.[339] Zwar können über die interorganisationalen Netzwerkbeziehungen eines Unternehmens Ressourcen (Informationen, Wissen) akquiriert werden, die bei einer besseren Einschätzung eventueller Umfeldentwicklungen hilfreich sein können. Da das Wissensmanagement und das darauf aufbauende Erkennen und Bewerten von Risiken jedoch eine vornehmlich subjektive und interne Aufgabe eines jeden Unternehmens ist, spielen interorganisationale Netzwerkbeziehungen hierbei eine untergeordnete Rolle. Mit Blick auf die Zielsetzung der Arbeit, Aussagen über eine Gestaltung eines Netzwerkmanagements treffen zu können, wird der Aspekt der unternehmensinternen Wissensoptimierung zur Ungewissheitsreduktion an dieser Stelle nicht weiter vertieft.[340]

[339] Hier bieten sich z.B. Marktforschungskooperationen an.

[340] Zum Wissensmanagement sei u.a. auf folgende Literatur verwiesen: North 2005; Probst/Raub/Romhardt 2003; Nonaka/Takeuchi 1995.

4.3 Anpassungsstrategie

4.3.1 Flexibilität als Zielgröße

Das Ziel der Anpassungsstrategie ist es, die Diskrepanz zwischen derzeit bestehender Ressourcenausstattung und zukünftig notwendiger Ressourcenausstattung bei Bedarf flexibel und schnell überbrücken zu können. Unternehmerische Flexibilität rückt damit insbesondere im Zuge einer dynamischen und diskontinuierlichen Umwelt immer mehr in den Fokus wirtschaftswissenschaftlicher Managementansätze und wird nicht selten als unverzichtbare, strategische Meta-Fähigkeit angesehen. „Zunehmend setzt sich die Erkenntnis durch, dass Erfolg und wirtschaftliches Überleben nur noch durch einen flexiblen Wechsel hinsichtlich Strategie und Unternehmensstrukturwahl gesichert werden kann.“[341] Flexibilität wird hier jedoch nicht als kurzfristige Improvisation und Reaktion verstanden, sondern als strategisch geplanter Flexibilitäts-Mix des Unternehmens.[342]

Flexibilität entstammt dem lateinischen Wort “flexibilis”, was soviel bedeutet wie anpassungsfähig, geschmeidig, biegsam. Die Übertragung dieser ursprünglichen Bedeutung auf Unternehmen ist jedoch nicht unproblematisch, “weil sich diese Wortbedeutung an einer Eigenschaft physischer Objekte orientiert, die nach einer Verbiegung immer wieder problemlos in den ursprünglichen Zustand zurückzuversetzen sind”.[343] Unternehmerische Flexibilität stellt jedoch nicht auf einen derartigen statischen Gleichgewichtszustand ab, sondern meint ein dynamisches Gleichgewicht des Unternehmenssystems und damit die dauerhafte Anpassung an veränderte Rahmenbedingungen. „Die Bedeutung des Flexibilitätsbegriffes bei Unternehmen entspricht damit eher der langfristigen Anpassungsfähigkeit organischer Systeme im Sinne einer Evolution.”[344] Bolz/Bosshart sprechen im Bezug auf diese permanente Wandlungs- und Anpassungsfähigkeit sehr anschaulich von einem strategischen „Wellenreiten“.[345] Flexibilität ist insbesondere für die Koevolution von Unternehmen mit ihrer Umwelt unerläss-

[341] Aderhold 2004, S. 61.
[342] Vgl. Meffert 1999, S. 470.
[343] Burmann 2002, S. 46.
[344] Burmann 2002, S. 47.
[345] Vgl. Bolz/Bosshart 1995, S. 54.

lich. Nur wenn ein Unternehmen bereit ist, sich der Entwicklung seines Umfeldes flexibel anzupassen und in der Lage ist, die dafür notwendigen Modifikationen auf normativer, strategischer und/oder operativer Ebene als auch in den entsprechenden Managementbereichen (Struktur, Kultur, Vision, Strategie) vorzunehmen, ist ein koevolutionärer Prozess möglich.

Strategische Flexibilität wird als „the capability of the firm to proact or respond quickly to changing competitive conditions and thereby develop and/or maintain competitive advantage“ verstanden.[346] Flexibilität stellt damit auf die Existenz von Freiheitsgraden bzw. Handlungsspielräumen ab. Diese Handlungsspielräume können als Potenzial betrachtet werden, das erst durch seine Ausschöpfung zur Risikoreduktion beitragen kann. Um das Potenzial einer unternehmerischen Flexibilität zu nutzen und daraus strategische Wettbewerbsvorteile generieren zu können, ist es damit erforderlich, nicht nur Handlungsoptionen zu besitzen, sondern diese auch als solche zu erkennen und nutzen zu können.

Burmann präzisiert das Flexibilitätskonstrukt indem er zwischen Ziel- und Mittelflexibilität sowie zwischen Flexibilitätsschnelligkeit und Flexibilitätsbreite differenziert.[347] Unter Zielflexibilität sind demnach Handlungsspielräume auf normativer und strategischer Ebene zu verstehen, die es einem Unternehmen erlauben, ihre Ziele, Visionen und Strategien den jeweiligen Marktsituationen anzupassen. Die Mittelflexibilität hingegen bezieht sich auf die zur Umsetzung und Realisierung der strategischen Ziele erforderlichen Mittel und Ressourcen. Diese Handlungsspielräume (bezüglich Ziel und Mittel) gilt es möglichst vielfältig zu gestalten (Flexibilitätsbreite). Ein breites Portfolio an Handlungsoptionen alleine macht ein Unternehmen jedoch noch nicht flexibel. Erst wenn diese Optionen schnell zu realisieren sind, kann von umfassender Unternehmensflexibilität gesprochen werden.[348]

[346] Hitt/Keats/DeMarie 1998, S. 22 f.
[347] Vgl. Burmann 2002, S. 47 ff.
[348] Friedli/Schuh unterscheiden darüber hinaus zwischen absatzseitiger und erstellungsseitiger strategischer Flexibilität. Vgl. Friedli/Schuh 2005, S. 433.

Meffert unterscheidet hinsichtlich der Grundeinstellung des Managements zwischen Built-In-Flexibilität und Handlungsflexibilität. Built-In-Flexibilität bezieht Meffert dabei auf eine defensiv-passive Risikovorsorge, welche durch eine entsprechende Gestaltung der bestehenden Unternehmensstruktur bzw. des Unternehmensportfolios erreicht wird. Im Gegensatz dazu spricht Meffert von Handlungsflexibilität, wenn durch das offensiv-aktive Reaktionsvermögen des Unternehmens neue Wachstumschancen optimal ausgenutzt werden können.[349]

Ähnlich wie Meffert unterscheidet auch Jacob bezüglich der Flexibilität in Bestandsflexibilität (flexible Nutzung der vorhandenen Mittelausstattung) und Entwicklungsflexibilität (flexible Nutzung neuer Ressourcen). Jacob verknüpft diese Flexibilitätsarten zusätzlich mit einer zeitlichen Komponente und charakterisiert die Bestandsflexibilität als eher kurzfristige Anpassungsfähigkeit durch die optimale Nutzung der vorhandenen Mittelausstattung des Unternehmens. Die Entwicklungsflexibilität hingegen beschreibt die langfristige Fähigkeit zur Anpassung an unvorhergesehene, in der Zukunft liegende Veränderungen der Unternehmenssituation.[350]

Kombiniert man diese Flexibilitätsbegriffe von Meffert und Jacob mit den ressourcenbezogenen Wachstumsmöglichkeiten von Zahn/Kapmeier/Tilebein und March (vgl. Kapitel 4.1), so lässt sich festhalten, dass Flexibilität sowohl bei der Exploration neuer Ressourcen als auch bei der Exploitation vorhandener Ressourcen eine Rolle spielt. Die Ebene der Flexibilität variiert dabei jedoch. Während die Flexibilität im Rahmen der Exploration eher von strategischer Natur ist und sich auf die langfristige, proaktive Ressourcengestaltung bezieht, beschränkt sich die Flexibilität im Zuge der Exploitation mehr auf eine kurzfristige, reaktive Anpassung auf operativer Ebene.

4.3.2 Autonomie als strukturelle Maßgabe

Um Aussagen darüber treffen zu können, wie das interorganisationale Beziehungsnetzwerk eines Unternehmens gestaltet sein sollte, um der strategischen

[349] Vgl. Meffert 1985, S. 121 ff.
[350] Vgl. Jacob 1989, S. 15 ff.

Forderung nach maximaler Flexibilität nachzukommen, bieten die Erkenntnisse der Realoptionstheorie einen ersten Anhaltspunkt. Netzwerkbeziehungen stellen demnach Realoptionen dar, welche bei Bedarf ausgeübt werden können und damit den Zugang zu strategisch relevanten Ressourcen ermöglichen. Die Größe des Netzwerkes (Anzahl der interorganisationalen Beziehungen) stellt dabei einen wesentlichen Faktor dar. Je mehr Optionen einem Unternehmen in unsicheren Situationen zur Verfügung stehen, umso flexibler ist es (potenziell) in seinen Reaktionen.

„In the turbulent environment of the 21st century the complexity of firms′ response to the environment must match the turbulence in the environment."[351] In diesem Zitat von Ansoff wird deutlich, dass bei dem Aufbau von interorganisationalen Beziehungen eine Verhältnismäßigkeit bezüglich der mit der Vernetzung einhergehenden Komplexität gewahrt werden muss. Ab einem gewissen Komplexitätsgrad ist das Unternehmen mit dem Management seines Beziehungsnetzwerkes überfordert, wodurch die Risiken von Fehlentscheidungen steigen, ein effektives und effizientes Wirtschaften nicht mehr gewährleistet werden kann und die Performance des Unternehmens sinkt (vgl. Abbildung 16).[352] Der flexible Zugriff auf externe Ressourcen durch Netzwerkbeziehungen kann sein risikominimierendes Potenzial nur solange entfalten, solange das Unternehmen die damit einhergehende Komplexität managen kann. „Das Management der unternehmerischen Komplexität bzw. Pluralität darf weder trivial noch hyperkomplex ausgestaltet werden, um einerseits operational, aber auch adäquat zu sein."[353] Fried/Knoll sehen darin ein Kapazitätsdilemma, denn mit zunehmender Netzwerkgröße steigt einerseits der potenzielle flexible Zugriff auf externe Ressourcen, andererseits erhöht sich aber auch der damit verbundene Koordinationsaufwand des Beziehungsportfolios. Die für die Koordination erforderlichen Ressourcen (Zeit, Geld, Personal etc.) sind ebenfalls knapp und müssen auf alle Beziehungen verteilt werden.[354] Im Sinne Kappelhoffs dient der Aufbau von interner Komplexität der Bewältigung von

[351] Ansoff 1998, S. VII.
[352] Vgl. Stein 2005, S. 173.
[353] Seisreiner 2002, S. 93.
[354] Vgl. Fried/Knoll 2005, S. 79 f.

externer Komplexität. Das koevolutionäre Austarieren dieses Komplexitätsgrades gleicht einem Drahtseil. Der dabei angestrebte Zustand wird in der Komplexitätstheorie auch oft als „Ordnung am Rande des Chaos“ bezeichnet.[355] Nach dem „Prinzip der erforderlichen Varietät“ von Ashby kann ein Unternehmen nur dann langfristig erfolgreich sein, wenn dessen Lenkungsvarietät so hoch ist wie die Varietät des Umsystems.[356] Der Grad der Komplexität bzw. Varietät des fokalen Beziehungsportfolios ist damit der Komplexität bzw. Varietät des AFG-Systems anzupassen. Mit steigender Komplexität sinkt jedoch die Handhabbarkeit des Unternehmens bzw. seines Beziehungsportfolios. Nach Bleicher ist bei gegebener Umweltkomplexität daher eine Balance zwischen angepasster interner Komplexität und Beherrschung dieser Komplexität anzustreben.[357]

Abbildung 16: Optimaler Komplexitätsgrad

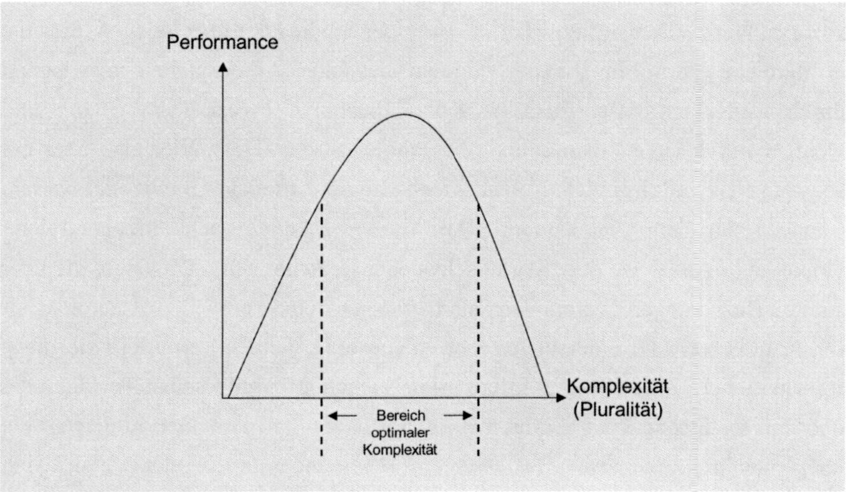

Quelle: In Anlehnung an Seisreiner 2002, S. 94.

[355] Vgl. Kappelhoff 2000b, S. 347.

[356] Vgl. Ashby 1956, S. 206 ff. Zur Problematik von Management und Komplexität vgl. auch Malik 2002, S. 169 ff.

[357] Vgl. Bleicher 2004, S. 56.

Neben der Anzahl der Netzwerkbeziehungen (Netzwerkgröße) spielt die Intensität der einzelnen Beziehungen eine weitere wesentliche Rolle. Um die potenzielle Flexibilität, die sich aus einem großen Pool an Realoptionen ergibt, auch nutzen zu können, muss das Unternehmen je nach Situation die entsprechende Option ausüben können. Ist ein Unternehmen in vorwiegend intensiven wechselseitigen Beziehungen mit seiner Umwelt verflochten, ist ein schneller Wechsel der Beziehungspartner nicht immer möglich. Die Restriktionen, die sich aus der Gebundenheit in engen Beziehungen ergeben, wirken sich negativ auf die strategische Flexibilität des Unternehmens aus. Flexible Beziehungen müssen daher „suddenly (rather than continuously), occasionally (rather than constantly), negligibly (rather than significantly), indirectly (rather than directly) and eventually (rather than immediately)“[358] sein.

Granovetter machte in seiner Untersuchung zur beruflichen Mobilität Anfang der 1970er Jahre als Erster auf die Bedeutung von schwachen Beziehungen in sozialen Netzwerken aufmerksam.[359] In seiner Studie konnte er belegen, dass die erfolgreiche Vermittlung neuer und gut bezahlter Arbeitsstellen vorwiegend durch weiter entfernte, flüchtige Kontaktpersonen (Weak-Ties) gelang und weniger durch enge Freunde und Verwandte (Strong-Ties). Wer also über ein soziales Netzwerk mit vielen Weak-Ties verfügte, hatte laut Granovetter bessere Chancen auf dem Arbeitsmarkt. Auf diesen Erkenntnissen aufbauend kam Granovetter zur These der „Stärke schwacher Beziehungen“. Personen, die über starke Beziehungen verbunden sind, weisen eine große Hilfsbereitschaft füreinander auf und unterstützen sich gegenseitig, jedoch vermitteln sie meist Informationen, über die der Informationssuchende bereits selbst verfügt oder über andere Strong-Ties bereits mehrfach erhalten hat. Personen hingegen, die über weniger intensive Beziehungen miteinander verbunden sind, sind möglicherweise weniger motiviert zu helfen, besitzen aber meist die relevanteren bzw. weniger redundanten Informationen und können aufgrund ihres oft höheren Status zudem auch ein gutes und vertrauenswürdiges Wort für den

[358] Weick 1982 zitiert in Thode 2003, S. 46 f.
[359] Vgl. Granovetter 1973, S. 1360 ff; Granovetter 1974.

Bewerber einlegen.[360] „Den Klatsch aus dem eigenen Unternehmen hört man von den Arbeitskollegen in vielen verschiedenen Versionen. Interessante Entwicklungen in den Konkurrenzunternehmen bekommt man dagegen eher auf einer Messe oder Weiterbildungsveranstaltung von Fachkollegen in anderen Firmen zu hören, die man nur sporadisch sieht."[361] In Anlehnung an Granovetter sieht auch Burt den Vorteil schwacher Beziehungen in ihrer Eigenschaft, insbesondere weit entfernte Akteure miteinander zu verbinden und so an nicht-redundante Ressourcen zu gelangen. „Size alone is a mixed blessing. (...) What matters is the number of nonredundant contacts. Contacts are redundant if they lead to the same people and provide the same information benefits."[362] Weak-Ties dienen nach Burt zur Überbrückung von „strukturellen Löchern".[363] „Sie sind die Brücken, über die der Informationsfluss zwischen den engen Clustern von homogenen Gruppen fließt."[364]

Im Sinne der Risikoreduzierung durch die Bereitstellung eines breiten Handlungsportfolios sollte das Beziehungsnetzwerk eines Unternehmens daher aus einer Vielzahl vorwiegend schwacher und nicht-redundanter Beziehungen zu unterschiedlichen Akteuren bestehen, die den Zugang zu vielfältigen Ressourcen ermöglichen. Die Anpassungsstrategie mittels vieler schwacher und nicht-redundanter Beziehungen zielt damit auf eine strukturelle Autonomie ab, die es einem Unternehmen erlaubt, stets flexibel auf Markt- und Umfeldveränderungen reagieren zu können.

4.4 Gestaltungsstrategie

4.4.1 Umwelteinfluss als Zielgröße

Im Gegensatz zur Anpassungsstrategie zielt die Gestaltungsstrategie nicht darauf ab, durch wirkungsbezogene Maßnahmen die Flexibilität des Unterneh-

[360] Vgl. Jansen 2006, S. 244.
[361] Jansen 2006, S. 107.
[362] Burt 1992a, S. 64 f.
[363] Ein strukturelles Loch zwischen zwei Akteuren besteht dann, wenn diese nicht direkt, sondern nur indirekt über einen weiteren Netzwerkakteur (auch als „Broker", „Gatekeeper" oder „lachender Dritter" bezeichnet) verbunden sind. Vgl. Windeler 2005, S. 217; Hoffmann 2001, S. 82.
[364] Jansen 2006, S. 244.

mens zu erhöhen. Ziel der Gestaltungsstrategie ist es, durch ursachebezogene Maßnahmen den Einfluss auf die Unternehmensumwelt so weit zu erhöhen, dass Risiken gar nicht erst entstehen. Damit verfolgt die Gestaltungsstrategie einen im Vergleich zur reaktiven Anpassungsstrategie eher proaktiven Ansatz der Risikoreduzierung. Bieta et al. plädieren grundsätzlich für einen derartigen proaktiven Ansatz: „Erst aktiv werden, wenn die Dinge bereits passiert sind, ist die falsche Strategie.“[365]

Unter Gestaltung soll im Folgenden eine zielgerichtete, bewusste Einflussnahme auf die koevolutionäre Entwicklung sozialer Systeme verstanden werden. Nach Mayntz äußert sich eine derartige Einflussnahme darin, dass „eine bestimmte Struktur entgegen bestehender Veränderungstendenzen bewahrt, ein spontaner Wandlungsprozess umgelenkt oder auch eine aus sich heraus stabile Struktur verändert“[366] werden kann. Gestaltung kann damit nach Sydow/Windeler auch als umfassende interorganisationale Steuerung sozialer Systeme begriffen werden, die darauf abzielt, „Ereignisse und Interaktionen mehr als nur punktuell zu beeinflussen.“[367] Mit Blick auf den systemtheoretischen bzw. strukturationstheoretischen Zusammenhang von Produktion und Reproduktion können Unternehmen somit nicht nur als Steuerungsobjekt, sondern auch als Steuerungssubjekt gesehen werden.[368] „Mit anderen Worten: Unternehmungen können, wenn es ihnen gelingt, Netzwerkbeziehungen entsprechend zu organisieren, einen stärkeren Einfluss auf Märkte, Preise, Branchenstrukturen, ja sogar Institutionen nehmen und so die Bedingungen ihres Handelns selbst ein Stück weit verändern.“[369]

Die Gestaltung bzw. Steuerung der Unternehmensumwelt kann über das Konstrukt der Macht realisiert werden. „Wer Macht hat, kann seine Interessen durchsetzen.“[370] Nach Stokman lässt sich Macht definieren als „Vermögen,

[365] Bieta et al. 2004, S. 216.
[366] Mayntz 1987, S. 94.
[367] Sydow/Windeler 2000, S. 3.
[368] Vgl. Sydow/Windeler 2000, S. 5.
[369] Van Well 2001, S. 158.
[370] Jansen 2006, S. 163.

wertvolle kollektive Ergebnisse in einem sozialen System mitzubestimmen."[371] Auf Grundlage der von Weber[372] getroffenen Unterscheidung zwischen Macht und Herrschaft lassen sich nach Jansen[373] zwei unterschiedliche Formen von Macht unterscheiden: eine positive und eine negative Macht. Die positive Macht kann nach Weber auch als legitime Macht bezeichnet werden und basiert u.a. auf Reputation, Prestige und einer emotionalen Verankerung. Ein Unternehmen kann dann machtvoll auf die Gestaltung seiner Umwelt einwirken, wenn es positiv in Informations- und Kommunikationsnetzwerke eingebunden ist und in der zu beeinflussenden Umwelt aufgrund bestimmter Eigenschaften als gestaltender Akteur akzeptiert und angesehen ist. Die Umwelt muss sich damit von dem Unternehmen beeinflussen lassen wollen. Positive Macht geht z.B. von Bezugsgruppen und Meinungsführern aus, die eine zentrale Rolle in einem sozialen Netzwerk haben und als Vergleichs- oder Orientierungspunkte fungieren. Burt sieht hier Vertrauen als zentrales Kontrollinstrument.[374] Mit Bezug auf Burt macht Windeler deutlich: „Vertrauen schafft Kontrolle."[375]

Im Gegensatz zu positiver Macht basiert negative Macht auf der Stellung innerhalb von Tausch- und Verhandlungsnetzwerken. Negative Macht kann ein fokales Netzwerkunternehmen u.a. dadurch ausüben, dass es Ressourcenströme und -zugänge anderer Netzwerkteilnehmer kontrolliert und diese Teilnehmer von sich abhängig macht. Macht äußert sich damit u.a. in

- dem Besitz einzigartiger, unersetzbarer und für andere Netzwerkakteure notwendige, spezifische Ressourcen (z.B. Expertenwissen),
- dem exklusiven Zugang zu diesen spezifischen Ressourcen (Relaisstelle), oder
- einer vertraglichen oder kapitalmäßigen Bindung anderer Netzwerkteilnehmer an das fokale Unternehmen (formale organisatorische Regeln).[376]

Damit hängt Macht von der Relevanz der Handlungsmöglichkeiten sowie von der Autonomie und Nichtersetzbarkeit der Akteure ab.[377] „Das heißt, indem

[371] Stokman 1995, S. 161.
[372] Vgl. Weber 1972, S. 28.
[373] Vgl. Jansen 2006, S. 163 ff.
[374] Vgl. Burt 1992a, S. 59 ff.
[375] Windeler 2001, S. 112.
[376] Vgl. Kühl/Schnelle 2005, S. 198 ff.

Unternehmungen ihre Leistungen und Ressourcen anderen Unternehmen zur Verfügung stellen, nehmen sie Einfluss auf ihre relevante Umwelt; indem sie sich auf die Ressourcen anderer Unternehmungen beziehen, setzen sie sich der Umwelt aus."[378]

Es gilt zu beachten, dass „Umwelt und System in ihren Bestandteilen und Wechselwirkungen nicht vollständig beobachtbar und daher auch die dortigen Ereignisverläufe und Aktivitäten nicht vollständig plan- und gestaltbar sind."[379] Unternehmen sind daher weder in der Lage, alle notwendigen Informationen über das zu beeinflussende System reflexiv zu erfassen, noch würde eine vollständige Informationslage eine beliebige Gestaltung sämtlicher Netzwerkstrukturen ermöglichen (u.a. aufgrund von Pfadabhängigkeiten, Interdependenzen etc.). Die Steuerungsfähigkeit von sozialen Systemen ist systemtheoretisch immer beschränkt.[380] Autopoietische Systeme erlauben keine direkte Einflussnahme von außen. Die Gestaltung der AFG und ihrer Sub-Systeme kann daher nur über Anreize (Perturbationen) zur Selbstorganisation bzw. durch die Gestaltung entsprechend unterstützender Rahmenbedingungen erfolgen. Eine Risikoreduzierung mittels einer Gestaltungsstrategie ist somit nur bis zu einem gewissen Grad möglich bzw. planbar. „Wir müssen einsehen, dass unsere Möglichkeiten zum Wahrnehmen und Verändern von komplexen sozialen Systemen außerordentlich beschränkt sind. Wir sollten uns vielmehr auf das verlassen, was wir wirklich beherrschen können: nämlich die Gestaltung von Rahmenbedingungen, in denen sich eine Evolution auch in ökonomischen und sozialen Systemen vollzieht."[381]

4.4.2 Fokussierte Verflechtung als strukturelle Maßgabe

Die für eine Gestaltungsstrategie geeignete strukturelle Ausgestaltung des Beziehungsnetzwerkes lässt sich wie bei der Anpassungsstrategie anhand der Kriterien Anzahl, Intensität und Redundanz der Beziehungen spezifizieren.

377 Vgl. Kühl/Schnelle 2005, S. 198.
378 Van Well 2001, S. 158.
379 Sydow/Windeler 2000, S. 1.
380 Vgl. Giddens 1984, S. 5; vgl. auch Kapitel 3.2.1.
381 Bleicher 2004, S. 65.

Im Gegensatz zur Anpassungsstrategie erfordert eine Gestaltungsstrategie vornehmlich intensive, machtvolle und einflussreiche Beziehungen zu den Kooperationspartnern (Strong-Ties). Die Stärke bzw. Intensität der Beziehungen bezieht sich dabei einerseits auf eine negative Bindung der Partner (z.B. Abhängigkeit durch Verträge oder Kapitalbeteiligungen), andererseits aber auch auf eine positive Bindung (z.B. Vertrauen aufgrund von Prestige oder Reputation).
Wie für Burt ist auch für Coleman eine Umfeldgestaltung in erster Linie durch den Aufbau von Vertrauenskapital möglich.[382] Der Aufbau von Vertrauen kann als kumulativer Prozess betrachtet werden, wozu langfristige und intensive Beziehungen notwendig sind. Der strategische Wert intensiver, vertrauensvoller Beziehungen liegt nach Coleman u.a. darin, dass sie den Austausch von reichhaltigem und implizitem Wissen ermöglichen, während über oberflächliche Weak-Ties vorwiegend explizites Wissen übertragen wird. Der Wert der Kooperationsbeziehung als strategische Ressource steigt daher mit der Intensität der Beziehungen.

Da der Aufbau und die Pflege intensiver Beziehungen mehr Ressourcen benötigt als dies bei Weak-Ties der Fall ist, müssen sich Unternehmen auf eine kleinere Anzahl an Kooperationspartnern konzentrieren. „Die Zahl der Strong-Ties, die ein Akteur unterhalten kann, ist recht begrenzt, denn Strong-Ties verlangen viel Zeit und Aufmerksamkeit.“[383] Der Selektionsfähigkeit, d.h. der Bewertung und Auswahl geeigneter Partner, kommt damit eine bedeutende Rolle zu. Die Selektion darf dabei nicht nur anhand der individuellen Eigenschaften, Charakteristika, Ressourcen etc. der potenziellen Partner getroffen werden, sondern muss ebenso die positiven und negativen Interdependenzen zwischen den einzelnen Partnern mitberücksichtigen.

Bei der Auswahl der Kooperationspartner kommt es nicht nur zu einer zahlenmäßigen Reduzierung des Beziehungsportfolios, sondern aufgrund der Fokussierung auf relevante Ressourcen und Sourcen auch zu einer Erhöhung der

382 Vgl. Coleman 1988, S. 95 ff.
383 Jansen 2006, S. 106.

Homogenität bzw. Redundanz der Partner. Während die Anpassungsstrategie über eine möglichst breite Streuung des Beziehungsportfolios einen flexiblen Zugriff auf möglichst redundante Ressourcen ermöglichen soll, setzt die Gestaltungsstrategie auf einen fokussierten Mitteleinsatz und verzichtet daher auf den Zugang zu unterschiedlichsten Ressourcen. Dennoch sollte das fokale Unternehmen darauf achten, dass strukturelle Löcher zwischen den redundanten Netzwerkpartnern bestehen bleiben, um durch die Rolle des Brokers Einfluss auf den Ressourcenfluss verschiedener Unternehmensnetzwerke nehmen zu können. „Wenn z.B. die Kunden einer Unternehmung wechselseitig eng verflochten sind, sinken die Möglichkeiten, diese gegeneinander auszuspielen, individuelle Geschäfte mit ihnen zu machen oder Sonderkonditionen zu gewähren."[384]

Nach Freeman ist eine solche einflussreiche Positionierung als Broker bzw. „Strippenzieher" über die Zentralität des fokalen Unternehmens in seinen Netzwerken zu erreichen.[385] Je zentraler ein Unternehmen positioniert ist, umso größer ist dessen Einfluss auf den Informations- und Ressourcenfluss der übrigen Netzwerkteilnehmer und umso geringer ist dessen strukturelle Abhängigkeit.[386] Windeler betont die Machtkomponente der Zentralität und formuliert in Anlehnung an Freeman: „Macht wird als eine Funktion von Zentralität betrachtet."[387]

4.5 Trade-Off zwischen den Netzwerkstrategien

4.5.1 Dilemmata der Netzwerkstrategien

Sowohl die Anpassungs- als auch die Gestaltungsstrategie stellen für sich wirkungsvolle Ansätze einer risikoreduzierenden Netzwerkstrategie dar. In der betriebswirtschaftlichen Literatur sowie in der Praxis finden sich sowohl Befürworter der einen wie der anderen Strategie. Das strategische Management steht bei der Entscheidung zwischen diesen beiden konträren Strategien vor

---

[384] Windeler 2001, S. 113.

[385] Vgl. Freeman 1979, S. 215 ff.

[386] Zur strukturellen Autonomie bemerkt Burt: „Players with relationships free of structural holes at their own end and rich in structural holes at the other end are structurally autonomous." Burt 1992b, S. 83.

[387] Windeler 2001, S. 107.

einer dilemmatischen Situation, bei der die Verfolgung der einen Strategiealternative die andere behindert oder verhindert.

Anpassungs- und Gestaltungsstrategie stehen sich u.a. in Bezug auf ihre Vorstellungen einer optimalen Beziehungsintensität diametral gegenüber, was zu einem Intensitätsdilemma führt.[388] Während die Anpassungsstrategie den Vorteil der Flexibilität betont und daher dafür plädiert, möglichst lockere Beziehungen zu anderen Netzwerkpartnern zu pflegen, um im Falle einer Umfeldänderung möglichst schnell von einem Partner zu einem anderen zu wechseln, fordert die Gestaltungsstrategie, möglichst feste Bindungen einzugehen, die den Einfluss auf andere Netzwerkpartner erhöhen und einen langfristigen, stabilen Ressourcenzugang sichern. „Einerseits können emotionale Intimität und Multiplexität Routinen in Netzwerkbeziehungen nach sich ziehen, die ressourcenschonende Absprachen und abgestimmte Handlungen zwischen Netzwerkpartnern ermöglichen. Andererseits dürfen soziale Beziehungen nicht derart eng gebunden sein, dass die Innovativität und Flexibilität des Unternehmens behindert wird, Abhängigkeiten entstehen und der Zugang zu neuen Ressourcen auf diese Weise verstellt wird."[389]

Weak-Ties per se generieren noch keinen Nutzen, sondern erst die durch sie potenziell erreichbaren Sourcen und deren Ressourcen. Die Investitionen in Realoptionen (Beziehungen) können erst dann zu einem Nutzen stiftenden Vorteil bzw. Asset werden, wenn sie ausgeübt werden, d.h. wenn die Interaktionen mit dem Netzwerkpartner intensiviert werden. Mit steigender Investition in die Beziehungen und der damit zunehmenden Intensität der Beziehungen droht jedoch die Gefahr einer relationalen Eingeschlossenheit.[390] Mit relationaler Eingeschlossenheit ist die Tatsache gemeint, dass bestehende Beziehungen das Entstehen oder die Entwicklung neuer Beziehungen erschweren oder verhindern.[391] Grundlage dieser „relational embeddedness"[392] ist das Prinzip der Reziprozität (Gegenseitigkeit), wonach eine dauerhafte Beziehung auf

[388] Vgl. Fried/Knoll 2005, S. 80 f.
[389] Fried/Knoll 2005, S. 82.
[390] Vgl. Fried/Knoll 2005, S. 84 f.
[391] Vgl. Ebers 2003, S. 6.
[392] Vgl. Granovetter 1985, S. 481 ff.

wechselseitigem Geben und Nehmen beruht. Während zu Beginn einer Beziehung die Partner noch nach dem Motto „tit-for-tat" („wie du mir, so ich dir") relativ zeitnah Leistungen und Gegenleistung austauschen, ist mit zunehmender Länge und Intensität der Beziehungen eine gewisse Zeittoleranz festzustellen.[393] Der leistungserbringende Partner fordert nicht sofort eine entsprechende Gegenleistung von seinem Partner und verstärkt damit das Vertrauensverhältnis der Beziehung. Über die Dauer der Beziehung etablieren und verfestigen sich damit bestimmte Normen, Werte, aber auch Erwartungshaltungen und Zwänge. Je länger eine Beziehung andauert und je intensiver der für beide Seiten vorteilhafte Austausch von Leistung und Gegenleistung wird, umso schwerer fällt es den Parteien, sich von etablierten Regeln und Strukturen zu lösen bzw. neue Beziehungen einzugehen.

Neben dem Trade-Off zwischen intensiven, engen Beziehungen und oberflächlichen, schwachen Beziehungen, zeigt sich ein weiteres Spannungsverhältnis zwischen der Homogenität und der Heterogenität der Beziehungen (Redundanzdilemma).[394] Einerseits ist der Umgang mit redundanten bzw. homogenen Netzwerkpartnern vorteilhaft, da diese meist auf ähnlichen Logiken bzw. Spielregeln beruhen und damit der Koordinationsaufwand verringert werden kann. Reduziert ein Unternehmen die Redundanz seines Allianzportfolios, so sieht es sich einer Vielzahl unterschiedlicher Kooperationskulturen, -gewohnheiten und -erwartungen gegenüber, die neu erlernt und situationsspezifisch berücksichtigt werden müssen. Eine geringe Redundanz hat andererseits aber auch den Vorteil, dass durch die Vielfalt an unterschiedlichen Partnern eine „Branchenblindheit" verhindert wird und sich kreative Denkanstöße, die über den bisherigen Tellerrand hinausblicken lassen, entwickeln können. Entsprechend liegen die Nachteile einer hohen Redundanz in der kognitiven Eingeschlossenheit.[395] Die durch gemeinsame Ziele, Erlebnisse oder Einstellungen manifestierten Schemata prägen die Wahrnehmungs-, Interpretations- und Entscheidungsprozesse der Kooperationspartner. Dies kann dazu führen, dass Bestehendes nicht mehr hinterfragt wird. Krücken/Meier sprechen

[393] Vgl. Fried/Knoll 2003, S. 84; Kappelhoff 2000a, S. 44.
[394] Vgl. Fried/Knoll 2003, S. 79 f.
[395] Vgl. Fried/Knoll 2005, S. 85.

hier auch von der Gefahr „kognitiver Trägheit“, die dazu führen kann, dass Neuerungen übersehen und wichtige Entwicklungen verschlafen werden.[396] Eine niedrige Redundanz sichert den Zugang zu den unterschiedlichsten Ressourcen und reduziert durch ein breit gefächertes Portfolio an Realoptionen das unternehmerische Risiko. Andererseits steigt mit der Verschiedenartigkeit der Beziehungen und Beziehungspartner die Komplexität, der damit verbundene Koordinationsaufwand sowie der Kapazitätsbedarf und in Folge dessen wiederum das Risiko für das Unternehmen.

Fried/Knoll plädieren im Hinblick auf diese Dilemmata für eine ausgewogene Gleichverteilung (vgl. Abbildung 17) von Strong- und Weak-Ties (Intensität) sowie von homogenen und heterogenen Beziehungen (Redundanz).

Abbildung 17: Gleichverteilung von schwachen und starken sowie homogenen und heterogenen Beziehungen

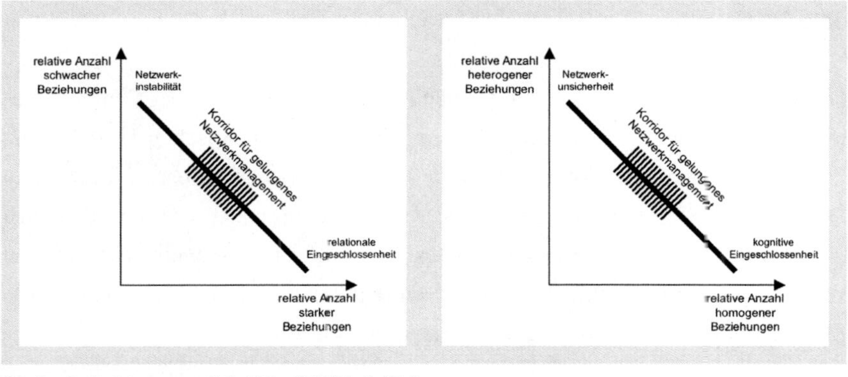

Quelle: In Anlehnung an Fried/Knoll 2005, S. 87 f.

Auch andere Autoren betonen die Notwendigkeit eines Gleichgewichtes, einer Balance zwischen den konträren Netzwerk- bzw. Beziehungseigenschaften.[397] So stellen Zahn/Kapmeier/Tilebein mit Bezug auf die Komplexitätsforschung fest, dass erst ein ausgeglichenes Verhältnis, eine permanente Balance zwischen

[396] Vgl. Krücken/Meier 2003, S. 78.
[397] Vgl. Herzog 2006, S. 82; Zentes/Swoboda/Morschett 2005, S. 941; Baitsch/Müller 2001, S. 106; Das/Teng 1999, S. 58.

Exploration und Exploitation das langfristige Bestehen komplexer Unternehmensnetzwerke sicherstellen kann.[398] Diese Balance darf mit Sicht auf den dieser Arbeit zugrunde liegenden dynamischen Koevolutionsansatz jedoch nicht auf eine statische Momentaufnahme reduziert werden.

4.5.2 Modell einer dynamischen Balance strategischer Netzwerkgestaltung

Bei der Betrachtung der Anpassungs- und Gestaltungsstrategie vor dem Hintergrund ihrer Funktion der Risikoreduktion in einem dynamischen Marktumfeld wird deutlich, dass eine statische Gleichverteilung von intensiven, homogenen Beziehungen und schwachen, heterogenen Beziehungen nicht immer optimal sein kann. Auch wenn sich wirtschaftswissenschaftliche Untersuchungen bisher nur selten mit der Dynamik von Beziehungsnetzwerken auseinandersetzen, so lassen sich doch einige Anhaltspunkte identifizieren, nach denen es sinnvoller scheint, die Netzwerkgestaltung entsprechend flexibel an die jeweilige Risikosituation anzupassen, d.h. situationsspezifisch der Anpassungs- oder der Gestaltungsstrategie mehr Gewicht zu verleihen.[399]

Der Grad der optimalen Flexibilität hängt unter anderem von der Umfelddynamik ab. Kooperationen sind nach Balling in einem dynamischen Umfeld eher loser und in einer statischen Umwelt eher fester zu gestalten.[400] Eine hohe Dynamik der Marktveränderungen und Rahmenbedingungen erfordert demnach ein flexibleres und breiter gefächertes Netzwerk um schnell reagieren zu können, während in Zeiten stabiler Marktsituationen feste Beziehungen die Marktstellung des Unternehmens untermauern können.

In ähnlicher Weise wie Balling stellen auch Rall/König fest, dass der Grad an Flexibilität von den externen Marktbedingungen abhängig sein sollte. „Je höher die Unsicherheit wird, desto stärker muss man von eindeutig definierter Richtungsfestlegung und klaren strategischen Plänen Abschied nehmen und stattdessen stärker über Optionen, Flexibilität und Investitionen in hohe

[398] Vgl. Zahn/Kapmeier/Tilebein 2006, S. 141 ff. Vgl. auch Kappelhoff 2000b, S. 347 ff.
[399] Vgl. Kutschker 2005, S. 259.
[400] Vgl. Balling 1997, S. 109.

Reaktionsgeschwindigkeit nachdenken, die es einem erlauben, schnell zu handeln, sobald sich der Zukunftsnebel etwas lichtet."[401]

Auch Burmann stellt fest, dass der Wert von Handlungsoptionen, und damit der Flexibilität, mit zunehmender Unsicherheit wächst. „Demnach besitzen strategische Flexibilitätspotenziale in jungen Märkten mit hoher strategischer und technologischer Unsicherheit und bei globaler Geschäftstätigkeit c.p. einen höheren Wert als Flexibilitätspotenziale in reifen, relativ stabilen Märkten oder ausschließlich nationaler Geschäftstätigkeit."[402]

Bleicher bezieht sich auf den Risikoaspekt der Komplexität und betont, dass bei steigender Umweltkomplexität traditionelle, auf Stabilität ausgerichtete Methoden der Komplexitätsreduktion zunehmend an Bedeutung verlieren.[403]

Als Zusammenfassung dieser Erkenntnisse kann festgehalten werden, dass in komplexen, unsicheren und damit risikoreicheren Umfeldsituationen verstärkt eine Anpassungsstrategie verfolgt werden sollte, während in überschaubaren, sicheren und damit risikoärmeren Situationen einer Gestaltungsstrategie der Vorzug zu geben ist. Wie Abbildung 18 veranschaulicht, beschränkt sich das Netzwerkmanagement damit nicht auf eine einmal festgelegte, statisch ausbalancierte Gleichverteilung von Anpassung und Gestaltung, sondern betont eine der Risikosituation angemessene dynamische Anteilsverschiebung zwischen den konträren Strategien.

---

[401] Rall/König 2005, S. 29.
[402] Burmann 2002, S. 73.
[403] Vgl. Bleicher 2004, S. 36 ff.

Abbildung 18: Dynamische Anteilsverschiebung zwischen schwachen und starken sowie homogenen und heterogenen Beziehungen

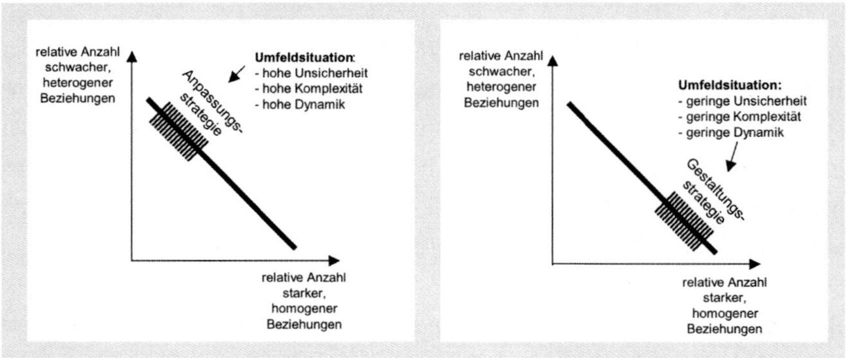

Quelle: Eigene Erstellung.

Eine effektive und effiziente Netzwerkstruktur kann weder kurzfristig aufgebaut noch kurzfristig geändert werden. Die Abwägung zwischen einer eher gestaltungs- oder mehr anpassungsorientierten Netzwerkausrichtung ist eine strategische Entscheidung, die sich nicht an schnell wechselnden Trends, Einflussfaktoren und Risikosituationen orientieren kann bzw. darf. Im Folgenden soll daher die Betrachtung des Marktrisikos anhand des Lebenszyklus einer AFG als Grundlage für die Ableitung eines langzeitorientierten AFG-Netzwerkgestaltungsprozesses dienen.[404] Wie in Kapitel 3.6 erläutert, stellt das Beziehungsnetzwerk das Bindeglied einer koevolutionären Entwicklung zwischen einem Unternehmen (System) und seiner AFG (Umwelt) dar. Dieses Netzwerk muss sowohl der Unternehmensentwicklung als auch der Umfeldentwicklung entsprechend ausgestaltet und angepasst werden. In den folgenden Kapiteln sollen daher die jeweiligen Umfeldsituationen der einzelnen AFG-Lebenszyklusphasen näher beleuchtet werden, um entsprechende Ableitungen für eine dynamische Anteilsverschiebung zwischen Anpassungs- und Gestaltungsstrategie vornehmen zu können.

[404] In Anlehnung an den Lebenszyklus von Szenen, Märkten und Produkten soll hier ebenfalls eine Unterteilung in Initialphase, Wachstumsphase, Reifephase und Sterbephase vorgenommen werden. Zum Modell des Szenelebenszyklus vgl. Nöthel 1999, S. 147 ff.

4.6 Phasenmodell der Affinity-Group-Netzwerkgestaltung

4.6.1 Initialphase

Zu Begin einer AFG existiert nur eine kleine, meist lokale Szene Gleichgesinnter, die sich um eine neuartige Affinität gruppieren.[405] Das Risiko eines wirtschaftlichen Engagements in dieser Entstehungsphase ist sehr hoch, da die weitere Entwicklung dieser kleinen Gruppe noch nicht abzusehen ist. „In der Initialphase befindliche Szenen kämpfen einen täglichen Überlebenskampf. Ihre weitere Ausbreitung hängt im Wesentlichen von der Attraktivität und damit der Wahrscheinlichkeit des Aufgreifens des Szene-Gedankens durch weitere Personen ab, die sich jenseits der lokalen Nähe befinden.“[406] Die Vielzahl der damit verbundenen Unsicherheitsfaktoren und deren komplexes Zusammenwirken lassen keine repräsentative Beschreibung von möglichen Zukunftsausprägungen zu.[407] Für Unternehmen, welche sich in diesem frühen Stadium engagieren, ist das Risiko einer Fehlinvestition aufgrund einer falschen Einschätzung der künftigen Marktentwicklung sehr hoch. Es liegen weder Statistiken über das Kaufverhalten dieser potenziellen Zielgruppe vor, noch existieren fundierte Erkenntnisse bezüglich deren Bedürfnisstruktur. Auch bezüglich der Eignung dieser Szenemitglieder als potenzielle Kooperationspartner lassen sich mangels Erfahrungswerte keine zuverlässigen Einschätzungen vornehmen.

„Wenn keine zuverlässigen Vorhersagen möglich sind, dann liegt der Schlüssel für ein erfolgreiches Risikomanagement (...) in einer erhöhten Aufmerksamkeit und Reaktionsfähigkeit bezüglich auftretender Trends.“[408] Aufgrund der hohen Prognoseunsicherheit sollten sich Unternehmen in dieser Initialphase somit vorwiegend mit schwachen und heterogenen Beziehungen auf die vielfältigsten Marktentwicklungen vorbereiten, d.h. das Portfolio an Realoptionen sollte möglichst umfangreich und breit gestaltet werden, um sich flexibel allen möglichen Entwicklungen anpassen zu können.[409] Mit Blick auf den Aufbau

[405] Vgl. Schertler 2006, S. 42 f.
[406] Nöthel 1999, S. 147.
[407] Vgl. Rall/König 2005, S. 29.
[408] Grant/Nippa 2006, S. 434.
[409] Vgl. Grant/Nippa 2006, S. 78 f.

dieses Beziehungsportfolios kommt der Exploration neuer Kontakte damit eine größere Bedeutung zu, als der Exploitation bestehender Beziehungen. Wenn eine Szene die Weiterentwicklung zu einer größeren AFG nicht schafft, sollten die Investitionen in das breit gestreute Beziehungsportfolio nicht weiter erhöht werden. Die Intensität der Beziehungen ist daher in der Initialphase gering zu halten.
Die Frage nach dem optimalen Zeitpunkt eines Markteinstiegs und dem damit verbundenen explorativen Auf- bzw. Ausbau der AFG-spezifischen Ressourcenbasis hängt von der Risikoneigung bzw. Risikopolitik jedes einzelnen Unternehmens ab.[410] Je geringer ein Unternehmen das Marktrisiko einer AFG einstuft und je mehr Erfolg es in einem frühzeitigen Engagement sieht (First-Mover-Effekt), umso früher sollten Weak-Ties zu möglichst vielen potenziellen Netzwerkpartnern dieser AFG aufgebaut werden.

Der Aufbau des Beziehungsportfolios kann in der Initialphase über das sogenannte „Networking“ erfolgen. Der Begriff des „Networking“ findet meist auf individueller Ebene Anwendung und meint „das zielgerichtete Ausbauen des persönlichen sozialen Netzwerkes durch das Kennenlernen bisher unbekannter Personen und die regelmäßige Pflege dieser gewonnenen Kontakte“.[411] Networking meint also das gezielte Zugehen auf neue, potenzielle Partner und das aktive Knüpfen von Beziehungen zu diesen Partnern. „Networking is the process of building relationships within and between groups.“[412]

4.6.2 Wachstumsphase

Spricht die Affinität der Szene ein latentes Grundbedürfnis innerhalb größerer Teile der Gesellschaft an, hat die Szene die Möglichkeit, ihre regionale Beschränktheit zu überwinden und zu einer Bezugs- und Orientierungsgruppe für eine breitere soziale Gruppe zu werden. Während in der Initialphase die

[410] Studien zeigen, dass erfolgreiche Unternehmensgründungen bei der Wahl ihrer Kooperationspartner nicht ausschließlich auf ihr gewohntes Umfeld zurückgreifen, sondern besonders in der Planungs- und Etablierungsphase eine Vielzahl neuer und heterogener Kontakte aufbauen. Vgl. Maurer/Staber 2002, S. 182.

[411] Renz 2007, S. 9.

[412] Furnham 1997, S. 541.

szeneinterne Kommunikation vorwiegend Face-to-Face stattfand, bilden sich in der Wachstumsphase verstärkt überregionale und später auch internationale, unpersönliche Informations- und Kommunikationsplattformen aus. Mit der Größe der AFG und dem steigenden Medieninteresse an deren Aktivitäten kommt es auch zu einer verstärkten Kommerzialisierung und damit zu einer Zunahme an Anbietern bzw. Produzenten szenespezifischer Produkte und Dienstleistungen.[413]

Mit dem weiteren Wachstum der AFG sinkt die Wahrscheinlichkeit, dass es sich bei der zugrunde liegenden Affinität nur um eine kurzfristige Modeerscheinung handelt. Die Bandbreite an Entwicklungsmöglichkeiten sowie die Unsicherheit bezüglich deren Eintreten nimmt somit ab, wodurch sich verstärkt repräsentative Ausprägungen der Zukunft darstellen lassen.[414] Innerhalb der AFG kommt es zudem verstärkt zur Ausbildung einheitlicher Normen, Werte, Codes und Regeln, welche die Einschätzung des künftigen Konsum- und Kooperationsverhaltens der AFG-Mitglieder erleichtern. Das Risiko einer Fehleinschätzung der Marktteilnehmer reduziert sich damit.

Die Zahl der potenziellen Kunden steigt, womit die AFG eine wirtschaftlich relevante Größe erreicht und sich somit für immer mehr Unternehmen zu einem attraktiven Markt entwickelt. Mit dem zunehmenden Engagement der Unternehmen steigt jedoch auch die Konkurrenz und damit die Gefahr für jedes einzelne Unternehmen, sich nicht gegen die wachsende Konkurrenz durchsetzen und behaupten zu können. Eine Zunahme an Konsumenten, Produkten und Unternehmen geht zudem mit einer steigenden Multioptionalität einher. Unternehmen müssen daher, bevor sie sich gegen ihre Konkurrenten durchsetzen können, überhaupt erst als potenzieller Anbieter oder Kooperationspartner wahrgenommen werden. Dies erfordert eine verstärkte Präsenz in der AFG und damit eine Intensivierung des Beziehungsportfolios. Überwog in der Initialphase noch das Risiko, den Markt nicht korrekt einschätzen und damit nicht effektiv

413 Vgl. Schertler 2006, S. 43; Nöthel 1999, S. 147 f.
414 Vgl. Rall/König 2005, S. 29.

bearbeiten zu können, so ergibt sich das Risiko in der Wachstumsphase damit in erster Linie aus dem zunehmenden Konkurrenzdruck.

Im Zuge dieser Veränderung der Risikosituation sollten die Unternehmen von einer auf Flexibilität ausgelegten Anpassungsstrategie zu einer umweltbeeinflussenden Gestaltungsstrategie wechseln. Dieser Wechsel vollzieht sich in einer schrittweisen Ausübung von strategisch aussichtsreichen Realoptionen und einer damit verbundenen Intensivierung und Homogenisierung der Primärbeziehungen.[415] Weniger erfolgversprechende Beziehungen sollten beendet und die Portfoliobreite reduziert bzw. nicht weiter ausgebaut werden, um die Ressourcen (Zeit, Geld etc.) fokussierter in ausgewählte Beziehungen investieren zu können.[416] Bei abnehmender strategischer Unsicherheit ist somit der Schwerpunkt von einer reinen explorativen Erweiterung des Beziehungsportfolios um heterogene, lockere Kontakte zu einer verstärkten Exploitation bestehender Beziehungen zu verlagern.[417]

Wann ein Unternehmen mit dem sukzessiven Wechsel von der Anpassung zur Gestaltung beginnen sollte, hängt jedoch nicht nur von dem generellen Marktrisiko ab, sondern u.a. auch von der jeweiligen Risikoneigung des Unternehmens. Je risikofreudiger ein Unternehmen ist, umso früher wird es sich auf bestimmte Netzwerkpartner festlegen und seine Investitionen in diese Beziehungen verstärken. Neben der Risikoneigung, die sich auf die Bereitschaft zur Beziehungsintensivierung bezieht, kommt es auch auf das Gestaltungs- bzw. Ressourcenpotenzial des Unternehmens an. Um eine Beziehung zu vertiefen sind Ressourcen erforderlich, die in die Beziehung eingebracht werden können und den Netzwerkpartner zu einer entsprechenden Gegenleistung animieren. Diese Ressourcen können sowohl Fähigkeiten (z.B. Kommunikationsfähigkeiten), als auch materielle Ressourcen (z.B. IT-Infrastruktur, Geld) oder immate-

[415] Hoffmann stellt in seinen Untersuchungen fest: „Interorganisationale Netzwerke verdichten sich im Laufe der Zeit und bilden auch redundante Beziehungen aus." Hoffmann 2001, S. 85.

[416] Einige Untersuchungen zu Beziehungsnetzwerken bei Unternehmensgründungen zeigen, dass am Beginn der Unternehmensgründung (Planungsphase) die meisten sozialen Beziehungen in Anspruch genommen werden, während die Anzahl der Netzwerkpartner in der späteren Etablierungsphase zurückgeht. Vgl. Greve/Salaff 2003, S. 14.

[417] Vgl. Hoffmann 2001, S. 297.

rielle Ressourcen (z.B. Know-how, Zeit) sein. Auch ein gewisser Vertrauensvorschuss ist hier notwendig, um eine Vertrauensspirale in Gang zu setzen und damit den Grundstein für stabile und langfristige Beziehungen zu legen.

Im Verlauf der Wachstumsphase steigt der Organisationsgrad der AFG. Durch ihre Aktionen und Interaktionen geben die Mitglieder ihrer AFG eine gewisse Struktur. Diese Struktur wiederum bedingt das Handeln aller beteiligten Netzwerkakteure. Es bilden sich verstärkt formelle und informelle Strukturen heraus, in die sich die Unternehmen integrieren können bzw. müssen, um im Sinne einer koevolutionären Entwicklung gestaltend bzw. steuernd auf die Struktur der AFG einwirken zu können.

4.6.3 Reifephase

In der Reifephase hat die AFG ihren Platz in der Gesellschaft gefunden und wird nun auch verstärkt durch AFG-fremde Massenmedien aufgegriffen. Die AFG wird damit zum Mainstreamkonzept, dem sich nicht mehr nur szeneaffine Individuen anschließen, sondern auch immer mehr „Trittbrettfahrer", die bestimmte Szeneattribute zur Erweiterung ihres Selbstkonzeptes nutzen, ohne jedoch aktiv an den AFG-Aktivitäten zu partizipieren.[418] Eine rein quantitative Zunahme von AFG-Mitgliedern und -Erlebnisangeboten verwässert bzw. verflacht den Erlebniswert der jeweiligen Ereignisteilnahme. Mit dieser zunehmenden Verwässerung der zu Beginn sehr individuellen Szenecharakteristika verliert die Szene und damit die AFG zunehmend ihre prägende Kraft als primäre Bezugsgruppe und der Reiz einer AFG-Mitgliedschaft nimmt ab. „Denn woran alle mehr oder weniger partizipieren können, das verliert eben seine punktuelle und individuelle Besonderheit."[419] Dadurch verlangsamt sich das AFG-Marktwachstum, um nach Erreichen des Höhepunktes zu stagnieren oder wieder zu schrumpfen.

Die damit einhergehende Begrenzung bzw. Reduzierung des potenziellen Kundenstamms führt zu einem verstärkten Kampf um Marktanteile unter den

[418] Vgl. Nöthel 1999, S. 148.
[419] Hitzler/Bucher/Niederbacher 2005, S. 29.

Unternehmen. Ein probates Mittel, um in gesättigten Märkten die eigene Wettbewerbsposition zu verbessern und Marktanteile zu gewinnen, ist die Integration in oder Fusion mit anderen Akteuren. Der koevolutionäre Prozess von über intensive und langfristige Beziehungen eng miteinander verbundenen Netzwerkpartnern endet damit in der Verschmelzung zu einer größeren, wettbewerbsfähigeren Einheit. Die Gestaltungsstrategie findet damit in den stabilisierenden Maßnahmen der Reifephase ihren Höhepunkt. Die Stabilisierungsbemühungen in dieser Phase beziehen sich jedoch nicht nur auf die Marktpositionierung der Unternehmen, sondern auch ganz generell auf die Stabilisierung der AFG als wirtschaftlich interessanten Markt. Durch koevolutionäre Interaktionen müssen alle Akteure der AFG (Produzenten und Konsumenten) darauf hinwirken, die Attraktivität der AFG zu erhalten und der Verwässerung von Bezugsgruppeneigenschaften entgegenzuwirken.

Neben der Verwässerung der AFG findet in der Reifephase auch die formelle und informelle Strukturierung, Organisation und Institutionalisierung des AFG-Netzwerkes ihren Höhepunkt. Regelungen, Standardisierungen und Normierungen führen einerseits dazu, dass die Planungsunsicherheit für ein strategisches Management in diesen Märkten minimal ist, andererseits leben Szenen und AFGs von einer gewissen Freiheit und Ungezwungenheit, die eine individuelle Selbstentfaltung ihrer Mitglieder erlaubt. Eine zu starke Formalisierung wirkt sich somit negativ auf die Eigendynamik sozialer Systeme aus.[420] Eine Gestaltungsstrategie, die auf genau diesen eigendynamischen und koevolutionären Interaktionen innerhalb eines sozialen Systems beruht, verliert damit an Wirkung. Ziel einer Gestaltungsstrategie in der Reifephase ist es daher weniger, den koevolutionären Prozess zu lenken als vielmehr ihn durch neue Impulse am Leben zu erhalten.

Lag der Fokus in den bisherigen Phasen eher auf einer effektiven Marktanpassung und -gestaltung, so gewinnt in der Reifephase, in der die Entwicklung einer AFG ihre Begrenzung erfährt, die Effizienz der bestehenden wirtschaftlichen Aktivitäten an Bedeutung. „Starrheit erhöht tendenziell die Effizienz, Flexibili-

[420] Vgl. Schertler 2006, S. 127.

tät die Effektivität von Systemen."[421] Eine Investition in den Aufbau neuer, zusätzlicher Ressourcen (Exploration) sollte daher unterbleiben.

4.6.4 Sterbephase

Wird die AFG zu groß, verliert sie aufgrund der in der Reifephase einsetzenden Verwässerung ihren exklusiven Charakter, was primär zur Abwanderung der Szenemitglieder und damit zum Schrumpfen des AFG-Kerns führen kann. Fehlt die Szene, fehlen die nötigen Orientierungspunkte und der Motor einer AFG, womit der Zerfall der AFG droht. Die Mitgliederzahlen nehmen ab, womit das soziale Netzwerk der AFG aus ökonomischer wie sozialpsychologischer Sicht für die meisten (Ex-) Mitglieder uninteressant wird. Für Unternehmen, die in der Vergangenheit ihre wirtschaftlichen Aktivitäten auf diese AFG konzentriert haben und durch die Erarbeitung redundanter, intensiver Beziehungen zu den zentralen AFG-Mitgliedern in dieser AFG tief verwurzelt sind, wächst damit das Risiko in einem schrumpfenden Markt gefangen zu sein. „Der gegenwärtige Vorteil eines fokussierten Unternehmens („stick to the knitting") verwandelt sich in einem turbulenten Umfeld in den strategischen Nachteil fehlender Potenziale."[422] Wollen Unternehmen nicht mit der AFG schrumpfen bzw. absterben, sind sie gezwungen, sich von der koevolutionären Entwicklung der Vergangenheit zu trennen und sich auf andere AFGs auszurichten. „In the face of a changing environment, organizations are bound to their stabilized structures and action patterns. Central to survival is the ability to overcome organizational inertia."[423] Mit dieser Neuausrichtung begeben sich die Unternehmen in neue, für sie unbekannte und damit unsichere Situationen, womit die Bedeutung einer auf Flexibilität ausgelegten Anpassungsstrategie wieder steigt. Die Unternehmen müssen sich von bisher gewohnten Strukturen und Verhaltensweisen lösen und schrittweise neue Beziehungen aufbauen (explorative Investition in Realoptionen).

---

[421] Zentes/Swoboda/Morschett 2005, S. 941.
[422] Seisreiner 2002, S. 100.
[423] Schreyögg/Kliesch-Eberl 2007, S. 917.

Diese Darstellung der langzeitorientierten Risikoentwicklung auf AFG-Märkten zeigt, dass Netzwerkmanagement bzw. die optimale Ausgestaltung des interorganisationalen Beziehungsnetzwerkes kein für alle Unternehmen und alle Marktsituationen identischer und statischer Einheitszustand sein kann bzw. sollte. AFG-Netzwerkmanagement sollte daher als „dynamischer Prozess strategischen Wandels"[424] verstanden werden. „Denn Stabilität ist nicht als Wahrung eines Status quo zu verstehen, sondern als Aufrechterhaltung eines Gefüges unter Anpassung an Veränderungen in der Umwelt mit dem Ziel, die Überlebensfähigkeit des Systems aufrechtzuerhalten und zu Erwartungssicherheiten des Systems beizutragen."[425]

Abbildung 19 fasst den Wechsel der AFG-Netzwerkstrategien in Abhängigkeit der AFG-Lebenszyklusphasen grafisch zusammen.

[424] Kutschker 2005, S. 263.
[425] Thode 2003, S. 46.

Abbildung 19: Wechsel der AFG-Netzwerkstrategien im Zeitverlauf

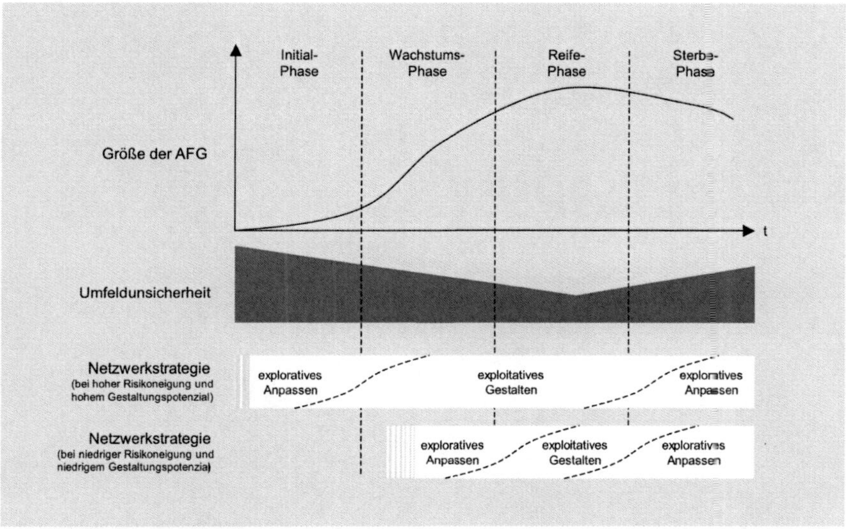

Quelle: Eigene Erstellung.[426]

[426] Es sei an dieser Stelle betont, dass es sich bei dem Phasenmodell (vgl. Abbildung 19) um eine analytische Einteilung handelt. In der Realität sind die Grenzen zwischen den einzelnen Phasen fließend. Auch der Verlauf eines AFG-Lebenszyklus ist hier nur idealtypisch und geglättet dargestellt. So kann es z.B. auch innerhalb der Wachstumsphase zu einer vorübergehenden Stagnation oder Abnahme der AFG-Größe bzw. deren gesellschaftlichen Relevanz kommen.

5 Empirische Untersuchung

5.1 Empirische Zielsetzung und methodisches Grundverständnis

Wie bereits zu Beginn ausgeführt wurde, versteht die vorliegende Arbeit die Betriebswirtschaftslehre im Sinne Ulrichs als angewandte Sozialwissenschaft, welche von einer angewandten Forschung u.a. die Ausarbeitung theoriegeleiteter Richtlinien zur Lösung von Praxisproblemen fordert (vgl. Kapitel 1.2). Nachdem in den bisherigen Kapiteln das Forschungsfeld aufbereitet und theoretische Richtlinien eines strategischen AFG-Netzwerkmanagements herausgearbeitet wurden, soll daher im Folgenden die praktische Relevanz dieses theoretischen Vorverständnisses empirisch untersucht werden. Dabei sollen insbesondere die Annahmen, Erkenntnisse und Handlungsempfehlungen des Phasenmodells der AFG-Netzwerkgestaltung aus Kapitel 4.6 auf ihren praxisbezogenen Realitätsgehalt hin analysiert werden. Schwerpunktthemen sind hierbei

- die Entwicklung der Risikosituation in Abhängigkeit der AFG-Entwicklung,
- die Relevanz der Beziehungsnetzwerke für eine strategische Bewältigung dieser Risiken,
- die Wahl der Netzwerkstrategien und deren Wechsel in Abhängigkeit der Risikosituation sowie
- die den Netzwerkstrategien angepasste Ausgestaltung der fokalen Beziehungsnetzwerke.

Die dabei erhobenen empirischen Daten sollen dazu dienen, das theoretisch Erarbeitete vor dem Hintergrund der Praxisprobleme kritisch zu reflektieren und gegebenenfalls Modifikationen, Erweiterungen oder Differenzierungen vorzunehmen. Der dieser Arbeit zugrundeliegende Forschungsprozess kann damit als iterativer Lernprozess verstanden werden, welcher auf Rückkopplungen zwischen Theorie und Empirie basiert (vgl. Abbildung 20).

Abbildung 20: Forschung als iterativer Lernprozess

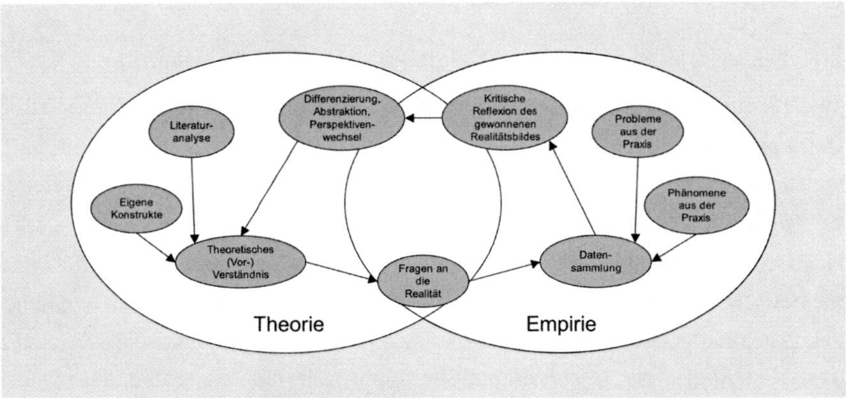

Quelle: In Anlehnung an Gassman 1997, S. 6; Tomczak 1992, S. 84; Kubicek 1977, S. 14.

Bei der Erhebung empirischer Daten lässt sich grundsätzlich zwischen einem qualitativen und einem quantitativen Ansatz unterscheiden. Als wissenschaftstheoretische Grundlage der quantitativen Forschung gilt der von Popper begründete Kritische Rationalismus, welcher von der Existenz einer sozialen Welt ausgeht, „in der Ereignisse nach gleich bleibenden Regeln (Gesetzmäßigkeiten) ablaufen und in der es für jedes Ereignis eine oder mehrere Ursachen (Kausalzusammenhänge) gibt."[427] Quantitative Forschungsansätze versuchen diese Kausalitäten und Gesetzmäßigkeiten theoretisch herzuleiten und anhand von Wenn-Dann-Aussagen (Hypothesen) deduktiv in der Realität zu überprüfen.

Aufgrund der dem untersuchten Forschungsgebiet zugrunde liegenden Dynamik, Komplexität und Diskontinuität sozialer Systeme scheinen rein deduktive Methoden zur Überprüfung von Gesetzmäßigkeiten und Kausalitäten wenig geeignet.[428] Es wird daher ein kombiniertes Vorgehen aus Deduktion und

[427] Mayer 2004, S. 15; vgl. auch Kromrey 1995, S. 49.

[428] Vgl. Flick 1999, S. 10. „Die Verschiebung der Forschungsperspektive auf Organisationen als Sozialsysteme mit prinzipiell nicht-planbaren, dennoch aber spezifischen Interaktionen und zwischenmenschlichen Beziehungsformen hat die Bedeutung der quantitativen Methodik einschließlich ihres ingenieurwissenschaftlich geprägten Transfermodells relativiert." Strodtholz/Kühl 2002, S. 16. Aufgrund dieser Verschiebung der Forschungsperspektive ist in den letzten Jahren

Induktion präferiert, welches eine schrittweise Annäherung an die sich durch Evolutions- und Strukturationsprozesse ständig im Wandel befindliche soziale Wirklichkeit erlaubt.

Der Kritische Rationalismus betrachtet zudem Wahrheit als Übereinstimmung mit einer konstanten Wirklichkeit. Im Sinne der Systemtheorie gibt es jedoch keine allgemeingültige Wahrheit. Eine rein quantitativ-hypothesentestende Empirie kann daher im Rahmen dieser Arbeit nicht zielführend sein, weshalb der dialog-konsenstheoretische Ansatz der qualitativen Forschung, wonach sich Wahrheit bzw. Wirklichkeit nur durch einen kommunikativen Diskurs zwischen Realität und Theorie entwickeln kann, bevorzugt wird. Qualitative Forschung erfordert damit eine gewisse Offenheit, d.h. einen permanenten Wechsel bzw. Austausch zwischen theoretisch abgeleitetem Verständnis und empirisch gewonnenen Einsichten, „so dass es zu einer fortwährenden Präzisierung, Modifizierung und Revision von Theorien und Hypothesen kommt."[429]

Bei dem Forschungsgebiet der vorliegenden Arbeit (AFG-Netzwerkmanagement) handelt es sich zudem um ein junges, bisher noch unvollständig erschlossenes Forschungsgebiet, weshalb ein explorativer und qualitativer Forschungsansatz einem quantitativen Theorietest vorzuziehen ist. „Ziel der qualitativen Forschung ist weniger der breit angelegte Vergleich organisationaler Wirkungsmechanismen als vielmehr das Eindringen in die Tiefe des Einzelfalls."[430]

5.2 Semi-strukturiertes Experteninterview als qualitative Forschungsmethode

Als qualitative Erhebungsmethode wird das teilstrukturierte Experteninterview gewählt, da es der Forderung des dialog-konsenstheoretischen Ansatzes nach

allgemein sowie speziell in der Organisationsforschung, eine verstärkte Hinwendung zu qualitativen Forschungsmethoden zu verzeichnen. Vgl. Mayer 2004, S. 21.

429 Lamnek 1995a, S. 99.

430 Vgl. Strodtholz/Kühl 2002, S. 16.

einer kommunikativen Offenheit und Prozesshaftigkeit des Forschungsansatzes gerecht wird.[431] Die Vorteile semi-strukturierter Experteninterviews sind u.a.:

- Die Datengewinnung vollzieht sich im Experteninterview als kommunikativer Akt. Damit wird auf die Konstitutionsbedingungen sozialwissenschaftlicher Datengewinnung verwiesen, in denen der „Zugang des Forschers zu bedeutungsstrukturierten Daten" nur dann gelingen kann, wenn „er eine Kommunikationsbeziehung mit dem Forschungssubjekt eingeht und dabei das kommunikative Regelsystem des Forschungssubjekts in Geltung lässt."[432]
- Experteninterviews ermöglichen eine schrittweise Gewinnung und Prüfung von Daten, „wobei Zusammenhang und Beschaffenheit der einzelnen Elemente sich allmählich und in einem ständigen reflexiven Bezug herausschälen."[433] So wird in einem Dialog zwischen Theorie und Praxis das theoretisch konzeptionelle Vorverständnis der Thematik im Verlaufe des Interviews erweitert, modifiziert und vertieft. Experteninterviews stellen damit eine Mischform bzw. Kombination aus induktivem und deduktivem Forschungsansatz dar.[434]

Experteninterviews werden meist mittels eines Leitfadens thematisch vorstrukturiert, wodurch einerseits die Vergleichbarkeit der Daten erhöht wird und zum anderen die Daten durch die Fragen eine Struktur erhalten. Die Strukturierung des Leitfadens ist locker zu gestalten und flexibel zu handhaben. Der Leitfaden kann als Ausdruck erster theoriegeleiteter Konzepte und Hypothesen verstanden werden, die mit der Realität konfrontiert werden sollen und soll als Orientierung bzw. Gerüst sicherstellen, dass nicht wesentliche Aspekte der Forschungsfrage im Interview übersehen werden.[435]

Um die Offenheit und Flexibilität des Leitfadens zu gewährleisten

[431] Vgl. Liebold/Trinczek 2002, S. 40.
[432] Hoffmann-Riem 1980, S. 346.
[433] Liebold/Trinczek 2002, S. 40.
[434] Im Bezug auf diese Kombination aus Induktion und Deduktion sprechen Liebold/Trinczek von einer „geschlossenen Offenheit" und argumentieren: „Zum einen strukturieren konzeptionelle Überlegungen das Feld, zum anderen bleibt durch das Erzählprinzip die Bedeutungsstrukturierung durch die Forschungssubjekte erhalten." Liebold/Trinczek 2002, S. 42.
[435] Vgl. Mayer 2004, S. 36.

- ist der Detaillierungsgrad der Fragen gering zu halten,
- sind primär offene Fragen zu wählen (keine streng vorgegebenen Antwortkategorien),
- sollten die Fragen nicht vorformuliert sein, sondern der Gesprächssituation entsprechend gewählt werden,
- sollte die Reihenfolge der Fragen nicht strikt vorgegeben sein, sondern sich dem Gesprächsverlauf entsprechend anpassen.[436]

Die Offenheit der Antwortmöglichkeiten und die Flexibilität des Gesprächsverlaufs lassen dem Interviewten Freiraum für selbstläufige Schilderungen, thematische Ausschweifungen und individuelle Relevanzsetzungen. Diese sind gewollt, da sie auf Aspekte aufmerksam machen könnten, die in den bisherigen theoretischen Überlegungen keine Berücksichtigung fanden.[437]

5.3 Methodische Vorgehensweise

5.3.1 Auswahl der Untersuchungseinheiten

Während bei der Stichprobenbildung in der quantitativen Forschung die statistische Repräsentativität im Vordergrund steht, ist in der qualitativen Forschung die Relevanz der untersuchten Unternehmen für das Forschungsthema ausschlaggebend.[438] Bei der Auswahl der zu befragenden Unternehmen wurden daher folgende Kriterien berücksichtigt:

- Hoher AFG-spezifischer Integrationsgrad
- Führende Unternehmen in der jeweiligen Branche
- Starke Bedeutung von Kooperationsbeziehungen
- Starke Bedeutung von Endkundenbeziehungen.

Es wird davon ausgegangen, dass Unternehmen, die diese Kriterien erfüllen, umfangreiche Erfahrungen und Wissen bezüglich des zu untersuchenden AFG-Netzwerkmanagements besitzen und damit als Experten zur praxisorientierten Reflexion der theoretischen Erkenntnisse prädestiniert sind.

---

[436] Liebold/Trinczek 2002, S. 43.
[437] Vgl. Liebold/Trinczek 2002, S. 39.
[438] Vgl. Mayer 2004, S. 38; Flick 1999, S. 57; Merkens 1997, S. 100.

Um die Vergleichbarkeit der Ergebnisse zu gewährleisten bzw. zu erhöhen, beschränkt sich die Auswahl der Unternehmen auf eine bestimmte AFG. Als geeignetes Fallbeispiel wurde die AFG Snowboard gewählt, da

- sie die Initialphase überwunden und eine wirtschaftlich relevante Größe erreicht hat,
- sie die Reifephase bereits hinter sich hat und sich damit alle Entwicklungsphasen einer AFG untersuchen lassen, und
- sie sich trotz ihrer Größe und Kommerzialisierung einen starken Szenecharakter bewahrt hat, der auf die Ausgestaltung der Beziehungsnetzwerke einen entscheidenden Einfluss hat.

Es ist davon auszugehen, dass die theoretischen Annahmen bezüglich eines strategischen AFG-Netzwerkmanagements nicht auf alle Unternehmen in gleichem Maße zutreffen bzw. diese je nach Unternehmen unterschiedliche Ausprägungen oder Relevanzen erhalten. Um den Erkenntnisgewinn der empirischen Untersuchung zu maximieren, wurde daher bei der Stichprobenauswahl eine Variation bezüglich folgender Kriterien berücksichtigt:

- Ursprung der Unternehmen (Unternehmensgründung aus der AFG heraus vs. AFG-fremder Ursprung)
- AFG-Spezialisierung der Unternehmen (Konzentration auf eine AFG vs. gleichzeitige Marktbearbeitung mehrerer AFGs)
- Branche der Unternehmen (Abdeckung der AFG-Kernbranchen Hersteller/Produkte, Handel, Destinationen und Medien).[439]

5.3.2 Datenerhebung

Nach einer Sekundäranalyse der zu untersuchenden Unternehmen wurden geeignete Ansprechpartner in den jeweiligen Unternehmen ermittelt, welche als Entscheidungsträger in den Bereichen strategisches Kooperations- und Kundenmanagement (Geschäftsführer, Snowboardabteilungsleiter bzw.

[439] Aus Datenschutzgründen können die Namen der Unternehmen und der befragten Personen hier nicht veröffentlicht werden. Befragt wurden fünf Snowboard-Hersteller (Unternehmen A, C, E, G, I), zwei Snowboard-Magazine (Unternehmen B, D), ein Snowboard-Shop (Unternehmen H), ein Snowpark-Betreiber (Unternehmen F) sowie eine Snowboard-Destination (Unternehmen J).

Marketingabteilungsleiter) über umfangreiches Netzwerkmanagementwissen bzw. die entsprechende Erfahrung verfügen. Bei einer ersten telefonischen Kontaktaufnahme mit diesen Personen wurde das Forschungsvorhaben kurz erläutert. Mit den zehn Gesprächspartnern, die ihre Bereitschaft für ein ausführliches persönliches Interview zu diesem Thema signalisierten, wurde ein zeitnaher Interviewtermin vereinbart. Alle Interviewpartner erhielten ca. zwei Wochen vor dem Interviewtermin einen Interviewleitfaden sowie eine kurze schriftliche Projektinformation zugesandt, um sich entsprechend vorbereiten zu können. Die persönlichen Interviews wurden bei den Unternehmen vor Ort (meist Unternehmenszentrale) durchgeführt und dauerten zwischen 60 und 100 Minuten. Die Gespräche fanden im Zeitraum Mai bis Juli 2008 statt und wurden mit Zustimmung der Unternehmen digital aufgezeichnet.

5.3.3 Datenauswertung

Die Datenauswertung der in den Interviews gewonnenen Daten erfolgte mittels einer strukturierenden qualitativen Inhaltsanalyse.[440] Diese Analysemethode erlaubt eine schrittweise Verdichtung und Kategorisierung der Daten und kann als interpretativ-reduktiver Ansatz verstanden werden.[441] Folgende Auswertungsschritte wurden durchgeführt:

- Transkription: Die digital aufgezeichneten Interviews wurden mittels einer Volltexttranskription für die weitere Untersuchung dokumentiert.[442]
- Filterung: Das transkribierte Material wurde anschließend nach allen dem Forschungsinteresse dienlichen Passagen gefiltert. Abschweifende und nicht zielführende Passagen (z.B. die Wetterlage) wurden entfernt.
- Gruppierung: Die transkribierten Aussagen der Interviewpartner wurden in einem weiteren Schritt einer thematischen Umgruppierung unterworfen, d.h. der Gesprächsverlauf bzw. die Antwortreihenfolge wurden aufgelöst, auf wesentliche Passagen verdichtet und entsprechend thematisch gruppiert.

---

440 Vgl. Mayring 2007, S. 49 ff.

441 Vgl. Lamnek 1995b, S. 107.

442 Der Interviewleitfaden sowie die Volltexttranskriptionen können bei Interesse beim Autor angefordert werden.

- Interpretation: In einem letzten Schritt wurde das strukturierte Datenmaterial entsprechend den Zielsetzungen der vorliegenden Arbeit ausgewertet und interpretiert.

6 Grundlegende empirische Erkenntnisse zum Affinity-Group-Phasenmodell

6.1 Affinity-Group-Lebenszyklus

Mitte der 1960er Jahre experimentierte eine kleine Gruppe von Surfern mit den ersten Holzbrettern, auf denen sie Schlaufen und Halteriemen montierten, um mit diesen als „Snurfern" bezeichneten Prototypen verschneite Hänger herunterfahren zu können.[443] Diese Initialphase, in der zahlreiche technische Veränderungen und Weiterentwicklungen an den Snowboards vorgenommen wurden, dauerte ca. 10 Jahre, bis Mitte der 1970er Jahre die ersten kleinen Snowboardfirmen entstanden und die ersten Snowboards in die Serienproduktion gingen. Anfang der 1980er Jahre setzte die Wachstumsphase ein, es wurden die ersten größeren Events und Turniere ausgetragen, die ersten auf Snowboard spezialisierten Medien entstanden und die Zahl der Snowboardhersteller stieg rasant. Da jedoch die bis dato auf Skifahrer fokussierten Destinationen und Bergbahnen den Snowboardern eher skeptisch gegenüber standen und nur sehr zögerlich die Pisten für Snowboarder frei gaben, setzte der Boom erst Ende der 1980er Jahre ein. In den 1990er Jahren verzeichnete der Snowboardmarkt seine größten Wachstumsraten und erreichte gegen Ende der 1990er Jahre seinen Höhepunkt.[444] Nach einstimmiger Meinung der befragten Experten befindet sich die AFG Snowboard nach einem leichten Einbruch um die Jahrtausendwende nun bereits seit 5-10 Jahren in einer Stagnations- bzw. Degenerationsphase.

> *„Der Markt hat die Wachstumsphase bereits hinter sich. Momentan ist es definitiv eine Stagnation, auch wenn man aufgrund von Verkaufzahlen-zahlen sagen kann, dass der Markt jährlich um drei Prozent sinkt. Wir haben also eine Stagnations- bis Degenerationsphase."*[445]

Die zukünftige Marktentwicklung wird von den Unternehmen verhalten optimistisch eingeschätzt. Einen erneuten Schub, ein erneutes starkes Wachs-

[443] Vgl. Hatje/Steiner 1995, S. 96.
[444] Die Umfrageergebnisse beziehen sich primär auf die AFG-Entwicklung im europäischen Raum.
[445] Interview mit Unternehmen A.

tum, z.B. ausgelöst durch eine technische Revolution (wie z.B. im Skibereich durch die Entwicklung des Carving-Ski), halten alle Experten für weitgehend ausgeschlossen. Ebenso wenig wird befürchtet, dass der Markt weiter einbrechen oder komplett absterben könnte. Sehr viel wahrscheinlicher sei, dass sich Snowboarden als feste Größe im Wintersportsegment etabliert. Abbildung 21 veranschaulicht die Entwicklung der AFG Snowboard anhand einer Lebenszykluskurve.

Abbildung 21: Lebenszyklus der AFG Snowboard[446]

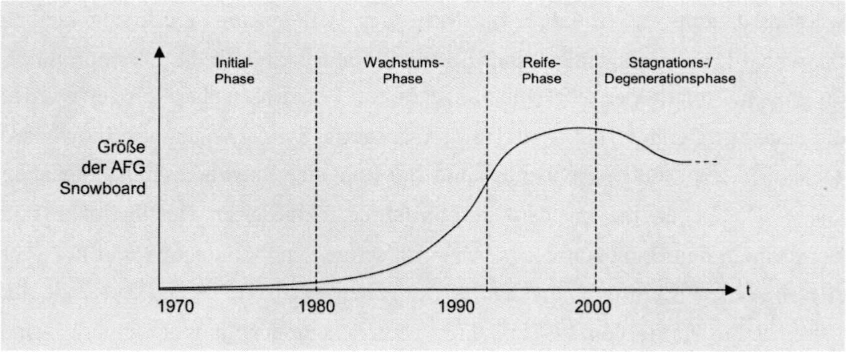

Quelle: Eigene Erstellung.

Snowboarden hat sich damit von einem Individualsport für eine kleine Szene zu einem Breitensport für jedermann entwickelt. Im Laufe dieser Entwicklung hat sich die Risikosituation der auf diesem Markt tätigen Unternehmen entscheidend verändert. Diese Risiken sollen im Folgenden näher beleuchtet werden, da sie einen bedeutenden Einfluss auf die strategische Netzwerkgestaltung der Unternehmen haben.

[446] Die Größe der AFG bezieht sich hierbei auf die Anzahl der Marktteilnehmer. Da hierzu jedoch weder durch die Interviews mit den Experten noch durch Sekundäranalysen exakte, vergleichbare Zahlen ermittelt werden konnten, beschränkt sich Abbildung 22 auf die grafische Veranschaulichung der relativen Wachstumsraten. Der Verlauf der hier dargestellten Lebenszykluskurve wurde durch die befragten Experten bestätigt.

6.2 Marktrisiken

Bis zu Beginn der Wachstumsphase Anfang der 1980er Jahre war noch nicht abzusehen, wie positiv sich der Snowboardmarkt einmal entwickeln würde, womit die Umfeldrisiken für die in diesem Bereich tätigen Unternehmen sehr hoch waren. Es bestanden beispielsweise große Unsicherheiten darüber, wie ein Snowboard geformt und aufgebaut sein muss, wie es grafisch gestaltet sein muss, ob überhaupt eine längerfristig interessante Zielgruppe für diese Produkte vorhanden ist und welche Bedürfnisse diese Gruppe hat. Mit der technischen Weiterentwicklung der Snowboards, dem zunehmenden Interesse der Medien und der sich immer deutlicher ausbildenden Szenekultur nahmen diese Umfeldunsicherheiten in der Wachstums- und Reifephase bis Ende der 1990er Jahre sukzessive ab. Snowboarden etablierte sich und wurde zu einem eigenständigen und klar definierten Markt im Wintersportbereich. In der derzeitigen Stagnationsphase scheinen die Unsicherheiten bezüglich der weiteren Marktentwicklung wieder zuzunehmen. Einige der befragten Experten sehen den Snowboardmarkt sogar in einer „Sinnkrise“ oder „neuen Findungsphase“ und verdeutlichen damit, dass das in der Reifephase manifestierte Bild des typischen Snowboarders nicht mehr aufrecht zu erhalten ist.

> *„Je größer der Markt geworden ist und je mehr Leute zu Snowboardern wurden, desto mehr wurde das Snowboarden in eine Sinnkrise gestürzt. (...) Wir sind jetzt in einer Marktphase, in der sich Snowboarden neu definieren oder redefinieren muss.“*[447]

Das, was Snowboarden in den 1980er und 1990er Jahren ausgemacht hat, scheint immer mehr zu verschwimmen. Die eindeutigen Identifikations- und Abgrenzungsmerkmale verlieren u.a. aufgrund der zunehmenden Überlappung mit anderen AFGs, wie z.B. der AFG Freeski, immer mehr an Aussagekraft. Snowboarder und Freeskier lassen sich aufgrund ihrer Deutungs-, Ausdrucks- und Handlungsschemata nur noch schwer differenzieren. Sie fahren in denselben Funparks, haben denselben Kleidungsstil, hören dieselbe Musik und teilen den gleichen Lebensstil. Doch nicht nur für die Unternehmen scheint es

[447] Interview mit Unternehmen B..

immer schwieriger zu werden, die AFG Snowboard genau zu definieren und passgenau zu bedienen. Auch die Zielgruppe an sich leidet unter den erodierenden Abgrenzungsmerkmalen. Das Rebellische und Individuelle, was den Snowboardern lange Zeit als Orientierungs- und Vergleichsmaßstab innerhalb der Szene diente, verliert sich immer mehr in einer großen Jugendkultur, einem generellen Lifestyle, der nicht mehr zwangsweise an den Snowboardsport gekoppelt sein muss. Damit verliert die AFG Snowboard an Attraktivität und Anziehungskraft, was sich in stagnierenden bis rückläufigen AFG-Mitgliederzahlen niederschlägt.

> *„Die Leute, die vom Skifahren kamen, wechseln jetzt oft wieder zurück auf die Ski, weil sie mit dem Snowboarden nichts mehr anfangen können. Die wollen weg von der Masse, wollen wieder etwas Individuelles haben und steigen deshalb auf Freeski um.“*[448]

Aufgrund dieser Entwicklung halten einige Experten eine Neu- bzw. Redefinition des Snowboardens für notwendig, um die AFG neu zu positionieren, sie schärfer gegen andere AFGs abgrenzen zu können und damit eindeutige Anreize für den Nachwuchs zu schaffen sowie ein weiteres Abwandern von Mitgliedern zu vermeiden.

Ein weiteres Risiko zeigt sich in der Entwicklung des Snowboardens von einem szenigen Individualsport zu einem massentauglichen Breitensport und der damit einhergehenden Kommerzialisierung. Waren in der Initial- und zu Beginn der Wachstumsphase nur kleine, idealistisch motivierte Szeneunternehmen am Markt tätig, so stiegen im weiteren Verlauf der Wachstumsphase und insbesondere der Reifephase aus vorwiegend kommerziellen Beweggründen immer mehr und immer größere Unternehmen in den Markt ein, die ihren Ursprung in anderen Märkten und AFGs hatten (z.B. Skifirmen). Dies führt einerseits dazu, dass, wie zuvor erläutert, die einzelnen AFGs und Märkte immer mehr zu einem großen Lifestylemarkt verschmelzen und Snowboarden damit seine Eigenständigkeit verliert. Zudem verdrängen diese großen AFG-externen Konzerne

[448] Interview mit Unternehmen C..

aufgrund ihrer finanziellen Mittel die kleineren, traditionellen Snowboardfirmen vom Markt, womit die noch bis Ende der 1990er Jahre ausgeprägte Vielfalt an Snowboardmarken mittlerweile stark abgenommen hat. Das Risiko, das mit dieser Entwicklung verbunden ist, sehen die befragten Experten vor allem darin, dass durch das Aussterben der unabhängigen, ursprünglichen Snowboardfirmen und der damit verbundenen Monopolisierung bzw. Homogenisierung der Markenlandschaft den Snowboardern zunehmend die Möglichkeit abhanden kommt, ihre Individualität durch den Konsum ausgefallener oder die Kombination unterschiedlichster Marken zum Ausdruck zu bringen. Gerade die Szene lebt jedoch von dieser Individualität und Authentizität ihrer Mitglieder und verliert daher mit zunehmender Kommerzialisierung und Homogenisierung an impulsgebender Anziehungs- und Orientierungskraft für die gesamte AFG.

> *„Gerade diese kleinen Firmen sind es, die sich nur sehr schwer auf dem Markt halten können und immer mehr eingehen, wobei gerade diese für die Authentizität und das Image des Snowboardmarktes wichtig sind."*[449]

Entgegen der Annahme aus Kapitel 4.6.4, dass durch die Entwicklung in Richtung Mainstream und den Verlust des exklusiven, individuellen Charakters die Szene, der Kern der AFG, wegbrechen könnte, sehen die Experten die Snowboardszene als eine seit Jahrzehnten sehr konstante Größe, die sich zumindest in Bezug auf die Mitgliederzahl als relativ unabhängig von der Gesamtmarktentwicklung zeigt. Hinsichtlich ihrer Charakteristika scheint sich die Szene bzw. der unternehmerisch tätige Teil der Szene jedoch nicht der allgemeinen Bewegung in Richtung Mainstream entziehen zu können. So hat beispielsweise die ursprünglich von der Hardcore-Szene initiierte Contest-Serie „TTA Snowboard Tour" seit kurzem Swatch als Hauptsponsor, die früher von Profifahrern verpönte Teilnahme an den als kommerziell abgestraften und boykottierten Olympischen Spielen ist heute gang und gebe[450], ursprünglich reine Snowboardevents wie z.B. der Air&Style Contest wandeln sich zu Musik-

[449] Interview mit Unternehmen D.
[450] Vgl. Interview mit Unternehmen E..

Festivals mit max. 30% Snowboarderanteil unter den Gästen[451] und die Snowparks, die noch vor zehn Jahren als Trainingsanlagen für wenige Profis galten, wandeln sich zu „Spielplätzen für Jedermann“[452]. Zahlreiche Unternehmen, Marken, Produkte oder Organisationen, die ursprünglich aus der Szene für die Szene entstanden sind, richten sich im Laufe ihrer Entwicklung verstärkt auf die breitere Masse aus, was besonders der idealistisch geprägte Szenekern mit reaktantem Verhalten bestraft.

> *„In den 80ern war die Snowboardszene noch sehr klein (...) und man hat sich jedes zweite Wochenende in den Bergen getroffen. Das ist eine ganz andere Szene als heute. Man merkt, dass die Leute, die damals dabei waren, mit der Szene von heute nicht viel zu tun haben wollen, weil alles viel zu kommerziell geworden ist. Den Spirit aus den Anfangsjahren gibt es inzwischen nicht mehr. Aber das war auch zu erwarten, wenn die großen Firmen einsteigen und der Sport olympisch wird.“*[453]

Ein weiteres Risiko für den Snowboardmarkt, welches sich auf die Entwicklung vom Individualsport zum Breitensport zurückführen lässt, sehen die befragten Experten in den zunehmenden Reglementierungen, Normierungen und Konventionen. Diese sollen einerseits z.B. die Sicherheit des Sportes garantieren und damit dessen Weiterentwicklung langfristig sicherstellen, andererseits unterbinden sie damit jedoch die für eine Weiterentwicklung notwendige Grenzüberschreitung und Experimentierfreudigkeit der Szene. Als Beispiel seien hier die Sicherheitsstandards in Funparks genannt: Durch das Auferlegen bestimmter Obergrenzen für die Größe von Kickern[454] wird einerseits die Sicherheit für die Snowboarder erhöht, andererseits verhindern diese Beschränkungen jedoch, dass die Snowboarder an ihre Grenzen gehen, neue Tricks entwickeln und ihre Sprungtechnik weiterentwickeln können. Auch Verbände wie z.B. die FIS (Internationaler Skiverband), die den Snowboardern zahlreiche Auflagen und Vorschriften machen, haben daher kein gutes Ansehen in der

[451] Vgl. Interview mit Unternehmen A.
[452] Interview mit Unternehmen F.
[453] Interview mit Unternehmen C.
[454] Mit Kicker wird in der Snowboardszene eine Sprungschanze bezeichnet.

Szene. Snowboarden wird als „freiheitsliebende Sportart" gesehen. Alles, was diese Freiheit einschränkt, wird daher als kontraproduktiv und damit negativ bewertet.

> *„Snowboarden sieht sich als eine sehr freiheitsliebende Sportart. Verbände haben daher immer einen gewissen faden Beigeschmack, da sie gewisse Strukturen und Konventionen auferlegen, die dem Sport nicht gut tun."*[455]

Diese Entwicklung der generellen Marktrisiken verdeutlicht, dass Unternehmen, die eine koevolutionäre Entwicklung mit der AFG anstreben, mit zunehmendem AFG-Wachstum vor dem Problem einer Gratwanderung zwischen Szene und Masse, Individualsport und Breitensport, Idealismus und Kommerz, Freiheit und Normierung stehen.

> *„Die einen machen ihre Sache komplett aus einem Idealismus heraus. Die haben nicht daran geglaubt bzw. daran gedacht, dass es da einen Markt geben könnte. Auch wir haben gehofft, dass es einen Markt gibt, aber eigentlich war uns das egal. Wir haben es einfach gemacht, weil uns das etwas bedeutet hat. Und diese Idealisten haben das Snowboarden dann so groß gemacht, dass andere aus monetären Gründen mit aufspringen. Und zwischen diesen beiden gibt es natürlich immer ein riesiges Spannungsfeld."*[456]

Diese konträren Pole driften mit zunehmendem AFG-Wachstum immer weiter auseinander (vgl. Abbildung 22) und erfordern von den Unternehmen eine zunehmend eindeutigere Positionierung. Der Mittelweg, d.h. sowohl die Szene als auch die Masse optimal zu bedienen, wird von den Interviewpartnern besonders in der Reife- und Degenerationsphase als zunehmend problematisch beurteilt.

455 Interview mit Unternehmen D.
456 Interview mit Unternehmen B.

Abbildung 22: Spannungsfeld zwischen Mainstream und Szene

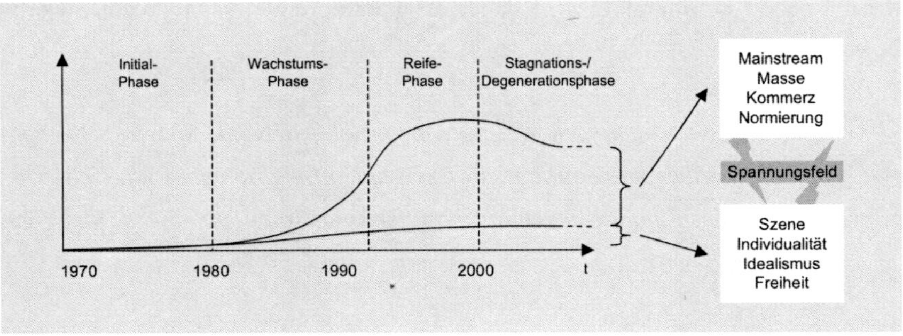

Quelle: Eigene Erstellung.

6.3 Relevanz und Veränderung der Netzwerkstrategien

Die Funktion der Beziehungsnetzwerke als Bindeglied zwischen der Unternehmens- und der AFG-Entwicklung wird von den befragten Unternehmen als unerlässlich eingestuft, um die Marktrisiken zu bewältigen und sich im zunehmenden Konkurrenzkampf behaupten zu können.

> *„Netzwerke spielen eine riesige Rolle, ohne die funktioniert jetzt gar nichts mehr. Wer das annimmt, der lebt im falschen Jahrtausend."*[457]

Grundsätzlich wird sowohl die ursachebezogene als auch die wirkungsbezogene Risikominimierungsfunktion der Beziehungsnetzwerke bestätigt. Sowohl die Anpassung mittels flexiblem und breit gestreutem Beziehungsportfolio, als auch die Gestaltung mittels ausgewählter, intensiver Beziehungen werden als geeignete Netzwerkstrategien erachtet. Der in Kapitel 4.6 vorgenommenen zeitlichen Verknüpfung dieser Strategien mit den AFG-Lebenszyklusphasen wird von den Experten tendenziell zugestimmt. So wird konstatiert, dass die Unternehmen zu Beginn der Entwicklung des Snowboardmarktes aufgrund der generellen Zukunftsunsicherheiten ein eher flexibles Beziehungsportfolio pflegten und seit der Reifephase vornehmlich die Marktgestaltung mittels

[457] Interview mit Unternehmen G.

intensiver und längerfristiger Beziehungen im Vordergrund steht. Dennoch verfügen nur wenige der befragten Unternehmen über eine unternehmensweit einheitliche Netzwerkstrategie, welche als strategische Leitlinie die Ausrichtung des gesamten Beziehungsportfolios entsprechend der AFG-Entwicklung bestimmen würde. Vielmehr kommen aufgrund der zeitlich versetzten Entwicklungsverläufe der einzelnen Branchen innerhalb der AFG unterschiedliche Netzwerkstrategien zur Anwendung. So kann das Beziehungsportfolio eines Unternehmens im Bereich Events bereits auf Gestaltung ausgerichtet sein, während im Bereich Online-Communities aufgrund der sehr viel später einsetzenden Branchenentwicklung noch eine Anpassungsstrategie bevorzugt wird. Auch wird von den befragten Personen eine Unterscheidung hinsichtlich der verschiedenen Sub-Szenen und Stilrichtungen (Alpin-/ Raceboarden, Freeriden, Freestyle) innerhalb des Snowboardens als notwendig erachtet.

> *„Also eine übergeordnete Strategie haben wir da nicht. Man muss schon genauer unterscheiden, wie es in den einzelnen Branchen aussieht. (...) Grundsätzlich stimmt es aber schon, dass die Unternehmen zu Beginn des Snowboardmarktes unabhängiger und flexibler waren als heute."*[458]

Auch wenn es das Ziel eines jeden AFG-Unternehmens sein sollte, einen aktiven Beitrag zur AFG-Entwicklung zu leisten und damit eine Gestaltungsstrategie grundsätzlich anzustreben bzw. dieser der Vorzug zu geben ist, sollten sich die Unternehmen jedoch nach Einschätzung der Experten immer eine gewisse Grundflexibilität erhalten. Diese Flexibilität kann als langfristig orientierte, strategische Entwicklungsflexibilität verstanden werden und ist nicht nur im Snowboardmarkt, sondern auf allen sich permanent im Wandel befindlichen Szenemärkten unverzichtbar. Diese Forderung nach einer permanenten Grundflexibilität unterstreicht damit die theoretische Erkenntnis aus Kapitel 4.4.1, wonach die bewusste Gestaltung und Lenkung von sozialen, autopoietischen Systemen nur bis zu einem gewissen Grad und nur über das Setzen von Anreizen (Perturbationen) zur Selbstorganisation möglich ist.

[458] Interview mit Unternehmen H.

> *"Der größte Fehler, den man machen kann, ist es, den Leuten zu diktieren, was sie zu tun haben. Man kann ihnen eigentlich nur Vorschläge machen und ihnen eine gewisse Richtung nahe legen."* [459]

In den Interviews wurde darüber hinaus auch deutlich, dass der Zeitpunkt des Markteintritts sowie der Zeitpunkt eines Strategiewechsels von einer explorativen Anpassungs- zu einer exploitativen Gestaltungsstrategie sowohl von der Risikoneigung als auch dem Gestaltungspotenzial der Unternehmen abhängen. Große Skikonzerne beispielsweise, die meist erst gegen Ende der Wachstumsphase in den Snowboardmarkt eingestiegen sind, weisen in der Regel eine geringere Risikobereitschaft auf, als kleine Snowboardproduzenten, die sich bereits in der Initialphase auf diesen Markt spezialisiert haben. Einer der Gründe für diese unterschiedlichen Risikoneigungen liegt sicherlich darin, dass Unternehmen, die sich bereits in anderen Märkten bzw. AFGs etabliert haben und ein Engagement im Snowboardmarkt vorwiegend aus wirtschaftlichen Gründen in Betracht ziehen, eine Gefährdung ihres traditionsreichen Images und damit einen wirtschaftlichen Nachteil in ihrem Heimatmarkt befürchten. Um dieses Risiko möglichst gering zu halten, wird erst nach langjähriger Marktbeobachtung und sinkender Umfeldunsicherheit der Einstieg gewagt. Kleinere spezialisierte Snowboardfirmen gründen sich meist aus der Szene heraus und verfolgen einen vornehmlich idealistischen und weniger kommerziellen Ansatz. Finanzielle Risiken werden daher weniger hoch bewertet, womit ein Engagement im Snowboardmarkt in der Regel früher stattfindet. Die unterschiedliche Risikoneigung macht sich nicht nur bei einem Markteinstieg, sondern auch bei einem Marktausstieg bemerkbar. Risikoaverse Unternehmen, wie z.B. die großen Markenartikler, steigen auch wieder früher aus dem Snowboardmarkt aus bzw. wechseln zu einer flexibleren Anpassungsstrategie zurück. Deutlich wird das z.B. in den Sponsoringmaßnahmen großer Markenartikler.

> *„Die großen Markenartikler und große Konzerne wie Tchibo oder Nokia, die nichts mit dem Snowboarden zu tun haben, haben Ende der 90er viel in den Snowboardmarkt investiert, besonders in das Sponsoring und den*

[459] Interview mit Unternehmen F.

Anzeigenmarkt. Seit 2003 steigen diese Firmen allerdings wieder verstärkt aus."[460]

Für den Wechsel von einer Anpassungs- zu einer Gestaltungsstrategie sind nach Meinung der Experten neben den finanziellen Mitteln vor allem szenespezifische Ressourcen, wie z.B. ein ausgeprägtes und intensives Beziehungsnetzwerk zur Szene sowie ein snowboardspezifisches Markt- und Fachwissen, notwendig.

> *„Am Anfang sind die meisten Firmen erst mal vorsichtig und wollen flexibel bleiben. Aber irgendwann muss man sich einfach auf eine Richtung festlegen und das bedeutet, man muss investieren. (...) Die Frage ist einfach nur, ob ich genügend Geld, Beziehungen und das entsprechende Know-how habe, um gestalten zu können. Wenn ich das nicht habe, kann ich nur reagieren."*[461]

Der Aufbau dieser Beziehungen und des Know-hows kann weder kurzfristig erreicht, noch durch den verstärkten Einsatz finanzieller Ressourcen erzwungen werden. Insbesondere für Unternehmen, die aus anderen Märkten kommen und relativ schnell in den Snowboardmarkt aktiv eingreifen bzw. in diesem gestaltend tätig werden wollen, stellt dies eine große Hürde dar, an der viele Unternehmen scheitern.

> *„Vor allem Beziehungen müssen erst reifen. Da lernt man sich erst mal zwei, drei Jahre kennen bevor man eine engere Kooperation eingeht."*[462]

Abbildung 23 fasst die empirischen Ergebnisse zur Abhängigkeit der Netzwerkstrategien von der Risikoneigung und dem Gestaltungspotenzial grafisch zusammen.

---

[460] Interview mit Unternehmen D.
[461] Interview mit Unternehmen C.
[462] Interview mit Unternehmen I.

Abbildung 23: Netzwerkstrategie in Abhängigkeit von Risikoneigung und Gestaltungspotenzial

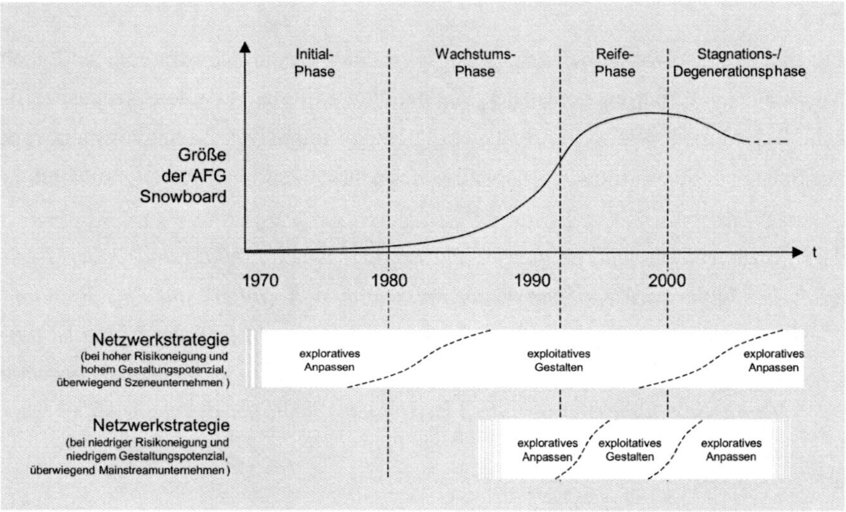

Quelle: Eigene Erstellung.

Nachdem die grundsätzliche Relevanz des Beziehungsnetzwerkes und die Bedeutung der beiden Netzwerkstrategien verdeutlicht wurden, soll im Folgenden die Ausgestaltung der Kooperationsnetzwerke näher beleuchtet werden. Im Zentrum steht dabei die Frage, wie die Struktur des Kooperationsportfolios entsprechend der jeweiligen Netzwerkstrategie zu gestalten ist.

7 Koevolutionäre Gestaltung der fokalen Kooperationsnetzwerke

7.1 Empirische Ergebnisse

In den Expertengesprächen zeigte sich, dass die Entwicklung des Kooperationsportfolios von der AFG-Entwicklung und damit von der entsprechenden Netzwerkstrategie abhängig ist. Zu Beginn der Initialphase, als sich eine kleine Szene mit der Entwicklung der ersten Snowboardprototypen beschäftigte, herrschte ein reger Austausch zwischen den Szenemitgliedern mit dem Ziel, gemeinsam die Entwicklung des Snowboardens voranzutreiben. Als zu Beginn der Wachstumsphase aus dieser Szene die ersten Unternehmen entstanden, die nicht mehr nur aus einem rein idealistischen Antrieb heraus, sondern auch aus wirtschaftlichen Beweggründen Snowboards produzierten, nahm der intensive Austausch der Marktteilnehmer ab.

> *„Am Anfang stand der finanzielle Aspekt noch nicht im Vordergrund und jeder war mit jedem befreundet. Als es dann aber zum Business wurde und Geld damit verdient wurde, schotteten sich die Unternehmen ab. Da spielt natürlich auch der klassische Neid eine Rolle und ab einem gewissen Grad fürchtet dann jeder auch um sein eigenes, lange aufgebautes Know-how, d.h. der Austausch an Informationen wird dann immer geringer.“*[463]

Kooperationen wurden einerseits kritisch betrachtet, da die Unternehmen aufgrund eines möglichen Know-how-Verlustes ihren Wettbewerbsvorteil gefährdet sahen, andererseits wurden Kooperationen aufgrund des starken Marktwachstums auch nicht als zwingend notwendig erachtet, um wirtschaftlich erfolgreich zu sein. Zudem fiel den Unternehmen in der Wachstumsphase die Entscheidung, mit welchem Partner Kooperationen eingegangen oder intensiviert werden sollten, sehr schwer. Es war weder klar, in welche Richtung sich

---

[463] Interview mit Unternehmen F.

der Snowboardmarkt entwickeln würde und welche Partner daher für die eigene Unternehmensentwicklung hilfreich sein könnten, noch war klar, welche der Marktteilnehmer sich längerfristig am Markt behaupten würden und daher überhaupt für eine längerfristige Kooperation in Frage kamen. Nach Aussage der befragten Unternehmen gab es in dieser Wachstumsphase daher nur wenig intensive, dafür aber sehr viele lockere oder kurzfristige Kooperationen.

> *„Am Anfang hat es sehr viele Kooperationen gegeben, weil man nach dem Gießkannenprinzip einfach überall mit dabei sein wollte und auch nicht wusste, wie sich der Markt entwickelt.“*[464]

Während sich das Portfolio zu Beginn der Marktentwicklung aus Flexibilitätsgesichtspunkten vornehmlich aus lockeren und unverbindlichen Beziehungen zu möglichst vielen Marktteilnehmern zusammensetzte, so gewannen im Laufe der Marktentwicklung zunehmend intensive Beziehungen zu ausgewählten Kooperationspartnern an Bedeutung.

> *„Im Moment findet eine Art Konsolidierung statt, was das Portfolio angeht. Das sind jetzt weniger Partner, dafür aber stärker gefestigte Beziehungen. Wir haben jetzt also als Beispiel nicht mehr fünf Partnerschaften mit einem Ein-Jahres-Vertrag, sondern zwei Partnerschaften mit einem Drei-Jahres-Vertrag. (...) Während man früher mehrere ähnliche Partner hatte, die auch irgendwie austauschbar waren, so konzentriert man sich heute auf einzelne ausgesuchte Partner.“*[465]

Diese Bedeutungszunahme intensiver und längerfristiger Kooperationen, die besonders in der Reife- und Stagnationsphase deutlich wird, ist nach Meinung der Experten auf folgende Gründe zurückzuführen:

- In gesättigten bzw. stagnierenden Märkten nimmt der Kampf um Marktanteile zu. Um sich in diesem zunehmenden Konkurrenzkampf am Markt behaup-

[464] Interview mit Unternehmen H.
[465] Interview mit Unternehmen I.

ten bzw. weiter wachsen zu können, sind Kooperationen meist unumgänglich, um Kräfte und Ressourcen zu bündeln.

- Besonders begehrte Kooperationspartner, die sich erst im Laufe der Marktentwicklung herauskristallisieren, werden immer härter umkämpft, was dazu führt, dass Kooperationen mit diesen auserwählten Partnern längerfristiger und intensiver gestaltet werden, um diese nicht an die Konkurrenz zu verlieren.
- Wie oben bereits erläutert, ist Snowboarden durch die Entwicklung vom Szene- zum Massenmarkt in eine Sinnkrise geraten. Um neue Impulse setzen zu können und den gesamten Markt aus dieser Krise herauszuführen, werden gemeinsame Aktionen zur Förderung und Entwicklung des Marktes als notwendig erachtet.

> *„Das heißt, einerseits sind Kooperationen in der jetzigen Phase notwendig, weil die Konkurrenz stärker wird, es immer mehr Anbieter gibt und der Kampf um Marktanteile härter wird. Auf der anderen Seite sind Kooperationen aber auch notwendig, um den gesamten Markt überhaupt voranzutreiben.“*[466]

Einerseits scheinen Beziehungen, Netzwerke und Kooperationen eine der wichtigsten Voraussetzungen zu sein, um im Snowboardmarkt erfolgreich zu sein, andererseits kam dem Management dieser Kooperationsnetzwerke bei den meisten Unternehmen lange Zeit kein größerer Stellenwert zu. Die gezielte strategische Gestaltung des Kooperationsportfolios tritt erst in der Reife- bzw. Stagnationsphase langsam in den Fokus des Managements.

> *„Die Frage des strategischen Managements von Kooperationen wird erst seit kurzem überhaupt ernsthaft angegangen. Früher hat das keinen interessiert.“*[467]

[466] Interview mit Unternehmen F.
[467] Interview mit Unternehmen B.

„Früher, als der Markt boomte, haben Kooperationen keinen interessiert. Das Geschäft war ein Selbstläufer. Alles wurde verkauft. Da brauchte man keine Kooperationen. Jetzt, wo der Markt stagniert, muss man sich überlegen was man machen kann, um mehr zu verkaufen. Eine Möglichkeit sind da eben Kooperationen.“[468]

Die Bedeutungszunahme und damit die Intensivierung von Kooperationen im Laufe der AFG-Entwicklung decken sich mit den in der Theorie erarbeiteten Grundlagen eines koevolutionären Netzwerkmanagements. Die Gespräche mit den Experten zeigen jedoch auch, dass bezüglich der kooperativen Netzwerkgestaltung eine weitere Differenzierung in horizontale, vertikale und laterale Kooperationen notwendig ist. Nach Meinung der Interviewpartner sind horizontale Kooperationen zwischen Unternehmen, die sich in derselben Branche und auf derselben Wertschöpfungsstufe befinden, im Snowboardmarkt sehr selten. Einerseits liegt das an der bereits erwähnten Angst vor einem Know-how-Verlust, andererseits aber auch an der Angst vor einem Imageschaden. Die Snowboardszene legt großen Wert auf Marke, Individualität und Authentizität. Durch eine Kooperation zweier Snowboardmarken wie z.B. Nitro und Elan käme es zu einer Verwässerung beider Images und dem Verlust der Individualität, die für die Abgrenzung der Szene und ihrer Mitglieder sehr wichtig ist. Eine Markenkooperation auf horizontaler Ebene würde der Markt daher vermutlich sehr negativ aufnehmen.[469] Horizontale Kooperationen z.B. zwischen Snowboardherstellern finden, wenn überhaupt, nur im Bereich der Produktion statt. So lässt Nitro, wie viele andere Hersteller auch, den größten Teil seiner Boards in den Werken von Elan fertigen.[470] Derartige Kooperationen sind in der Branche sehr häufig, werden jedoch aufgrund der oben beschriebenen Gefahr eines Imageverlustes dem Endkonsumenten nicht aktiv kommuniziert. Strategische Allianzen zwischen Konkurrenten, wie man sie z.B. in der Luftfahrtindustrie findet, gibt es daher im Snowboardmarkt nicht.

[468] Interview mit Unternehmen C.
[469] Vgl. Interview mit Unternehmen A.
[470] Vgl. Interview mit Unternehmen A.

Vertikale Kooperationen spielen insbesondere zwischen Herstellern von Boards sowie deren Händlern und Vertrieben eine wichtige Rolle. Ein Direktabsatz dieser Produkte an den Endkonsumenten findet kaum statt. Aufgrund des insbesondere in der Wachstums- und Reifephase zunehmenden Produktangebotes können die Händler nicht mehr alle Produkte in ihr Sortiment aufnehmen, womit der Kampf um eine Listung bei den begehrten Shops im Laufe der AFG-Entwicklung zunimmt und bestehende Vertriebskooperationen intensiviert werden.[471]

Laterale Kooperationen sind nach Auffassung der Experten vor allem in der Reife- und Stagnationsphase notwendig, um, wie zuvor erwähnt, den Markt durch neue Impulse in seiner Entwicklung zu fördern. Dabei werden nicht nur laterale Kooperationen mit Unternehmen der Snowboardbranche eingegangen, sondern es wird immer häufiger auch der Kontakt zu snowboardfremden Partnern gesucht. So geht Rossignol ab dem Jahr 2008 z.B. verstärkt Kooperationen mit der Kunstszene ein, um im Bereich Design neue Akzente zu setzen.

> *„Durch die Entwicklung in Richtung Mainstream geht man zwangsläufig über die Snowboardgrenzen hinaus und kooperiert auch mit Partnern aus anderen Bereichen. Das Spektrum ist da wirklich riesig und reicht von Autos über Getränke bis zum Shampoo.“*[472]

Um als Unternehmen mit dem Snowboardmarkt wachsen zu können, muss sich das Portfolio aus horizontalen, vertikalen und lateralen Kooperationen nach Meinung der Experten von einer Fixierung auf den kleinen Szenekern lösen und sich für Partner aus dem Mainstreambereich öffnen. Diese Öffnung bedeutet jedoch einen Spagat zwischen Szene und Mainstream, der, wie oben bereits erläutert, die Unternehmen vor eine schwere Aufgabe stellt.

> *„Da muss man irgendwie das Gleichgewicht halten. Auf der einen Seite bewahre ich das Image, gebe dem Sport etwas zurück und bin authen-*

[471] Interview mit Unternehmen C.
[472] Interview mit Unternehmen I.

tisch, auf der anderen Seite versuche ich aber meine Firma voranzubringen, das ist ganz schwer im Snowboardmarkt. An so großen Kooperationen mit Firmen außerhalb der Snowboardszene sind schon viele Marken gescheitert."[473]

Das Öffnen in Richtung Mainstream darf dabei nicht zu schnell geschehen. Solange es von der AFG nicht als Wechsel empfunden wird, sondern als natürliche Unternehmensentwicklung, die im Einklang mit der gesamten AFG-Marktentwicklung steht, ist ein Wachstum durchaus mit einer Wahrung der Authentizität vereinbar.

„*Es kommt auch darauf an, wie schnell ich mich in Richtung Kommerz entwickle und wo meine Ziele sind. Wenn ich heute 1000, in einem Jahr 2000 und in zwei Jahren 5000 Boards verkaufen will, ist das meiner Meinung nach sehr schnell. Da verliere ich an Authentizität. Wenn du allerdings nur jedes Jahr 10-15% mehr verkaufst, dann kannst du Schritt für Schritt mit größeren Partnern zusammenarbeiten, deinen Umsatz steigern und trotzdem eine angesagte Insidermarke bleiben.*"[474]

Große snowboardfremde Markenartikler z.B. aus der Ski-, Automobil- oder Telekommunikationsbranche stellen einerseits aufgrund ihrer finanziellen Macht für die kleineren Szeneunternehmen besonders in der Reifephase sehr reizvolle Kooperationspartner dar, andererseits werden derartige Kooperationen von dem Szenekern meist aufgrund der damit einhergehenden Kommerzialisierung als negativ empfunden.

„*Als wir zum ersten Mal eine Anzeigen-Doppelseite von einem Autohersteller in unserem Magazin gebracht haben, hatten wir eine Flut an Leserbriefen, in denen sich die Leute darüber aufgeregt haben, was uns denn jetzt eigentlich einfällt, die Seele des Snowboardens an den Kom-*

[473] Interview mit Unternehmen D.
[474] Interview mit Unternehmen C.

merz zu verkaufen. (...) Die Szene ist da sehr sensibel für so etwas. (...) Im schlimmsten Fall verliert man dadurch seine Glaubwürdigkeit."[475]

Obwohl die großen AFG-externen Markenartikler nicht den besten Ruf in der Snowboardszene genießen, wurde in den Interviews von der Mehrheit der Befragten die Bedeutung dieser Unternehmen für die AFG-Entwicklung als sehr hoch eingestuft. Durch deren finanzielles Engagement in den unterschiedlichsten Bereichen haben sie den Snowboardsport in seiner Entwicklung deutlich gefördert.

„*Im Grunde können wir froh sein, dass diese Firmen das Geld in unseren Markt stecken und nicht in den Fußball oder andere Sportarten. Die kleinen Snowboardfirmen haben ja nicht das Geld, um große Snowparks oder Contest-Serien zu finanzieren.*"[476]

Bei der Wahl der Kooperationspartner ist daher immer zwischen schlagkräftigen Partnern aus dem Mainstreambereich und authentischen Partnern aus dem Szenebereich abzuwägen. Eine wichtige Rolle spielt dabei nach Meinung der Experten, dass Szeneunternehmen auch bei einem Wachstum über die Szenegrenzen hinaus nie ihren Ursprung vergessen und ihren Wurzeln treu bleiben.

„*Wenn du im Core-Bereich nicht mehr ernst genommen wirst, dann steht das ganze Gerüst auf ziemlich wackeligen Beinen. Es ist wichtig, dass du als Person und als Firma deinen Prinzipien immer treu bleibst, dass du nie vergisst, wie du angefangen hast und warum du angefangen hast. Das musst du weiter verfolgen. Und dennoch musst du mit den Großen kooperieren, um weiter wachsen zu können. Man muss also zweigleisig fahren.*"[477]

[475] Interview mit Unternehmen B.
[476] Interview mit Unternehmen C.
[477] Interview mit Unternehmen A.

> *„Als große Firma musst du immer beide Seiten ansprechen und das ist eine Gratwanderung, die nicht immer ganz einfach ist."*[478]

Auch in Bezug auf die Koordinationsform der Kooperationen sind Unterschiede zwischen Szene und Mainstream festzustellen. Während Kooperationen im Szenebereich überwiegend auf Vertrauensbasis stattfinden, dienen im Mainstreambereich vornehmlich Verträge und Kapitalbeteiligungen als Koordinationsform.

> *„In der Snowboardszene laufen die Kooperationen ganz anders als im übrigen Business: über persönliche Kontakte, Vertrauen und mündliche Absprachen. Das ist etwas ganz anderes, als auf Vertragsparagraphen zu verweisen."*[479]

> *„Das meiste läuft auf Vertrauens- bzw. Freundschaftsbasis und ohne Vertrag. Der Nachteil davon ist natürlich, dass oft sehr schlampig und zu wenig ins Detail kommuniziert wird und dann keiner mehr genau weiß, was eigentlich ausgemacht wurde. Aber so ist das in der Snowboardszene eben. Da gibt es nicht viel Schriftliches."*[480]

> *„Also in der Snowboardszene wird das alles sehr locker gehandhabt. Da läuft sehr viel über Freundschaften und auf der persönlichen Ebene. Wenn man mit größeren Unternehmen kooperieren will, gibt es natürlich schon Verträge an die man gebunden ist, das ist dann nicht mehr ganz so locker. (...) Wenn man mit solchen Firmen ins Geschäft kommen will, geht das nicht nur auf der freundschaftlichen und mündlichen Ebene, da sind schriftliche Absprachen und Verträge unausweichlich."*[481]

[478] Interview mit Unternehmen I.
[479] Interview mit Unternehmen B.
[480] Interview mit Unternehmen E.
[481] Interview mit Unternehmen C.

7.2 Fazit der empirischen Ergebnisse

Die Befragungen zeigen deutlich, dass sich die Gestaltung des Kooperationsportfolios entsprechend der gewählten Netzwerkstrategie im Zeitverlauf ändert. In der unsicheren Initialphase wird ein breitgefächertes Portfolio an Kooperationspartnern aus vorwiegend schwachen Beziehungen aufgebaut (Exploration von Realoptionen), um je nach Marktentwicklung flexibel zwischen den jeweiligen Partnern wechseln zu können. Mit sinkender Marktunsicherheit und steigendem Konkurrenzrisiko kommt es dann insbesondere in der Reifephase zu einer exploitativen Intensivierung ausgewählter Kooperationen, was mit einer Reduzierung der Redundanz des Kooperationsportfolios einhergeht. Die Unternehmen passen ihr Kooperationsportfolio damit der AFG-Entwicklung und der jeweiligen Risiko- bzw. Unsicherheitssituation der entsprechenden Entwicklungsphasen an.

Die Bedeutung von Kooperationen nimmt im Verlauf der AFG-Entwicklung deutlich zu. Kooperationen werden dabei nicht nur eingesetzt, um sich gegen die steigende Konkurrenz behaupten zu können, sondern auch, um mit vereinten Kräften einem nach der Reifephase rückläufigen oder stagnierenden Markt wieder neuen Schwung zu verleihen bzw. gemeinsam einem drohenden Marktsterben entgegenzuwirken. Die Zunahme der Intensität der Kooperationen kommt dabei nicht nur in einer Ausweitung der vertraglichen und kapitalmäßigen Verflechtungen, sondern auch in verstärkt längerfristig angelegten vertrauensvollen Partnerschaften zum Ausdruck.

Bei einer detaillierteren Betrachtung des Kooperationsportfolios lässt sich feststellen, dass sich das Verhältnis von horizontalen, vertikalen und lateralen Kooperationen im Zeitverlauf ändert. Dabei nimmt der Anteil vorwiegend nachgelagerter vertikaler Kooperationen im Laufe der Entwicklung zu. Auch der Anteil lateraler Kooperationen mit AFG-externen Unternehmen steigt im Zuge der Mainstreamentwicklung deutlich an. Horizontale Partnerschaften sind im Snowboardmarkt dagegen eher selten. Eine Zusammenarbeit in den Bereichen Forschung und Entwicklung kommt, wenn überhaupt, nur zu Beginn der Initialphase im Sinne der gemeinsamen Marktentwicklung zum Einsatz, solange die Gefahr eines Know-How-Verlustes und eines damit verbundenen wirtschaftlichen Nachteils noch als gering eingestuft wird. Im Gegensatz zu anderen Märkten, in denen sich Unternehmen derselben Wertschöpfungsstufe in Zeiten stagnierenden Marktwachstums und zunehmender Konkurrenz in strategischen Allianzen zusammenschließen, sind im Snowboardmarkt auch in der Reifephase horizontale Kooperationen die Ausnahme. Der Grund hierfür wird u.a. in der starken Image- und Markenorientierung der AFG gesehen. Snowboarder wollen sich durch den Konsum bzw. den Gebrauch diverser Marken von anderen Mitgliedern oder auch Nicht-Mitgliedern abgrenzen und ihre Individualität zum Ausdruck bringen. Durch horizontale Kooperationen werden die einzelnen Marken verwässert und verlieren damit für den Konsumenten an Individualität und Abgrenzungspotenzial.

Die zuvor erläuterte Gratwanderung zwischen Szene und Mainstream spiegelt sich auch in der Gestaltung der Kooperationsnetzwerke wider. Um im Rahmen einer koevolutionären Entwicklung mit der AFG wachsen zu können, sind die Unternehmen gezwungen, ihre Fokussierung auf die Szene zunehmend um Partnerschaften mit großen und finanzkräftigen Unternehmen aus dem Mainstreambereich zu erweitern. Der Nachteil einer Kooperation mit Mainstreamunternehmen besteht jedoch darin, dass damit meist ein Imageschaden bzw. ein Authentizitäts- und Glaubwürdigkeitsverlust in der Szene verbunden ist. Um diesen Imageschaden zu minimieren, ist im Zuge der Mainstreamerweiterung eine gleichzeitige Intensivierung der Szenekooperationen notwendig. Dieser strategische Spagat zwischen Szene- und Mainstreamkooperationen wirkt sich auch auf die Machtbasis der Gestaltungsstrategie des fokalen Unternehmens aus. Während Mainstreamkooperationen ihren Gestaltungseinfluss vornehmlich auf einer negativen Machtausübung gründen (Gebundenheit, Kontrolle von Ressourcenströmen und -zugängen), basiert der Gestaltungseinfluss von Szenekooperationen primär auf positiver Macht (Verbundenheit, Authentizität, Image, Vertrauen, Loyalität etc.).

7.3 Handlungsempfehlungen für die strategische Ausgestaltung der Kooperationsnetzwerke

7.3.1 Initialphase

7.3.1.1 Explorativer Aufbau eines Kooperationsportfolios

In der Initialphase gilt es, durch Networking auf vorwiegend persönlicher Ebene ein Portfolio an potenziellen Kooperationspartnern auf- bzw. auszubauen, mit Hilfe dessen sich das Unternehmen an die dynamischen Marktbedingungen einer spezifischen AFG anpassen kann. Ein derartiges Kooperationsportfolio sollte sowohl eine hohe Varietät besitzen, d.h. sehr breit gestreut sein, als auch in Bezug auf die jeweiligen Partner eine hohe Redundanz aufweisen. Um die Flexibilität des Unternehmens in der risikoreichen Initialphase sicherzustellen, sollte die Koordinationsform der Kooperation primär marktliche und weniger hierarchische Züge tragen. Damit ist nicht-vertraglichen Bindungen der Vorzug zu geben. Vertragliche und kapitalmäßige Bindungen sind in dieser frühen Entwicklungsstufe nicht empfehlenswert, da sie die Reaktionsschnelligkeit verlangsamen und das Eingehen anderer Kooperationen verhindern können.

7.3.1.2 Strukturelle Ausgestaltung des Kooperationsportfolios

Kooperationen mit Unternehmen der gleichen Wertschöpfungsstufe entfalten als sog. Y-Allianzen ihre Stärke insbesondere in dem Zusammenschluss der Stärken der kooperierenden Unternehmen, um gegenüber der Konkurrenz Kosten- oder Machtvorteile zu generieren. Aufgrund der in der Initialphase noch sehr schwach ausgeprägten Konkurrenzsituation erscheinen horizontale Kooperationsformen daher als risikoreduzierende Kooperationsform wenig geeignet. Dennoch sind gemeinsame Aktionen und der intensive und offene Austausch von Informationen zwischen Unternehmen derselben Wertschöpfungsstufe besonders in der Entstehungsphase einer Szene bzw. AFG sehr wichtig. Erst durch diese Interaktionen können sich einheitliche Normen, Codes und Schemata ausbilden, auf deren Grundlage sich eine homogene Szene entwickeln und ein eindeutig definierter Markt entstehen kann.

Snow/Miles/Coleman betonen die Notwendigkeit eines hohen Outsourcinggrads von Unternehmensaktivitäten, um flexibler auf dynamische Marktanforderungen reagieren zu können und so die Effektivität der unternehmerischen Aktivitäten zu erhöhen.[482] Mit der Auslagerung von Wertschöpfungsaktivitäten stellt sich jedoch gleichsam die Frage nach der langfristigen Sicherstellung des benötigten Inputs bzw. der erforderlichen Absatzwege und damit nach dem Grad der vertikalen Integration. Der Grad der vertikalen Integration ist umso höher, je größer die Eigentumsrechte eines Unternehmens und dessen Kontrolle über vor- und nachgelagerte Wertschöpfungsstufen sind.[483] Die Integration vor- oder nachgelagerter Wertschöpfungsstufen ist eine strategische Entscheidung, die, einmal getroffen, nicht kurzfristig korrigiert werden kann. Intensive und vertraglich langfristig festgelegte, vertikale Kooperationen sollten daher in der Initialphase nur in geringem Maße eingegangen werden. Auch die Länge der Supply-Chains, d.h. die Anzahl der Unternehmen entlang der Wertschöpfungskette, mit denen ein fokales Unternehmen direkt kooperiert, sollte möglichst gering gehalten werden, da die Komplexität der damit verbundenen Netzwerkkoordination mit jeder zusätzlichen Schnittstelle steigt. Solange keine Kernkompetenzen ausgelagert werden und die Vernetzungen mit den Unternehmen, die diese Aktivitäten übernehmen, überschaubar und vorwiegend unverbindlich bleiben, stellen partielle vertikale Kooperationen jedoch eine sinnvolle Kooperationsform in der Initialphase dar, die eine flexible Unternehmensentwicklung ermöglicht.

Anders als horizontale oder vertikale Kooperationen beziehen sich laterale Kooperationen nicht auf die gleichen sondern auf unterschiedliche Wertschöpfungsstufen, Branchen oder Märkte. Damit ermöglichen sie den kooperierenden Unternehmen den Zugang zu Informationen und Ressourcen außerhalb ihrer jeweiligen Tätigkeitsfelder, was insbesondere in der sehr unsicheren Initialphase zu einer objektiveren und fundierteren Einschätzung der künftigen AFG-Entwicklung beitragen kann. Solange das Risiko einer negativen Entwicklung der fokussierten AFG besteht, sich diese also nicht wie erhofft zu einem zeitlich

[482] Vgl. Snow/Miles/Coleman 1992, S. 6 ff.
[483] Vgl. Grant/Nippa 2006, S. 491.

stabilen Markt mit ökonomisch relevanter Größe entwickeln könnte, sind laterale Kooperationen dabei nicht nur auf Unternehmen einer bestimmten AFG zu beschränken. Die wirkungsbezogene Risikoreduktionsfunktion kommt besonders dann zur Geltung, wenn Optionen für einen schnellen Wechsel zwischen unterschiedlichen AFGs offen gehalten werden.

Der in der unsicheren Initialphase zu etablierende Kooperationspool sollte sich damit vorwiegend aus vielfältigen, redundanten und losen (nicht-vertraglichen) Sondierungsallianzen auf horizontaler, vertikaler und lateraler Ebene zusammensetzen, die geringe Investitionen erfordern und jederzeit intensiviert, aber auch beendet werden können. In Abbildung 24 wird dieser Poolaufbau grafisch veranschaulicht.

Abbildung 24: Aufbau eines Kooperationspools

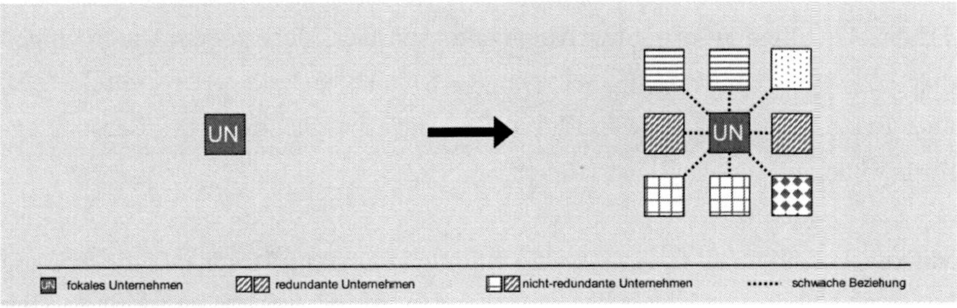

Quelle: Eigene Erstellung.

7.3.2 Wachstumsphase

7.3.2.1 Auswahl und Intensivierung von Primärbeziehungen

Mit einer im Zuge der Wachstumsphase sinkenden Umfeldunsicherheit und dem damit einhergehenden fließenden Wechsel von einer Anpassungs- zu einer Gestaltungsstrategie gilt es, einige ausgewählte Realoptionen des Kooperationsportfolios auszuüben und durch eine Intensivierung dieser Netzwerkbeziehungen den Einfluss auf das Unternehmensumfeld schrittweise zu erhöhen. Eine Intensivierung der interorganisationalen Beziehungen geht mit einer Erhöhung transaktionsspezifischer Investitionen einher. Um diese Investitionen gegen eventuelles opportunistisches Verhalten der Kooperationspartner abzusichern, ist eine über vertragliche oder kapitalmäßige Bindungen koordinierte Kooperationsform als geeigneter anzusehen, als eine reine marktliche Koordination. Aufgrund der im Laufe der Wachstumsphase steigenden Konkurrenz der AFG-Unternehmen dient eine über langfristige Verträge oder Kapitalbeteiligungen gefestigte Unternehmensbeziehung auch dazu, sich strategisch wichtige Kooperationspartner zu sichern und diese nicht an konkurrierende Unternehmen zu verlieren. Die in der Initialphase noch häufig als kurzfristige und unverbindliche Projektnetzwerke geführten Kooperationen sollten daher in der Wachstumsphase verstärkt durch langfristig orientierte strategische Partnerschaften abgelöst werden. Je weiter die Unsicherheit bezüglich der künftigen AFG-Marktentwicklung sinkt und je stärker der Wettbewerb im Laufe der Wachstumsphase wird, umso wichtiger werden hierarchische Koordinationselemente im Rahmen von Kooperationen.[484] Sie ermöglichen die Erhöhung des Einflusses auf das Verhalten auserwählter Kooperationspartner, sichern dem Unternehmen den Zugang zu strategisch wichtigen Ressourcen und erlauben indirekt, z.B. über Exklusivverträge, eine Einflussnahme auf bzw. Kontrolle des Ressourcenflusses konkurrierender Unternehmen.

Mit zunehmendem AFG-Wachstum kommt es zu einem Auseinanderdriften von Szene und Mainstream. Für die Unternehmen gilt es, diese Entwicklung in der koevolutionären Ausgestaltung ihrer Kooperationsnetzwerke widerzuspiegeln, d.h. es müssen ebenso Kooperationen mit Mainstreamunternehmen, als auch mit Szeneunternehmen verstärkt werden.

7.3.2.2 Strukturelle Ausgestaltung des Kooperationsportfolios

Der in der Initialphase übliche und für die Grundsteinlegung des AFG-Wachstums notwendige offene Austausch zwischen Unternehmen derselben Wertschöpfungsstufe verliert in der Wachstumsphase an Bedeutung. Horizontale Kooperationen sind einerseits in Zeiten starken Marktwachstums nicht immer

[484] Vgl. Picot/Reichwald/Wigand 2001, S. 204 ff und S. 271 ff.

notwendig, um sich weiterzuentwickeln bzw. am Markt behaupten zu können. Auf der anderen Seite sind in dieser Phase das eigene Know-how aufzubauen und Kernkompetenzen zu entwickeln, die es gegen die zunehmende Konkurrenz zu verteidigen gilt. Mit horizontalen Kooperationen ist nicht nur die Gefahr eines Informations- bzw. Know-how-Verlustes verbunden, sondern auch der Verlust an struktureller Autonomie. Um einen Wettbewerbsvorsprung gegenüber der Konkurrenz herauszuarbeiten sind Kooperationen auf dieser Ebene daher unterzugewichten.

Die in der Wachstumsphase anzustrebende Erhöhung des Umfeldeinflusses mittels Intensivierung des Beziehungsgeflechtes, ist bei vertikalen Kooperationen durch eine Ausweitung des Einflusses auf Partnerunternehmen entlang der Wertschöpfungskette zu erreichen. Diese Ausweitung des Einflusses betrifft einerseits die Länge und Breite der Supply-Chain, d.h. die Anzahl der an dem Wertschöpfungsprozess beteiligten Unternehmen, andererseits aber auch die Intensität dieser Kooperationen. Damit entwickelt sich das Beziehungsnetzwerk der vertikal kooperierenden Unternehmen zu multilateralen, komplexen Netzwerken die oft auch als strategische Allianz langfristig angelegt und von einem fokalen Unternehmen gesteuert werden können. Aus fokaler Sicht sind die direkten Zulieferer vertraglich enger an das Unternehmen zu binden, um die zur Produktion notwendigen Ressourcen in Bezug auf deren Menge, Preis und Lieferzeiten langfristig zu sichern. Auf der nachgelagerten Abnehmerseite sind Kooperationen mit z.B. Händlern oder Vertriebspartnern ebenfalls vertraglich zu festigen, um den benötigten Absatz zu garantieren. Diese Intensivierung der vertikalen Kooperationen kann im Extremfall bis zu einer exklusiven Partnerschaft und einer damit verbundenen wirtschaftlichen Abhängigkeit von bestimmten Zulieferern oder Abnehmern führen. Mit der zunehmenden Verzahnung arbeitsteiliger Wertschöpfungsprozesse unterschiedlicher Unternehmen nimmt die Bedeutung eines unternehmensübergreifenden Managements dieser Zulieferer-Abnehmer-Prozesse zu (Supply-Chain-Management). Unter Supply-Chain-Management ist die Planung, Steuerung und Kontrolle des Leistungsflusses innerhalb eines Netzwerkes von Unternehmen zu verstehen, die in sukzessiven Stufen der Wertschöpfung partnerschaftlich zusammenarbeiten.[485] „Das Ziel von Supply-Chain-Management ist die möglichst effiziente Abwicklung von operativen, planenden und ausführenden Prozessen. Im Gegensatz zur Innovation gestaltet Supply-Chain-Management nichts Neues, sondern multipliziert klar definierte Leistungen und versucht, die Effekte der Economies of Scale gewinnbringend einzusetzen. Das Streben nach Effizienz erreicht Supply-Chain-Management i.d.R. über eine hohe Integrationsstufe in der Koordination seiner wohlstrukturierten Prozesse."[486] Die fokale Steuerung eines vertikalen Allianznetzwerks und damit der Einfluss auf die Struktur und Performance kann u.a. durch die „Verbesserung des Kommunikationsflusses bzw. der Installation eines mehr Transparenz zwischen den Stufen der Wertkette schaffenden Informationssystems"[487] unterstützt werden. Bei der Wahl der vertikalen Kooperationen ist insbesondere im Bereich der Händler auf einen angemessenen Mix aus volumenorientierten Mainstream- und individualitätsorientierten Szenepartnern zu achten.

Mit dem AFG-Wachstum kommt es auch zu einer Zunahme der Branchenvielfalt bzw. zu einer Ausdifferenzierung der bestehenden Branchen und damit zu einer Komplexitätssteigerung der Interaktionsstrukturen innerhalb der AFG. Um im Rahmen der Koevolution seinen Gestaltungseinfluss weiter zu verstärken, ist das Unternehmen gefordert, diese Komplexität im fokalen Kooperationsportfolio widerzuspiegeln und sich damit auf vielfältigste Weise in die Netzwerkstrukturen der AFG zu integrieren. Neben der internen Brachenzunahme steigen aufgrund der zunehmenden wirtschaftlichen Attraktivität der AFG im Laufe der Wachstumsphase auch immer mehr AFG-externe Unternehmen in den Markt ein. Aufgrund dieser Entwicklungen der AFG-Branchenstruktur steigt die Bedeutung von lateralen Kooperationen.

Die Größe des Kooperationsportfolios, d.h. die Anzahl der Kooperationspartner, ist entsprechend dem Marktwachstum zu erhöhen. Als regulierender Faktor stehen dabei jedoch die Ressourcen des Unternehmens (Mitarbeiter, Zeit, Geld etc.) einem uneingeschränkten Portfoliowachstum gegenüber. Da aufgrund

485 Vgl. Hahn 2002, S. 1064.
486 Fleisch 2001, S. 167.
487 Sydow/Windeler 2000, S. 12.

dieser Ressourcenbeschränktheit weder die Anzahl noch die Intensität der Kooperationen beliebig steigerbar sind, gewinnt im Zuge der Konzentration auf einzelne, intensive Primärbeziehungen (egal ob horizontaler, vertikaler oder lateraler Art) die Bewertung und Auswahl der zur Erreichung der Unternehmensziele geeigneten Kooperationspartner großes Gewicht. Mit Blick auf die intendierte Gestaltungsstrategie sollten dabei insbesondere Branchen im Kooperationsportfolio abgedeckt werden, die als Kernbranchen der AFG (vgl. Kapitel 2.3.3) maßgeblich an der Entwicklung dieses sozioökonomischen Netzwerks und dessen zugrunde liegender Szene beteiligt sind. In Abbildung 25 wird die Intensivierung ausgewählter Kooperationen veranschaulicht.

Abbildung 25: Intensivierung ausgewählter Kooperationen

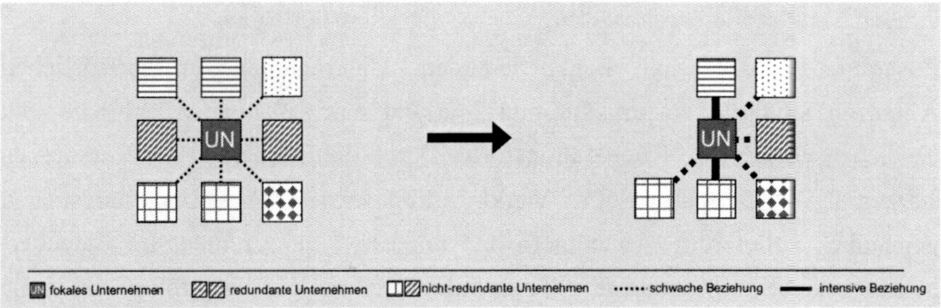

Quelle: Eigene Erstellung.

7.3.3 Reifephase

7.3.3.1 Integration ausgewählter Partner

In der Reifephase kommt es früher oder später zu einem Ende des Marktwachstums und damit zu einer Verschärfung des Wettbewerbs um die knappen Marktanteile. Nach Snow/Miles/Coleman eignen sich in derartigen Umfeldbedingungen in erster Linie hierarchisch koordinierte Strukturen, um ein effizientes und kostengünstiges Wirtschaften zu ermöglichen.[488] Die in der Wachstumsphase auserwählten Kooperationen sind daher in der Reifephase

[488] Vgl. Snow/Miles/Coleman 1992, S. 6 ff.

nicht mehr nur durch eine Erhöhung der Interaktionshäufigkeit und des Interaktionsumfangs zu intensivieren, sondern zunehmend auch durch eine Erhöhung der vertraglichen und kapitalmäßigen Bindungen zu verstärken. Ab einem gewissen Grad der vertraglichen und kapitalmäßigen Verflechtung der Unternehmen ist jedoch nicht mehr von einer hierarchisch koordinierten Kooperation zu sprechen, sondern von einer Integration, d.h. einer reinen hierarchischen Koordinationsform (z.B. bei einer Mehrheitsbeteiligung). Systemtheoretisch argumentiert muss in diesem Fall nicht mehr durch Anreize von außen die Selbstorganisation der Systeme (Kooperationspartner) indirekt angeregt werden, sondern es kann aufgrund der teilweisen oder kompletten Verschmelzung der Systeme von innen direkt gelenkt werden.

7.3.3.2 Strukturelle Ausgestaltung des Kooperationsportfolios

Zusammenschlüsse von konkurrierenden Unternehmen in strategischen Allianzen sind in hart umkämpften Märkten eine oft unausweichliche und überlebensnotwendige Kooperationsform. Durch die Bündelung der Ressourcen stärken die Allianzpartner ihre Marktposition sowie ihre Verhandlungsmacht gegenüber Zulieferern, Abnehmern und anderen Konkurrenten. Im Innenverhältnis erlaubt eine derartige Allianz auf derselben Wertschöpfungsstufe eine Optimierung der Auslastungsverteilung zwischen den strategischen Partnern. Aufgrund des starken Individualisierungsdrangs der AFG-Konsumenten ist bei diesen horizontalen Allianzen jedoch darauf zu achten, dass sie vornehmlich nicht auf der Markenebene stattfinden, um eine Homogenisierung oder Verwässerung der Markenlandschaft zu vermeiden. Will ein Unternehmen nicht nur die Skaleneffekte und Verbundvorteile nutzen, welche sich aus strategischen Allianzen ergeben, sondern seine Umsätze auf gesättigten Märkten weiter steigern, gilt es, Marktanteile z.B. durch Übernahmen von oder Fusionen mit konkurrierenden Unternehmen zu gewinnen.

Wie auf horizontaler Ebene, so sind auch auf vertikaler Ebene die Primärbeziehungen weiter zu intensivieren. Einerseits ist dies möglich, indem beispielsweise Exklusivverträge mit Zulieferern oder Abnehmern geschlossen werden und damit die Ressourcenströme der Konkurrenz indirekt beeinflusst werden können. Andererseits können durch ein verstärktes Insourcing der in den vorangegangenen Phasen ausgelagerten Wertschöpfungsprozesse weitere Effizienzvorteile generiert werden.

Strategisches Ziel in der Reifephase sollte es somit sein, das Unternehmen mittels Intensivierung der bestehenden horizontalen und vertikalen Allianzen sowie durch eine verstärkte Übernahme von Unternehmen oder Unternehmensteilen in eine zentrale Marktposition zu bringen, um durch das Schaffen von ökonomischen und rechtlichen Abhängigkeiten den Einfluss auf konkurrierende und kooperierende Unternehmen auszuweiten (vgl. Abbildung 26).

Abbildung 26: Integration ausgewählter Partner

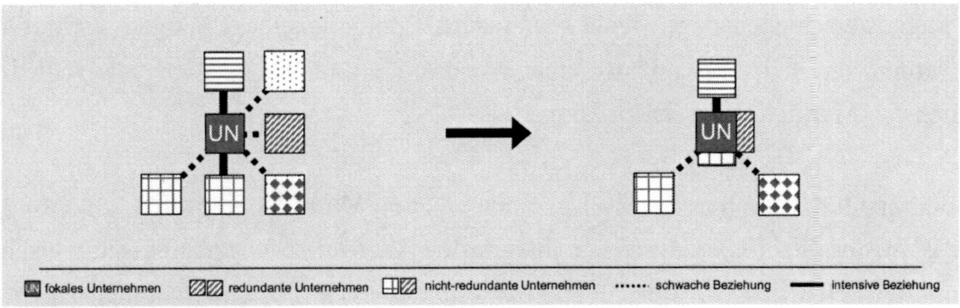

Quelle: Eigene Erstellung.

7.3.4 Sterbephase

7.3.4.1 Flexibilisierung des Kooperationsportfolios

Mit der Gefahr eines Absterbens des AFG-Marktes, in dem das Unternehmen etabliert ist, schlägt der stabilisierende Effekt einer in der Reifephase forcierten effizienz- und gestaltungsorientierten Intensivierung der Netzwerkbeziehungen in ein riskantes Gefangensein in komplexen und statischen Strukturen um. Eine weitere Intensivierung der bestehenden Kooperationen sollte daher unterbleiben. Aus Flexibilitätsgesichtspunkten ist in der Sterbe- bzw. Degenerationsphase die strategische Konzentration auf den bisherigen Markt schrittweise aufzugegeben bzw. um eine Ausrichtung auf neue Märkte zu ergänzen. Das bestehende Kooperationsportfolio ist somit um neue, AFG-übergreifende, lockere Beziehungen im Sinne von Sondierungsbeziehungen zu erweitern. Aufgrund der mit einem Marktwechsel einhergehenden hohen Unsicherheiten sollte eine Koordination dieser neuen Beziehungen vornehmlich marktliche, kooperative und weniger hierarchische Züge tragen.

7.3.4.2 Strukturelle Ausgestaltung des Kooperationsportfolios

Wie in der Initialphase können auch in der Sterbephase horizontale Kooperationen nur in geringem Maße zur Risikoreduzierung beitragen. Aufgrund der Vernetzung mit Unternehmen derselben Wertschöpfungsstufe erlangen die Unternehmen vorrangig Zugang zu redundanten Ressourcen. Mit Sicht auf eine marktliche Neuorientierung sollte das bestehende homogene Allianzportfolio durch verschiedenartige, nicht-redundante Sondierungsbeziehungen erweitert werden, um sich in der Phase einer Neuorientierung flexibel den unterschiedlichsten Märkten anpassen zu können.

Bei einem eventuellen Wechsel in einen anderen Markt ist zu prüfen, inwieweit die in der Stabilisierungsphase integrierten Wertschöpfungsstufen strategisch und wirtschaftlich von Vorteil sind bzw. sein könnten. Die Unternehmensaktivitäten, bei denen sich kein eindeutiger Vorteil oder Nutzen hinsichtlich der Marktanforderungen der potenziellen neuen AFGs erkennen lässt, sind auszugliedern, um die interne Flexibilität zu erhöhen.

Im Gegensatz zu horizontalen und vertikalen Kooperationen, die sich auf Unternehmen derselben absterbenden AFG beziehen, können laterale Beziehungen den Markteintritt in neue AFGs ermöglichen bzw. erleichtern und sollten daher sukzessive aufgebaut werden (Exploration neuer Ressourcen). Abbildung 27 veranschaulicht den Aufbau eines neuen, flexibleren Kooperationspools.

Abbildung 27: Aufbau eines neuen Kooperationspools

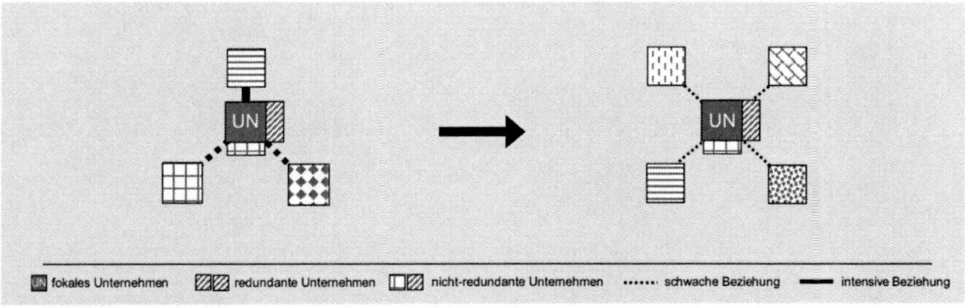

Quelle: Eigene Erstellung.

Nachdem in Kapitel sieben die Evolution einer risikoreduzierenden Netzwerkgestaltung auf der Ebene von Unternehmenskooperationen diskutiert wurde, soll im Folgenden die Umsetzung der Anpassungs- und Gestaltungsstrategie auf der Ebene der Konsumentenbeziehungen näher untersucht werden. Im Zentrum steht dabei die Frage, welche Rolle die Vernetzung eines Unternehmens mit seiner Zielgruppe für die angestrebte Koevolution spielt und wie die Integration in die Strukturen einer AFG realisiert werden kann.

8 Koevolutionäre Gestaltung der fokalen Konsumentennetzwerke

8.1 Empirische Ergebnisse

Für eine koevolutionäre Entwicklung von Unternehmen und AFG ist nach einstimmiger Meinung der befragten Experten eine Integration des Unternehmens in die Interaktions- und Kommunikationsstrukturen der AFG unerlässlich. Ein passives Orientieren an den Kundenbedürfnissen und das Offerieren entsprechend bedarfsgerechter Produkte wird als nicht hinreichend erachtet, um sich langfristig im Snowboardmarkt behaupten zu können. Eine rein auf Anpassung und Flexibilität ausgelegte Netzwerkstrategie, wie sie bei der Gestaltung des Kooperationsportfolios insbesondere in Zeiten hoher Unsicherheit als sinnvoll erachtet wird, halten die Gesprächspartner auf Seiten der Kundenbeziehungen nicht für erfolgversprechend. Das Leisten eines Beitrages zur Entwicklung der Szene bzw. der AFG und damit die aktive Gestaltung der Marktstrukturen wird unabhängig von der AFG-Entwicklungsphase und der damit zusammenhängenden Risikosituation als zentraler Erfolgsfaktor gesehen.

> *„Der Grundgedanke eines Snowboardunternehmens sollte es sein, die Szene und den Snowboarder zu unterstützen.“*[489]

> *„Wenn du dich als Marke in diesem Markt etablieren willst, musst du etwas für den Sport tun, d.h. du musst aktiv gestalten. Wenn du nichts für die lokalen Szenen oder den Sport an sich tust, hast du verloren. So einfach es auch klingt, aber man muss einfach die Community unterstützen, um sich am Snowboardmarkt erfolgreich behaupten zu können.“*[490]

Möglichkeiten, diesen Entwicklungsbeitrag zu leisten, sehen die Experten u.a. in:

- dem Sponsoring von Teamfahrern: Snowboardprofis dienen der Szene sowie der gesamten AFG als Orientierungs- und Bezugspunkte. Sie gelten nicht nur

[489] Interview mit Unternehmen H.
[490] Interview mit Unternehmen I.

als sportlicher Maßstab, sondern meist auch als Trendsetter in Sachen Mode und Lifestyle. Durch die finanzielle und organisatorische Unterstützung dieser Idole leistet ein Unternehmen damit nicht nur direkt, sondern auch indirekt einen Beitrag zur AFG-Entwicklung.

- dem Installieren, Betreiben oder Sponsern von Snowparks: Snowparks dienen als Treffpunkte für lokale Szenen und stellen heutzutage einen elementaren Bestandteil einer snowboardaffinen Wintersportdestination dar. Durch das Bereitstellen dieser Snowparks steht den Snowboardern einerseits eine Trainingsanlage zur Verfügung, auf der die sportlichen Fähigkeiten weiterentwickelt werden können. Andererseits dienen Snowparks als soziale Plattformen, auf denen die Interaktion und Kommunikation der Snowboarder verdichtet stattfindet.
- dem Austragen oder Sponsern von Events: Ebenso wie Snowparks stellen Events Plattformen dar, auf denen es zu einer Verdichtung der Interaktionsmuster kommt. Events, die meist auch in Snowparks stattfinden, haben neben ihrer AFG-internen Kommunikationsfunktion auch eine entsprechende Öffentlichkeitswirkung, die im Laufe der Marktentwicklung immer häufiger auch die AFG-Grenzen überschreitet und damit entscheidenden Einfluss auf das Image des Snowboardens hat.

Bei diesem Entwicklungsbeitrag ist zu beachten, dass er nicht nur einer kleinen ausgewählten Szene-Elite, sondern im Sinne einer Basis- oder Grundlagenarbeit auch der breiteren Masse zugute kommen sollte. Es muss erkennbar sein, dass durch diesen Beitrag des Unternehmens dem Sport etwas zurückgegeben werden soll und nicht nur z.B. die prestigeträchtigen Events aufgrund ihrer entsprechenden Medienwirkung als Werbeplattform genutzt werden. Wenn damit ein vordergründig wirtschaftlicher Ansatz verbunden ist, reagiert die AFG schnell mit Reaktanz.

> *„Die Szene ist sehr sensibel für solche Trittbrettfahrer. Wer es nicht wirklich ernst mit dem Sport meint, fliegt schnell auf und hat keine Chance, in dem Markt Fuß zu fassen.“*[491]

[491] Interview mit Unternehmen D.

Wichtig für eine erfolgreiche Integration in die Beziehungsstrukturen der AFG ist dabei, dass sich der zu leistende Entwicklungsbeitrag nicht nur auf eine breit gestreute finanzielle Beteiligung beschränkt. Eine ernst gemeinte Unterstützung erfordert ein umfassendes Engagement auf wirtschaftlicher, organisatorischer und persönlicher Ebene sowie eine projektbezogene Adaption bzw. individuelle Ausgestaltung dieses Engagements.

> *„XY[492] hat ein schlechteres Image in dem Bereich, denn die verteilen ihre Autos nach dem Gießkannenprinzip, um einfach überall dabei zu sein. (...) Wir hatten wie viele andere auch einen Deal mit XY, den ich allerdings beendet habe, weil ich diese Grundeinstellung nicht mag. Mir ist bei einem Kooperationspartner wichtig, dass er wirklich motiviert ist, etwas zu bewegen. (...) Ich habe oft den Eindruck, als würden die einfach nur die Taschen aufmachen und Geschenke verteilen. Die kaufen sich damit in den Markt ein, tragen sonst aber nichts zu dessen Entwicklung bei."*[493]

Neben der Wahl der geeigneten Integrationsstellen, der Intensität und inhaltlichen Ausgestaltung der Unterstützung kommt die Ernsthaftigkeit eines Entwicklungsbeitrages vor allem in der Langfristigkeit und Kontinuität der Partizipation zum Ausdruck. In den Interviews wurde deutlich, dass eine einmalige und nur vorübergehende Netzwerkbeteiligung keinen positiven Einfluss auf ein authentisches Szene-Image hat. Ziel der Partizipation sollte es nach Meinung der Experten sein, durch einen permanenten Beitrag zum AFG-Geschehen als gleichwertiges und authentisches Mitglied der AFG akzeptiert zu werden. Einmalige Aktionen können jedoch nicht nur keinen positiven Effekt, sondern sogar einen negativen Effekt haben. Insbesondere große Markenartikler, die von anderen Märkten kommend in den Snowboardmarkt einsteigen wollen, machen häufig den Fehler, zu viel in zu kurzer Zeit bewegen zu wollen.

> *„Viele übertreiben es da einfach. Es gibt Marken, die versuchen, sich mit einem riesigen finanziellen Budget möglichst schnell in den Markt einzu-*

[492] Der Name des Autoherstellers wurde aus Datenschutzgründen verändert.
[493] Interview mit Unternehmen A.

kaufen. So etwas funktioniert aber im Snowboarden nicht. Die Leute lassen sich da nicht überrumpeln. Wer als Eroberer oder Besatzer auftritt ist sofort unten durch.“[494]

„Man muss als Unternehmen dem Sport etwas zurückgeben und weitere Anreize schaffen. Ganz nach dem Motto: Geht es dem Sport gut, geht es auch uns gut. Und da muss man eben langfristiger denken.“[495]

Dieses aktive Unterstützen der und Teilhaben an der AFG-Entwicklung darf jedoch nicht als direkte Marktbeeinflussung verstanden werden, mit der ein Unternehmen die Marktentwicklung lenken oder seinen Interessen entsprechend gestalten kann. Im Rahmen einer Netzwerkpartizipation bzw. -integration können nur Anreize oder Impulse für eine Entwicklung, die auf dem Zusammenspiel aller Interaktionen der AFG-Mitglieder beruht, gegeben werden. Eine Gestaltungsstrategie basierend auf einer negativen Machtausübung, wie sie im Rahmen von Unternehmenskooperationen üblich ist, halten die Experten daher auf der Ebene der Kundenbeziehungen für nicht zielführend. Gestaltung kann nur im Sinne eines Mitgestaltens durch einen intensiven Dialog zwischen gleichberechtigten Mitgliedern einer AFG geschehen.

„Ganz wichtig ist da ein Dialog in beide Richtungen. Man kann eben nicht diktieren. (...) Wenn du denkst du bist der Beste und meinst, du könntest den Leuten sagen, wo es lang geht, hast du schon verloren.“[496]

Eine Intensivierung der Kundenbeziehungen ist daher auch nicht durch eine dem Kunden auferlegte, unfreiwillige, über Vertrags- oder Kostenstrukturen geregelte Gebundenheit, sondern primär durch eine auf Vertrauen und Loyalität basierende freiwillige Verbundenheit zu erreichen. Entscheidend für eine vertrauensvolle Beziehung zwischen Unternehmen und AFG sind die Glaubwürdigkeit sowie das szenekonforme und authentische Auftreten des Unternehmens. Grundlage einer derartigen Authentizität ist das Beherrschen der

[494] Interview mit Unternehmen C.
[495] Interview mit Unternehmen I.
[496] Interview mit Unternehmen I.

szeneeigenen Ausdrucks- und Verhaltensschemata wie Sprache, Bekleidung, Konsum- und Freizeitverhalten etc. Bereits an dem Adaptieren oder Imitieren dieser Codes und Schemata, z.B. im Produktdesign oder der grafischen Gestaltung der Kommunikationsmittel, scheitern nach Auffassung der Experten die meisten Unternehmen, die ihren Ursprung in anderen Märkten haben. Die korrekte Anwendung der Ausdrucks- und Verhaltensschemata wird einerseits als Grundvoraussetzung für einen erfolgreichen Markteinstieg gesehen, andererseits halten die Interviewpartner eine rein äußerliche Anpassung an die AFG mit Blick auf eine Intensivierung der Kundenbeziehungen für nicht ausreichend. Um eine Authentizität zu erlangen, die auch einer tiefergehenden Kundenbeziehung standhalten soll, ist neben einer Integration des Unternehmens in die AFG auch eine Integration der AFG und deren Kultur in das Unternehmen notwendig.

> *„Natürlich muss sich das Unternehmen in die Szene einbringen und den Sport fördern. Allerdings wird das auch nur dann funktionieren, wenn das Unternehmen selber offen für die Szene und deren Kultur ist. Das ist einfach ein Geben und Nehmen, da muss man sich zwangsläufig öffnen.“*[497]

Eine der wichtigsten Maßnahmen der Szeneintegration ist das Einbinden von Szenemitgliedern als Mitarbeiter in das Unternehmen. Mit Ausnahme der befragten DMO (Destination Marketing Organisation) sind nahezu alle Mitarbeiter der befragten Unternehmen Snowboarder, die sich mit der AFG bzw. dem Lifestyle dieses Sports identifizieren. Diese Mitarbeiter verleihen dem Unternehmen und der Marke die notwendige Authentizität und Glaubwürdigkeit. Je nach Stellung bzw. Engagement der Mitarbeiter in der AFG spielen diese Personen zudem eine wichtige Rolle als Lieferant von zielgruppenrelevantem Marktwissen.

> *„Im Sommer laufen hier alle in Shorts und Badeschlappen rum und kommen mit dem Skateboard ins Büro. Und im Winter fragen sich alle, wie sie möglichst schnell aus dem Büro raus und auf den Berg kommen, um*

[497] Interview mit Unternehmen I.

snowboarden zu können. Am Wochenende ist sowieso jeder snowboarden, ganz klar. Da ist einfach sehr viel Leidenschaft dabei. Solche Mitarbeiter sind wichtiger als jedes Marktforschungsinstitut. Unsere Leute sind einfach in der Szene und wissen daher ganz genau, wie sich der Markt entwickelt. Und nur so kommst du auch als Unternehmen authentisch rüber, das ist ganz wichtig."[498]

„Es ist uns auch ganz wichtig, dem Kunden klar zu machen, wer hinter der Marke steckt. Dass wir eben nicht irgendwelche Schlipsträger sind, die einfach nur versuchen Profit zu machen, sondern dass wir hier alle Snowboarder sind, die einfach geile Snowboards bauen wollen. Das ist im Snowboardbereich ganz wichtig, weil die Leute für so etwas ganz sensibel sind."[499]

Neben den eigenen Mitarbeitern haben insbesondere die von einem Unternehmen gesponserten Snowboardprofessionals eine große Bedeutung für die Integration der AFG. Die Mehrzahl der befragten Unternehmen unterhält ein eigenes Team aus Fahrern, die in der Regel über einen hohen Bekanntheitsgrad in der AFG verfügen, als Bezugspersonen für die AFG fungieren, ein hohes Ansehen in der AFG genießen und damit einen starken Einfluss auf die Imagebildung des Unternehmens haben. Sie können als Schnittstellen oder Bindeglieder zwischen Unternehmen und AFG bezeichnet werden. Einerseits repräsentieren sie das Unternehmen gegenüber der AFG und andererseits repräsentieren sie die AFG gegenüber dem Unternehmen. Der hohe Stellenwert dieser Teamfahrer für ein Unternehmen ist jedoch nicht nur auf deren Imagefunktion beschränkt, sondern bezieht sich auch auf deren Beitrag für die Produktentwicklung. Insbesondere die befragten Snowboardhersteller nutzen ihre Teamfahrer als Testfahrer und legen großen Wert auf deren Urteil. Das Feedback der Fahrer beschränkt sich dabei nicht nur auf die qualitativen Fahreigenschaften der Boards, sondern auch auf deren Akzeptanz in der AFG.

[498] Interview mit Unternehmen I.
[499] Interview mit Unternehmen A.

„Unsere Teamfahrer sind sehr wichtig für uns. Die testen nicht nur unsere Boards auf deren Fahreigenschaften, sondern die können uns auch sagen, wie die Boards draußen in der Szene ankommen. Dieses Feedback ist ganz wichtig.“[500]

Eine Integration der AFG in das Unternehmen kann sich jedoch nicht nur auf eine rein vertragliche oder organisatorische Einbindung einzelner AFG-Mitglieder beschränken. Ohne eine kulturelle Öffnung wird eine derartige Integration über kurz oder lang scheitern. Insbesondere große Unternehmen, die in den Snowboardmarkt einsteigen wollen, haben oft Probleme, das Lockere, Legere und Idealistische der AFG mit ihrer etablierten Unternehmenskultur zu verbinden. Häufig kommt es dabei zu Spannungen zwischen der Managementebene und den zu integrierenden Mitarbeitern, die ihren Ursprung in der AFG haben.

„Da prallen oft Welten aufeinander. Es geht eben nicht, dass ich der ausgeflippte, freakige Snowboarder und gleichzeitig der wirtschcftlich orientierte Geschäftsführer von einem Unternehmen bin. Ich hab Verantwortung meinen Mitarbeitern und Kunden gegenüber und kann mich nicht bei jedem Event kaputt schießen. Aber klar, dieser Spagat ist nicht ganz einfach.“[501]

„Das Problem ist, Mitarbeiter zu finden, die sowohl eine Managementkarriere, als auch eine Karriere als Snowboardprofi vorweisen können. Dahinter stecken einfach zwei komplett verschiedene Lebensmuster, die nur schwer miteinander zu vereinbaren sind.“[502]

Eine Partizipation an dem AFG-Geschehen, d.h. eine Integration in die Interaktions- und Kommunikationsstrukturen der AFG sowie die Integration der AFG-Mitglieder und deren Kultur in das Unternehmen, sind Voraussetzung, um im Rahmen eines koevolutionären Prozesses gestaltend auf die AFG einwirken

[500] Interview mit Unternehmen C.
[501] Interview mit Unternehmen F.
[502] Interview mit Unternehmen B.

zu können. Besonders in der Stagnations- bzw. Degenerationsphase scheint eine derart intensive Integration in die AFG Snowboard und der damit einhergehende Aufbau eines authentischen Snowboard-Images jedoch hinderlich für ein AFG-übergreifendes Wachstum. Die Ausweitung der Unternehmenstätigkeiten auf andere AFGs wird von den Experten, ebenso wie die in Kapitel 7.1 erläuterte Ausdehnung von einer reinen Szenefokussierung auf eine breitere Mainstreamorientierung, als anspruchsvolle Gratwanderung bezeichnet. Die auf ein authentisches Markenimage bedachten Snowboarder zeigen sehr schnell ein reaktantes Verhalten, wenn ein Unternehmen aus rein kommerziellen Gründen sein Engagement auf andere Märkte ausweitet. Daher ist entscheidend, dass einerseits, wie zuvor bereits erwähnt, die angestammte AFG nicht vernachlässigt wird und andererseits die neuen AFGs thematisch bzw. in Bezug auf deren Image nicht zu weit von der ursprünglichen AFG entfernt sind.

> *„Burton macht z.B. beides, die engagieren sich jetzt verstärkt im Surf- und Skateboardbereich, übernehmen dort starke Szenemarken und steigern so ihren Umsatz. Gleichzeitig stecken sie aber auch viel Geld in die Nachwuchsförderung im Snowboardbereich. Solange man also seine Wurzeln nicht vergisst, ist so eine Erweiterung kein Problem.“*[503]

Da sich das Snowboarden aus der Skater- und der Surfer-Szene entwickelt hat, ist ein Wechsel zwischen diesen AFGs bzw. ein gleichzeitiges Engagement in diesen AFGs, wie die Praxis zeigt, durchaus möglich. Ein Einstieg in entferntere AFGs, wie z.B. dem Inline-Skaten, scheint dagegen weniger erfolgversprechend, wie das Beispiel Atomic zeigt. 1995 stieg Atomic mit seiner damals sehr erfolgreichen Snowboardmarke Oxygen in den Inline-Skate-Markt ein und scheiterte u.a. an den zu heterogenen und nicht zu vereinbarenden Szene-Images der beiden Märkte.

> *„Das hat sich einfach geschnitten und das gesamte Image des Unternehmens hat darunter gelitten. (...) Danach war es mit Oxygen vorbei.“*[504]

[503] Interview mit Unternehmen D.
[504] Interview mit Unternehmen E.

8.2 Fazit der Empirischen Ergebnisse

In den Experteninterviews wurde deutlich, dass die Orientierung an den Marktbedürfnissen und Trends einerseits die Grundlage für einen erfolgreichen Markteinstieg darstellt, andererseits aber nicht ausreichend ist, um sich langfristig in szenebasierten Märkten behaupten zu können. Sobald sich ein Unternehmen für ein längerfristiges Engagement auf einem AFG-Markt entscheidet, ist die reaktive Orientierung um eine proaktive Partizipation in der AFG und das Leisten eines Entwicklungsbeitrages für diese AFG zu ergänzen, d.h. die Unternehmen müssen aktiver Bestandteil der AFG werden und sich in die Interaktions- und Kommunikationsstrukturen der AFG integrieren. Für die koevolutionäre Ausgestaltung der Beziehungsnetzwerke bedeutet dies, dass eine Anpassungsstrategie nur in der Initialphase der AFG-Entwicklung als sinnvolle Option gelten kann, solange sich noch keine einheitlichen, zu adaptierenden Codes und Schemata identifizieren lassen und sich noch keine klaren Strukturen herausgebildet haben, in die sich ein Unternehmen integrieren kann. Entsprechend dem auf der Systemtheorie basierenden Bezugsrahmen der vorliegenden Arbeit konnte damit bestätigt werden, dass eine proaktive Gestaltung der AFG-Entwicklung nur von innen, als Teil des AFG-Systems möglich ist.

Die empirischen Ergebnisse zeigen auch, dass eine derartige proaktive Gestaltung nicht mittels negativer Machtausübung geschehen darf. Das Ziel muss es vielmehr sein, ein authentisches Image aufzubauen, welches eine emotionale Verankerung in den Handlungs-, Deutungs- und Ausdrucksschemata der AFG ermöglicht und dadurch die Bereitschaft der Konsumenten steigt, sich von dem Unternehmen beeinflussen oder lenken zu lassen. Zudem sind durch das Leisten der Entwicklungsbeiträge sowie das Schaffen entsprechender Rahmenbedingungen Impulse für die vom Unternehmen intendierte Evolution der AFG zu setzen.

In den Gesprächen wurde darüber hinaus auch deutlich, dass neben der partizipativen Integration des Unternehmens in die Strukturen der AFG auch eine Integration der AFG in die Strukturen des Unternehmens erfolgen muss. Dies entspricht der Grundlage des theoretischen Bezugsrahmens, wonach eine

Koevolution nur durch eine wechselseitige Beeinflussung interagierender Systeme möglich ist. Unternehmen haben damit im Rahmen einer Gestaltungsstrategie nicht nur die Möglichkeit, in die Struktur und die Entwicklung der AFG aktiv einzugreifen und diese zu beeinflussen, sondern müssen sich gleichsam der AFG kulturell und strukturell öffnen, d.h. sich durch diese beeinflussen lassen.

8.3 Handlungsempfehlungen für die strategische Ausgestaltung der fokalen Affinity-Group-Konsumentennetzwerke

8.3.1 Initialphase

8.3.1.1 Orientierung am Kunden

Zu Beginn der durch Unsicherheit geprägten Initialphase gilt es, sich flexibel an die Marktanforderungen anzupassen. Diese Anpassung basiert auf einer Orientierung an den Bedürfnissen, Ansprüchen und Wünschen der Kunden, welche sich in dieser Phase erst ausbilden und mit der Zeit konkretisieren. Die Bedürfnisse der Kunden bzw. der Szene sind daher kontinuierlich qualitativ und quantitativ zu erfassen, zu interpretieren, zu bewerten und in Unternehmensleistungen umzusetzen.[505] Als Kundenorientierung kann somit die organisationsweite Generierung von Marktwissen über gegenwärtige und künftige Kundenbedürfnisse, die abteilungsübergreifende Verbreitung dieses Wissens sowie die organisationsweite Fähigkeit, hierauf zu reagieren, bezeichnet werden.[506] „Dabei heißt Wissen über den Kunden nicht, die absolute Wahrheit über ihn erkannt zu haben, sondern in einer gegebenen Situation Wege und Möglichkeiten zu finden, um seine Bedürfnisse besser erfüllen zu können, als die Konkurrenz."[507] Nach Kotler/Bliemel leitet sich der Zweck eines Unternehmens aus seinem Umfeld ab, dem es dient. „Es verfolgt die Veränderungen in seinem Umfeld samt den sich bietenden Chancen und passt sich daran an."[508] Kundenorientierung beschränkt sich damit nicht auf das Generieren von Markt- und Kundenin-

---

[505] Vgl. Bruhn 2006, S. 37.
[506] Vgl. Diller/Haas/Ivens 2005, S. 80.
[507] Handlbauer/Renzl 2006, S. 152.
[508] Kotler/Bliemel 1999, S. 263.

formationen. Kundenorientierung meint die konsequente und kontinuierliche Ausrichtung aller Unternehmensaktivitäten und -strukturen auf den Kunden und dessen Bedürfnisse.[509] Papmehl spricht daher auch von einem allumfassenden „Absolute Customer Care".[510] Diese konsequente Kundenorientierung sollte grundsätzlich in allen Unternehmensbereichen und -aktivitäten stattfinden, jedoch darf zu Beginn der Initialphase aus Flexibilitätsgründen keine normative, strategische oder operative bedingungslose Abhängigkeit entstehen. Um im Falle einer negativen bzw. unvorteilhaften Entwicklung der AFG die Kundenorientierung schnell auf andere AFGs und deren Bedürfnisse ausrichten zu können, sind die entsprechenden Kundenbeziehungen als Weak-Ties, d.h. eher extensiv als intensiv, zu gestalten. Der Forderung nach einem breiten und vielfältigen AFG-Wissen ist durch ein breitgefächertes Beziehungsportfolio Rechnung zu tragen, d.h. die Informationsquellen bzw. Orientierungspunkte sollten überwiegend nicht-redundant sein.

8.3.1.2 Orientierung des Kunden

Ebenso, wie die Unternehmen in der Initialphase erst Wissen über die AFG und die Bedürfnissen der potenziellen Kunden aufbauen müssen, so verfügen auch die Kunden bzw. Konsumenten Anfangs nur über sehr wenig Informationen bezüglich der Unternehmen und deren Produkte. Den Konsumenten fehlt es an Vergleichs- und Erfahrungswerten sowie an den notwendigen Kommunikationsplattformen, um sich mit anderen Konsumenten auszutauschen. Auch die Beurteilungskriterien, anhand derer Unternehmen und deren Leistungsangebote von den Konsumenten bewertet werden, sind nicht klar formuliert. Aufgabe der Unternehmen sollte es in dieser Phase daher sein, den Konsumenten durch das Kommunizieren eindeutiger Informationen, das Bereitstellen bedürfnisgerechter Produkte sowie durch ein affinitätskonformes Handeln Orientierung zu geben. „Statt hinter dem Käufer herzuhetzen, ihn wahllos mit Angeboten zu überhäufen und damit zu desorientieren, gilt es, gezielt Wissen aufzubauen, um ihm beratend zur Seite stehen zu können."[511] Kundenorientierung sollte damit nicht

509 Vgl. Bruhn 2006, S. 37; Handlbauer/Hinterhuber/Matzler 1998, S. 35.
510 Vgl. Papmehl 1998.
511 Handlbauer/Renzl 2006, S. 148.

nur als eine Orientierung *am* Kunden sondern auch als Orientierung *des* Kunden verstanden werden.[512] Kundenorientierung wirkt einer beiderseitigen Orientierungslosigkeit oder Desorientierung entgegen und verringert damit sowohl das Unsicherheitsrisiko des Unternehmens wie auch der Kunden (vgl. Abbildung 28). Damit legen die Unternehmen den Grundstein einer in der Wachstumsphase relevanten Marktgestaltung.

Abbildung 28: Desorientierung und Orientierung von Unternehmen und Kunden

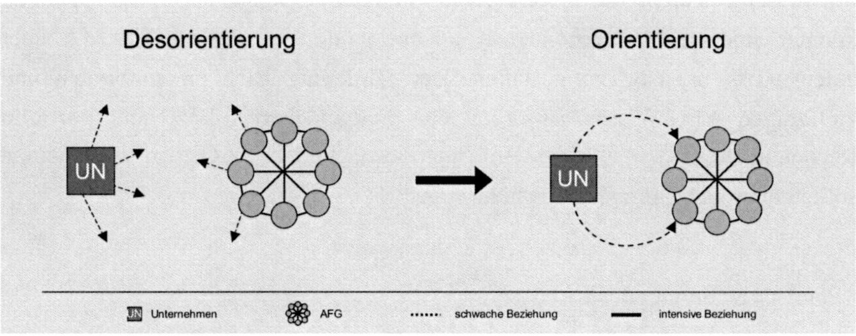

Quelle: Eigene Erstellung.

Erst gegen Ende der Initialphase, wenn die Zukunftsunsicherheit abnimmt, ist die Kundenorientierung von einer primär auf die Wissensgenerierung fokussierten Strategie auf eine tiefgreifendere Unternehmensausgestaltung auszuweiten. Mit zunehmender Kundenorientierung rückt das Unternehmen immer näher an die avisierte AFG heran, spezialisiert seine Leistungen (Produktangebot, Zusatzleistungen, Service etc.) zunehmend und passt seine dafür notwendigen internen wie externen Strukturen, Prozesse und Ressourcen entsprechend an. Die Beziehungen zu den Kunden sind zu intensivieren und wandeln sich durch eine Erhöhung der Interaktionshäufigkeit sowie des Interaktionsumfangs sukzessive von Weak-Ties zu Strong-Ties (vgl. Abbildung 29).

512 Vgl. Handlbauer/Renzl 2006, S. 148.

Abbildung 29: Intensivierung der Kundenorientierung

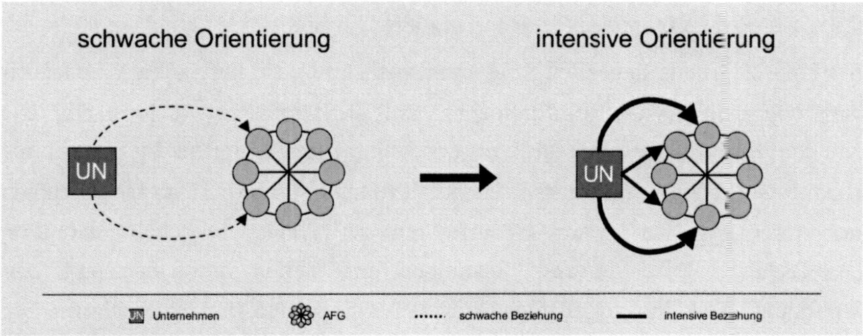

Quelle: Eigene Erstellung.

Je konsequenter und tiefgreifender die Kundenorientierung im Unternehmen umgesetzt wird und je enger die Beziehungen zu den Kunden bzw. zur AFG an sich sind, umso mehr steigt jedoch auch die Abhängigkeit des Unternehmens von dieser Zielgruppe. Diese Abhängigkeit kommt sehr deutlich in dem häufig zitierten Leitspruch der Kundenorientierung zum Ausdruck: „Der Kunde ist König." Damit wären die Unternehmen, um bei diesem Beispiel zu bleiben, lediglich Untergebene oder Erfüllungsgehilfen in einer Monarchie der Konsumenten und würden lediglich dem Zwecke der Bereitstellung optimaler Produkte dienen.[513]

Wird Kundenorientierung demnach als ein möglichst schnelles und bedürfnisgerechtes Reagieren auf das Verhalten und die Bedürfnisse der Kunden verstanden, führt eine Intensivierung dieser Kundenorientierung nur zu weiterer Abhängigkeit. Eine aktive, im Sinne des Unternehmens zielorientierte Beeinflussung und Gestaltung des Marktgeschehens, wie sie in der Wachstumsphase notwendig wird, ist durch eine derartige Kundenorientierung nicht möglich.

[513] Handlbauer/Renzl 2006, S. 147.

8.3.2 Wachstumsphase

8.3.2.1 Von der Orientierung zur Integration

Nach der zugrunde liegenden Strukturationstheorie stellt bereits die Kundenorientierung eine gewisse Einflussnahme auf die Umfeldentwicklung dar. Die Kunden beeinflussen die Struktur der Unternehmen, indem sie bestimmte Bedürfnisse äußern und entsprechende Produkte fordern. Die Unternehmen orientieren sich an diesen Bedürfnissen der AFG, entwickeln daraufhin entsprechende Produkte und Leistungen und stellen diese der AFG zur Verfügung. Mit dieser Leistungsbereitstellung spannen die Unternehmen den Handlungsspielraum (bezogen auf das Konsumverhalten) für die AFG auf. Durch die Inanspruchnahme dieser Leistungen wird die Bedürfnisstruktur der AFG modifiziert und stellt so wiederum einen neuen Orientierungspunkt für die Unternehmen dar.

Diese Einflussnahme mittels Bereitstellung spezifischer Leistungen ist jedoch als reaktive und indirekte Beeinflussung zu verstehen, deren Richtung und Umfang durch den Kunden bestimmt wird. Fordert der Kunde nicht bestimmte Problemlösungen, kommt es auch zu keiner Reaktion der Unternehmen. Ziel der Gestaltungsstrategie während der Wachstumsphase ist es jedoch, das Umfeldrisiko durch ursachebezogene Maßnahmen, d.h. durch zielgerichtete Einflussnahme, aktiv zu reduzieren und durch das Setzen eigener Impulse den Koevolutionsprozess zwischen Unternehmen und AFG zielgerichtet zu gestalten. Dies bedeutet, ein Unternehmen sollte nicht nur *reaktives,* sondern vor allem *proaktives* Element dieser Strukturationsprozesse sein.

Neben der fehlenden proaktiven Ausrichtung der Unternehmensaktivitäten ist ein weiterer Nachteil der Kundenorientierung in der Positionierung der Unternehmen zur AFG zu sehen. Die Kundenorientierung betrachtet die Kunden im wahrsten Sinne des Wortes als „Ziel"-Gruppe, d.h. als entferntes Ziel, welches mit spezifisch gestalteten Produkten „getroffen" werden muss. Damit steht das kundenorientierte Unternehmen außerhalb und kann nur versuchen, über die Intensivierung der Marktforschung in die Zielgruppe hineinzuschauen.

„Der jüngste Trend in der Kundenforschung heißt Customer Insight. Das Unternehmen, das einen tieferen Einblick (deutsch für „insight“) in die Bedürfnisse, Wahrnehmungen, Vorlieben und Verhaltensweisen der Kunden gewinnt, hat im Wettbewerb die Nase vorne.“[514] Wer jedoch „in“ etwas blickt, der ist damit gleichsam „außerhalb“ von dem, in das er blickt. Da eine Gestaltung und Steuerung von autopoietischen Systemen von außen jedoch nur schwer möglich ist, muss sich der Standpunkt ändern, von dem aus die Zielgruppe betrachtet, analysiert und gestaltet werden soll. Direkten Einfluss auf die Entstehung und Entwicklung von Strukturen sozialer Systeme können nur diejenigen Akteure nehmen, die auch Teil dieser Systeme sind.[515] Um ein soziales System wie eine AFG proaktiv gestalten zu können, genügt es daher nicht, sich von außen an der AFG zu orientieren. Die Unternehmen sind vielmehr gefordert, sich in die AFG einzubringen und von innen heraus, als gleichwertiges AFG-Mitglied zu agieren (vgl. Abbildung 30).

Abbildung 30: Integration

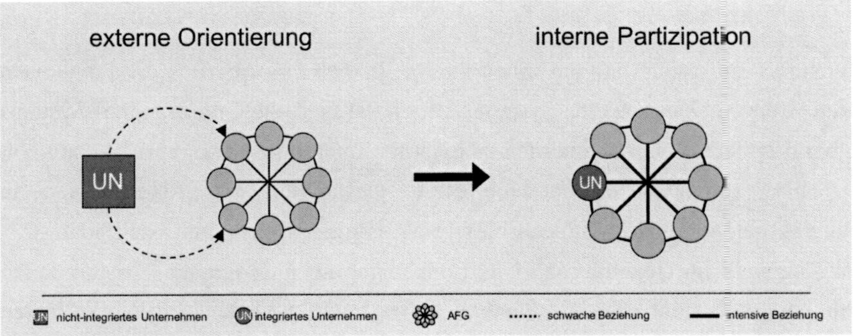

Quelle: Eigene Erstellung.

Eine Integration in die Zielgruppe ist nur möglich, wenn es sich um eine soziale Gruppe handelt, d.h. um real existierende Beziehungsnetzwerke von Konsumenten. Bei einer Definition der Zielgruppe als theoretisches Konstrukt, als formale

514 Kotler 2005, S. 44.
515 Vgl. Herzog 2006, S. 82 f.

Zusammenfassung von Individuen mit identischen demografischen oder sozioökonomischen Merkmalsausprägungen, fehlen diese Beziehungsstrukturen, womit auch eine Integration nicht möglich ist. Die Definition der Zielgruppe als AFG, d.h. als szenebasierte, soziale Gruppe von Gleichgesinnten, die durch vielfältige Orientierungs-, Vergleichs- und Informationsprozesse miteinander in Beziehung stehen, macht eine Integration hingegen nicht nur möglich, sondern fordert diese auch. In der Definition der AFG werden Unternehmen und Kunden als gleichberechtigte und einander bedingende Elemente ein und derselben Gruppe gesehen (vgl. Kapitel 2.3.2).

Es bleibt somit festzuhalten, dass eine Kundenorientierung, wie sie in der Initialphase aus Flexibilitätsgesichtspunkten sinnvoll ist, folgende Erweiterungen erfahren muss, um in der Wachstumsphase zielgerichtet Einfluss auf das Umfeld nehmen zu können:

- Von reaktivem Orientieren zu proaktivem Partizipieren
- Von externem Reagieren zu internem Proagieren
- Von einem statistischen zu einem sozialen Zielgruppenverständnis.

Wenn es ein Außen und ein Innen gibt, stellt sich unweigerlich die Frage nach den Grenzen eines sozialen Systems. Ulrich definiert die Grenzen eines Systems über das Verhältnis von internen zu externen Interaktionen. Er spricht dann von einem System, „wenn innerhalb dieser Gesamtheit ein größeres Maß an Interaktionen und Beziehungen besteht als von der Gesamtheit nach außen.“[516] Willke stellt im Gegensatz zu Ulrich nicht nur auf die Menge an Interaktionen ab, sondern betont auch die Qualität dieser Interaktionen. Nach Willke lassen sich Grenzen eines sozialen Systems dann erkennen, „wenn sich eine Menge von Interaktionen von anderen Interaktionen abgrenzen lässt, indem aufgrund von Sinnkriterien zwischen dazugehörigen und nicht-dazugehörigen Interaktionen unterschieden wird.“[517] Nach Luhmann entstehen Systemgrenzen dadurch, dass sich ein System selbst beobachtet, definiert und sich damit selbst eine eigenständige Identität kreiert. Als Umwelt ist demnach all das zu verstehen,

[516] Ulrich 1968, S. 108.
[517] Willke 1978, S. 229.

was nicht durch diese so definierte Identität erfasst wird.[518] Das System erhält damit nach innen eine charakteristische Struktur und nach außen eine Grenze. Diese Systemgrenze ist jedoch nicht physischer Natur, sondern stellt eine soziale Konstruktion dar, die zu einer bewusst konstituierten Differenz zwischen System und Umwelt führt.[519]

Während bei einigen sozialen Systemen, wie z.B. der Skinhead-Szene, sehr scharfe Grenzen das System von der Systemumwelt trennen, existieren bei der AFG Snowboard keine eindeutigen Trennlinien zwischen Innen und Außen. Wie in Kapitel 2.3.2 beschrieben, stellt eine AFG ein Kontinuum zwischen einem losen netzwerkförmigen Publikum (AFG-Rand) und einer stark interagierenden Szene (AFG-Kern) dar. Je weiter man in den Kern einer AFG vordringt, umso mehr verdichten sich die Kommunikations- und Interaktionsgeflechte und umso mehr nimmt der Gruppencharakter (insbesondere der Primär- und Bezugsgruppencharakter) der Netzwerkstruktur zu.

Die Szene stellt die treibende Kraft und den zentralen Orientierungspunkt der AFG dar (vgl. Kapitel 2.3.2). Je mehr Einfluss ein Unternehmen auf die AFG ausüben will, umso mehr muss es sich damit in die Szene integrieren.[520] Eine Beschränkung auf die Steigerung der Beziehungsintensität durch eine Erweiterung von Interaktionsfrequenz, -umfang und -tiefe reicht nicht aus, um als gleichwertiges Mitglied der Szene angesehen zu werden und damit Einfluss auf deren Entwicklung nehmen zu können. Die kommunikative und interaktive Vernetzung mit der AFG ist durch die Adaption der spezifischen „Verhaltensweisen, Attribuierungen, Codes, Signale, Embleme, Zeremonien, Attitüden, Wissensbestände, Relevanzen, Fertigkeiten“[521] der AFG möglich. „Volle Teilhabe bzw. Mitgliedschaft allerdings lässt sich erst durch Aneignung und kompetente Anwendung szenetypischen Kultur-Know-hows (sowie durch eine bedingt originelle Stilisierung des eigenen Handelns im Rahmen szenekonsen-

[518] Vgl. Luhmann 1984, S. 26.
[519] Vgl. Schreyögg 1999, S. 95; Thode 2003, S. 21-22.
[520] Blau betont in seiner frühen Definition von Integration den sozialen Aspekt und meint damit die Aufnahme neuer Mitglieder in eine bestehende Gruppe. Vgl. Blau 1964, S. 33 ff.
[521] Hitzler/Bucher/Niederbacher 2005, S. 22.

sueller Verhaltensmuster) erreichen."[522] Nach Schulz ist eine derartige Integration als „berechtigtes Hineinwachsen" zu verstehen.[523] Damit wird auch deutlich, dass ein Wechsel von einer flexiblen Anpassungsstrategie zu einer intensiven Gestaltungsstrategie nicht kurzfristig erfolgen kann. Auch kann diese Integration nicht erkauft werden. Das Unternehmen ist gefordert, sich nach und nach durch szenetypisches Verhalten als gleichwertiges Gruppenmitglied zu beweisen und zu etablieren.[524]

Mit zunehmender Integration in die sozialen Interaktionsstrukturen der AFG löst sich das Unternehmen aus seiner „Untergebenenstellung" und geht mit seiner Zielgruppe eine symbiotische Partnerschaft ein, deren Ziel es ist, die AFG gemeinsam immer neu zu definieren, weiterzuentwickeln und in gleichem Maße von dieser Koevolution zu profitieren.[525] „Koevolution heißt, über die eigenen Grenzen hinaus gemeinsam in die Zukunft zu denken."[526] In einer derartigen Koevolution sind Unternehmen und Kunden zugleich „Lehrende und Lernende, Gebende und Nehmende".[527]

Der Wechsel von der Orientierung zur Integration darf nicht zu spät erfolgen. Wenn die AFG bereits zu weit in ihrer Entwicklung fortgeschritten ist, können sich gewisse Strukturen, Standards und Verhaltensweisen etabliert haben, die auch durch eine proaktive Gestaltungsstrategie eines Unternehmens nur schwer zu verändern sind. Ein frühzeitiges Partizipieren an den koevolutionären Gruppenprozessen der Szene ist daher ratsam. Ein allgemeingültiger, optimaler Zeitpunkt für den Strategiewechsel existiert jedoch nicht. Vielmehr muss auch hier jedes Unternehmen aufgrund der eigenen Risikoneigung, des Gestaltungspotenzials und der potenziellen First-Mover-Vorteile eine individuelle Entscheidung treffen.

---

[522] Hitzler/Bucher/Niederbacher 2005, S. 22.
[523] Vgl. Schulz 2005, S. 221.
[524] In der Literatur findet sich als Synonym für diese soziale Integration auch der Begriff der „Interfusion". Vgl. Förster/Kreuz 2006, S. 152; Göbel 2003, S. 63; Gerken 1992, S. 111 ff.
[525] Prykop 2005, S. 304. Die Verfolgung eines gemeinsamen Ziels als Element einer Integration und Koevolution wird in der Literatur häufig betont. „Die Ausrichtung auf ein gemeinsames Ziel ist notwendige Voraussetzung der Integration." Thode 2003, S. 34. Vgl. auch Reiss 1996, S. 295.
[526] Von den Eichen et al. 2006, S. 487.
[527] Von den Eichen et al. 2006, S. 488.

8.3.2.2 Von der subjektiven zur objektiven Integration

Die Integration in eine AFG kann von zwei unterschiedlichen Standpunkten aus betrachtet werden: aus der Sicht des Unternehmens (subjektive Integration) und aus der Sicht der AFG (objektive Integration). Die subjektive Integration bezieht sich auf das ideelle Zugehörigkeitsempfinden des Unternehmens zu einer AFG (vgl. dazu die Ausführungen zur Eigengruppe in Kapitel 2.2.2). Polpin spricht in diesem Zusammenhang von einem „deep sense of belonging to a significant, meaningful group".[528] Dieses Zugehörigkeitsempfinden basiert auf einer Identifikation mit der Szenekultur und deren Werten, Normen und Idealen und kommt in dem szenespezifischen Involvement des Unternehmens zum Ausdruck.

Das Involvement dient zur Charakterisierung des Interesses und der Hinwendung eines Unternehmens zur AFG bzw. deren Szene. So handelt es sich bei einer kognitiv oder emotional intensiven Hinwendung zu einer AFG um hohes Involvement, während zufällige oder aus kurzfristigen Zweckmäßigkeiten eingegangene Beziehungen durch niedriges Involvement gekennzeichnet sind.[529] Foscht/Swoboda definieren Involvement als „die Ich-Beteiligung, das innere Engagement, mit dem sich ein Individuum einem Sachverhalt oder einer Aufgabe widmet."[530] Involvement kann auch als Aktivierungsgrad oder Motivstärke bezeichnet werden.[531] Mit Bezug auf die Relevanz des Involvements für die Integration hält Prykop fest: „Je regelmäßiger und intensiver ein Akteur an den Szeneaktivitäten teilnimmt und je mehr er sich für die Szene interessiert, desto stärker ist er in der Szene involviert und desto schneller erfolgt das Erlernen der essenziellen Fähigkeiten und die Integration."[532] Das Involvement eines Unternehmens lässt sich u.a. anhand der Sponsoringaktivitäten, der werblichen Präsenz, der Teilnahme an Events und Messen, der Austragung eigener Events oder der Übernahme verschiedener Ämter in Verbänden oder Vereinen bemessen.

---

[528] Polpin 1979, S. 6.
[529] Vgl. Diller/Haas/Ivens 2005, S. 107.
[530] Foscht/Swoboda 2007, S. 122.
[531] Vgl. Trommsdorff 2004, S. 48.
[532] Prykop 2005, S. 49.

Mit der Unterscheidung zwischen einer Mitgliedschaftsgruppe und einer Eigengruppe (vgl. Kapitel 2.2.2) kann ein Unternehmen durch eine Erhöhung des Involvements und der Präsenz innerhalb der AFG den Grad seiner nominellen Mitgliedschaft in seiner Zielgruppe erhöhen. Ein rein subjektives Zugehörigkeitsempfinden ist eine notwendige Bedingung einer umfassenden Integration. Um zu einem gleichwertigen Mitglied der AFG bzw. Szene zu werden und diese damit zur Eigengruppe zu machen, bedarf es darüber hinaus jedoch vor allem einer objektiven Integration, d.h. der Akzeptanz des Unternehmens innerhalb der Szene.[533] Um eine objektive Akzeptanz innerhalb der AFG zu erreichen, sind u.a. folgende Aspekte zu beachten:

- Eine Akzeptanz hängt maßgeblich davon ab, ob sich Netzwerkpartner gegenseitig als ähnlich wahrnehmen.[534] Auf dieser Grundlage kann das Streben nach einer objektiven Zugehörigkeit zu einer AFG nur durch die Kenntnis sowie die konforme Adaption der relevanten Deutungs-, Ausdrucks- und Handlungsschemata realisiert werden. So ist beispielsweise zur Angleichung an die AFG Snowboard eine andere Sprache zu verwenden als bei der AFG der Golfer. Auch das Design der Produkte oder der Kommunikationsmittel muss eine AFG-spezifische Ausgestaltung erfahren, um bei der AFG auf Akzeptanz zu stoßen.[535] Diese Adaption der Schemata und Zeichencodes darf sich jedoch nicht auf ein reines Kopieren der äußeren Erscheinungsformen beschränken, sondern muss als kompetente Anwendung AFG-spezifischen Kultur-Know-hows verstanden werden.[536] "Nur wer sich glaubwürdig und szenekorrekt verhält, hat auch eine Chance, akzeptiert zu werden."[537]
- Die Anwendung des Kultur-Know-hows und damit die Adaption der Deutungs-, Ausdrucks- und Handlungsschemata müssen authentisch sein, d.h. sie müssen einerseits konsistent erfolgen und andererseits auf einer

[533] In Abbildung 30 kommt diese objektive Integration durch den Wechsel von einer rechteckigen Unternehmensdarstellung zu einer kreisförmigen Unternehmensform zum Ausdruck.
[534] Vgl. Prykop 2005, S. 33.
[535] Eine so erreichte Ähnlichkeit zwischen Unternehmen und Konsumenten trägt auch zu einer Steigerung der Vertrauensqualität zwischen diesen Akteuren bei, was wiederum eine Intensivierung der Kundenbeziehungen erlaubt. Vgl. Plötner/Jacob 1996, S. 109.
[536] Vgl. Förster/Kreuz 2006, S. 149.
[537] Weissenböck 1999, S. 77.

inneren Überzeugung basieren.[538] „Es genügt nicht, dass Unternehmen sich ehrlich und authentisch zeigen, sie müssen es auch wirklich sein. Alles andere würde binnen kurzer Zeit auffliegen und die Partnerschaft mit der Szene wäre für immer zerstört.“[539] Wer als „Blender“ entlarvt wird erfährt Reaktanz und hat keine Chance mehr auf eine objektive Akzeptanz und damit auf eine tiefgreifende Integration.

- Wer von einer AFG als gleichwertiges Mitglied akzeptiert werden will, muss einen Mehrwert für das Gesamtsystem „AFG“ schaffen und diesen verdeutlichen. Kelly hebt hier mit Blick auf die Networked Economy insbesondere die Netzwerkfähigkeit der AFG hervor: „Fördern Sie zuerst das Netz.“[540] Unternehmen sollten demnach durch ihre Produkte, Leistungen und Aktivitäten der AFG und ihren Mitgliedern die Möglichkeit bieten, sich untereinander effizienter oder effektiver zu verknüpfen, zu kommunizieren und zu interagieren. So kann z.B. ein Snowboard-Portal im Internet zur Verbesserung der weltweiten Kommunikation und ein Snowpark zur Verstärkung der regionalen Interaktion der Snowboarder beitragen. Auch durch die Initiierung und Veranstaltung von Events kann ein Unternehmen seine Rolle als gestaltendes Mitglied der evolutionären Szene- bzw. AFG-Entwicklung unter Beweis stellen und erhält so „als aktiver Szene-Partner Authentizität und Glaubwürdigkeit“.[541]
- Förderlich für eine objektive Integration und den Erfolg kooperativer Beziehungen ist zudem das Commitment des Unternehmens.[542] Commitment stellt ein verhaltenswissenschaftliches Konstrukt dar, welches die innere Verpflichtung bezeichnet, einem Netzwerkpartner treu zu bleiben und stabile Beziehungen zu entwickeln.[543] Commitment kann damit als Selbstverpflichtung verstanden werden, von opportunistischem Verhalten weitgehend

[538] „Die Szenen erwarten Authentizität und Glaubwürdigkeit der Marke (bzw. des Unternehmens), bevor sie diese an ihrem Relevanzsystem partizipieren bzw. ein Teil davon werden lassen. Ein bloßes Anhängen an den Gruppencodex wird dies nicht erreichen.“ Nöthel 1999, S. 155. Vgl. auch Prykop 2005, S. 150.

[539] Förster/Kreuz 2006, S. 149.

[540] Kelly 1999, S. 114.

[541] Nöthel 1999, S. 181.

[542] Der Effekt einer positiven Korrelation zwischen hohem Commitment und dem Erfolg von kooperativen Beziehungen konnte u.a. in den empirischen Studien von Beamish nachgewiesen werden. Vgl. Beamish 1988, S. 43.

[543] Vgl. Anderson/Weitz 1992, S. 19; Diller/Haas/Ivens 2005, S. 107.

abzusehen und kurzfristige Opfer zugunsten der langfristigen Aufrechterhaltung der Beziehung zu bringen, um somit vertrauensvolle, enge Netzwerkbindungen zu ermöglichen.[544]

Die Integration in eine AFG und damit die Intensivierung der in der Initialphase geknüpften schwachen Beziehungen hin zu Strong-Ties kann nicht wie auf der Seite der Unternehmenskooperationen durch eine feste strukturelle Kopplung mittels vertraglicher und hierarchischer Koordination erzwungen werden. „Zugehörigkeit wird nicht mehr vorrangig über formale Mitgliedschaften geregelt, sondern entsteht oft aus offenen netzwerkförmigen Beziehungen, in denen Vertrauen und Anerkennung eine zentrale Rolle spielen."[545] Unternehmen sind daher gefordert, u.a. durch die Konsistenz ihrer Kommunikation bzw. aller Handlungen sowie durch das authentische Anwenden AFG-spezifischer Schemata und Codes eine Reputation aufzubauen, um das Vertrauen der Kunden bzw. der AFG zu gewinnen.[546] „Unter Reputation wird gemeinhin der gute Ruf bzw. das Ansehen verstanden, den bzw. das sich eine einzelne Person oder eine Institution aufgrund ihrer Kompetenz und Qualifikation bei der Erbringung von gesellschaftlich relevanten Leistungen erworben hat."[547] Die Reputation eines Unternehmens stellt damit ein subjektbezogenes Konstrukt dar, welches sich nach Plötner „aus der Vertrauenswürdigkeit und der Kompetenz einer Person bzw. Personengruppe zusammensetzt."[548] Der Reputation werden umfassende risikoreduzierende Eigenschaften zugeschrieben, die sich auf die subjektiv wahrgenommene Unsicherheit des Kunden (Such-, Erfahrungs- und Vertrauenseigenschaften) auswirken.[549] Die Reputation eines Unternehmens kann fehlende Informationen über das Leistungsangebot substituieren und wird daher auch als „leistungsübergreifendes Informationssubstitut"[550] oder „Informationssurrogat"[551] bezeichnet. Damit ersetzt die Reputation in gewisser Weise das Wissen

[544] Vgl. Stahl 2006, S. 97 ff; Zentes/Swoboda/Morschett 2005, S. 951; Sydow/Windeler 2000, S. 13.
[545] Vgl. Höfer/Keupp/Straus 2006, S. 292.
[546] Vgl. Klee 2000, S. 299.
[547] Jochimsen 2005, S. 152.
[548] Plötner 1995, S. 43.
[549] Vgl. Klee 2000, S. 307.
[550] Vgl. Adler 1994, S. 126 ff;
[551] Vgl. Möhringer 1998, S. 25.

über das Unternehmen durch den Glauben an das Unternehmen.[552] Reputation kann ebenso wie Vertrauen nicht erkauft, sondern muss stetig aufgebaut werden.

Bei der Reputation wie auch der Akzeptanz generell ist zwischen drei Objektebenen zu unterscheiden:[553]

- Personen: Die Akzeptanz kann sich auf einzelne Mitarbeiter oder Führungskräfte des Unternehmens beschränken, die durch ihr persönliches Auftreten in Medien, auf Events oder im persönlichen Kundengespräch ein gewisses Image oder Ansehen erringen. Auch wenn diese personengebundene Akzeptanz von der AFG zunächst nicht eins zu eins auf das gesamte Unternehmen übertragen wird, so kann es doch Abstrahlungseffekte geben, die sich positiv oder negativ auf das gesamte Unternehmen auswirken können.
- Produkte / Marken: Bei Unternehmen, welche nur ein Produkt am Markt haben, liegen Produkt- und Unternehmensreputation sehr eng beieinander. Ist ein Unternehmen jedoch mit mehreren und vor allem unterschiedlichen Produkten oder Marken am Markt vertreten, kann es sein, dass einige dieser Produkte bzw. Marken aufgrund ihrer Funktionalität oder Emotionalität besser oder früher in einer AFG Akzeptanz finden, als andere.
- Unternehmen: Neben der Akzeptanz einzelner Personen, Produkte oder Marken kann auch das Unternehmen als Gesamtsystem eine gewisse Reputation aufbauen und Akzeptanz erfahren. So kann ein Unternehmen z.B. für Qualität stehen (Mercedes-Benz) oder für modernes Design (Apple). Diese Attribute wirken generalisierend auf alle Produkte, Marken und Mitarbeiter des Unternehmens. So wird jedem Fahrzeug von Mercedes-Benz grundsätzlich eine gewisse Qualität unterstellt, ohne das jeweilige Fahrzeug auf diese Eigenschaft hin überprüft zu haben.

8.3.2.3 Von der einseitigen zur wechselseitigen Integration

Eine intensive Kundenorientierung bedeutet meist auch eine zumindest teilweise Integration des Kunden in das Unternehmen bzw. dessen Leistungserstellungsprozesse. „Die Kundenintegration baut auf einer verstärkten Mitwirkung des

[552] Vgl. Klee 2000, S. 309.
[553] Vgl. Klee 2000, S. 311 ff.

Kunden auf, wobei sich diese Mitwirkung auf einen einzelnen Auftrag, ein gemeinsames Projekt oder auch auf eine Zusammenarbeit über eine lange, unbegrenzte Zeitspanne beziehen kann."[554] Toffler prägte für diesen integrierten Kunden bereits 1970 den Begriff des „Prosumenten".[555] Die Integration des Kunden als Prosumenten hat nicht nur den Vorteil, dass der Kunde einen Teil der Produktion übernimmt, was dem Unternehmen Ressourcen spart. Der Kunde kann auch seine Bedürfnisse und Anforderungen gezielt in die Produktenwicklung einbringen, was zu einer besseren Kundenzufriedenheit führen kann.[556] Zudem erhöht die Öffnung des Unternehmens für den Prosumenten die Transparenz des Unternehmens, was der AFG erleichtert, eine Bewertung vorzunehmen bzw. eine objektive Akzeptanz zu entwickeln. Die strukturelle und kulturelle Öffnung des Unternehmens, die eine Kundenintegration erfordert, kann zudem als Vertrauensvorschuss des Unternehmens in Richtung AFG interpretiert werden, was dem Aufbau bzw. dem Ausbau einer Vertrauensspirale förderlich ist.

Der Grad der Kundenintegration ist maßgeblich von der Individualisierung der Leistung bzw. des Produktes abhängig. „Je mehr Nachfrager nämlich individuelle, einzelkundenbezogene Problemlösungen benötigen, desto mehr verschmelzen die Wertschöpfungsprozesse von Anbietern und Nachfragern. Je standardisierter demgegenüber das dem Nachfrager angebotene Leistungsbündel ist, desto autonomer kann der Anbieter seine Prozesse gestalten und optimieren."[557] In der Networked Economy findet sich der Prosument in nahezu allen Branchen und Unternehmen. Am deutlichsten aber wird die wirtschaftliche Relevanz der Kundenintegration im Internet. Unternehmen wie Wikipedia existieren nur aufgrund der Leistungsintegration des Prosumenten, welcher den Content für das Online-Lexikon generiert und gleichzeitig konsumiert. Hier stellt die Kundenintegration nicht nur ein Instrument zur Intensivierung der Kundenorientierung dar; sie ist die Basis des Geschäftskonzeptes.

---

[554] Stahl 2006, S. 100.
[555] Vgl. Toffler 1970.
[556] Vgl. Dahlke/Kergaßner 1996, S. 187.
[557] Kleinaltenkamp 1996, S. 17.

Die Integration der AFG in das Unternehmen darf sich nicht nur auf die Einbindung der Kunden in den Leistungserstellungsprozess beschränken. Insbesondere vor dem Hintergrund einer intendierten objektiven Akzeptanz in einer AFG kann es ratsam sein, Meinungsführer aus der AFG bzw. der Szene mit Managementfunktionen innerhalb des Unternehmens auszustatten, um sowohl von deren marktspezifischem Wissen als auch von deren Reputation bzw. Image zu profitieren. AFG-Experten bzw. -Meinungsführer können zudem die Szene-Kultur in das Unternehmen einfließen lassen und verfügen darüber hinaus „meist auch über hervorragende Kontakte in die Szene, die dem Unternehmen die Integration in das Beziehungsnetzwerk der sozialen Neigungsgruppe erleichtern.“[558] Eine derartige Einbindung von Szene-Experten kann nach Nöthel z.B. in Form von Szene-Managern geschehen, die als Stabstellen den jeweiligen Produkt-Managern beratend zur Seite stehen.[559]

Neben der Integration der Kunden in die Strukturen und Prozesse des Unternehmens erfordert ein tiefgreifender koevolutionärer Entwicklungsprozess zwischen Unternehmen und AFG auch die Integration des Unternehmens in die Strukturen und Prozesse der AFG. Dauerhafter Erfolg wird nur dann möglich, wenn Unternehmen und AFG „(...) zumindest ein Stück weit miteinander verschmelzen und sich gegenseitig beeinflussen.“[560] Schertler spricht hier von einer Producer-Integration als Gegenpart zur Customer-Integration. Producer-Integration ist u.a. möglich durch „die Besetzung repräsentativer und aktiver Positionen in institutionellen AFG-Vereinen/-Verbänden durch Persönlichkeiten der Unternehmensführung, durch das Initiieren verschiedenster Events oder durch das Zur-Verfügung-Stellen von Kommunikationsplattformen, wie beispielsweise Internetportale (...).“[561] Als Folge der wechselseitigen Integration werden die Unternehmensgrenzen durchlässiger, womit die Grenzen zwischen Unternehmen und Kunden zunehmend verschwimmen.[562]

558 Schertler 2006, S. 136.
559 Vgl. Nöthel 1999, S. 186 ff.
560 Förster/Kreuz 2006, S. 152.
561 Schertler 2006, S. 136.
562 Vgl. Sydow/Windeler 2001, S. 133.

8.3.3 Reifephase

8.3.3.1 Von der Integration zur Bindung

Aufgrund der am Ende der Reifephase herrschenden Situation eines stagnierenden oder schrumpfenden potenziellen Kundenstamms bei gleichzeitiger Verschärfung des Wettbewerbs um diesen Kundenstamm rückt die Kundenbindung der bestehenden Kunden stärker in den Fokus. Die Strategie der Integration in die AFG-Strukturen durch eine explorative Erweiterung des Beziehungskapitals muss somit in der Reifephase durch ein zunehmend exploitatives Optimieren des bestehenden Beziehungskapitals abgelöst werden. „In dem Maße, in dem Wachstumsraten zurückgehen und Märkte sich sättigen, verlieren offensive, auf Marktanteilszugewinn gerichtete Strategien zugunsten eines defensiven, auf Kundenbindung zielenden Verhaltens an Bedeutung.“[563]

„Kundenbindung ist dann vorhanden, wenn spezielle Barrieren bzw. Wechselkosten (switching costs) die Abwanderung zur Konkurrenz erschweren oder – zumindest kurzfristig – verhindern.“[564] Diese Wechselkosten des Kunden lassen sich nach Klemperer wie folgt unterteilen:[565]

- Direkte Wechselkosten: Bei der Suche nach alternativen Produkten oder Bezugsobjekten sowie deren Bewertung entstehen dem Kunden Kosten.
- Lernkosten: Während einer langen und intensiven Bindung an ein Produkt oder ein Unternehmen sammelt der Kunde spezifisches Wissen und Erfahrungen, welche nicht auf andere Produkte bzw. einen anderen Anbieter übertragen werden können. Bei einem Wechsel muss sich ein Kunde daher neues produkt- oder anbieterspezifisches Wissen aneignen, was mit erneuten Lernkosten verbunden ist.
- Vertragliche Wechselkosten: Falls eine Kundenbindung auf einem Vertrag beruht, könnten bei einer Nichterfüllung des Vertrages Strafzahlungen auf den Kunden zukommen. Bei einem verfrühten Vertragsaustritt muss der Kunde eventuell mit versenkten Kosten rechnen.

---

[563] Von den Eichen et al. 2006, S. 475.
[564] Tomczak/Reinecke/Dittrich 2006, S. 110.
[565] Vgl. Klemperer 1987, S. 375 f.

- Künstliche Kosten: Ähnlich wie das produkt- oder anbieterspezifische Wissen können auch bestimmte Vergünstigungen oder Annehmlichkeiten nicht in eine neue Beziehung transferiert werden. So können dem Kunden bei einem Wechsel künstliche Kosten im Sinne entgangener Vorteile entstehen. Kundenclubs, Rabattsysteme oder Bonusprogramme sind hierbei zu nennen.
- Psychologische Kosten: Neben den meist ökonomischen Kosten entstehen dem Kunden bei einem Wechsel auch immer psychologische Wechselkosten durch die Aufgabe von Vertrautem und Gewohntem.

Mit Blick auf diese Wechselkosten unterscheiden Tomczak/Reinecke/Dittrich in eine faktische und eine psychologische Kundenbindung:[566]

- Eine faktische Bindung liegt vor, wenn der Kunde vorrangig aus technologischen, ökonomischen oder vertraglichen Gründen einen Wechsel unterlässt.
- Eine psychologische Bindung hingegen basiert vorrangig auf emotionalen Aspekten wie Zufriedenheit, Sympathie, Vertrauen, Commitment, einem Sammlertrieb oder Nationalstolz.

Anders als bei den Unternehmenskooperationen können Konsumenten nicht durch rechtliche Verträge oder kapitalmäßige Anteilsübernahme langfristig an ein Unternehmen gebunden werden. Ebenso wenig lässt sich eine auf Akzeptanz beruhende objektive Integration in einer AFG durch eine rein faktische Bindung erzwingen oder verstärken. Eine unfreiwillige Kundenbindung, z.B. mittels harten und langfristigen Verträgen oder der Ausnutzung einer Monopolstellung des Unternehmens, können hinderlich sein und Reaktanz hervorrufen bzw. durch eine gewisse Resignation positive Effekte der Kundenbindung (z.B. Weiterempfehlung) verhindern. „So wird etwa der gefesselte Kunde die erstbeste Gelegenheit nutzen, um sich aus der Bindung zu befreien, was häufig mit Reaktanz verbunden ist.“[567] Bliemel/Eggert unterscheiden in diesem Zusammenhang sinnvollerweise in Ge- und Verbundenheit.[568] Auch mit Blick auf den Charakter einer AFG als natürliches und nicht künstlich geformtes soziales Netzwerk, deren Mitglieder sich aus freien Stücken aufgrund einer gemeinsamen Affinität miteinander verbunden fühlen, ist von einer faktischen

[566] Tomczak/Reinecke/Dittrich 2006, S. 112 f.
[567] Stahl 2006, S. 95.
[568] Vgl. Bliemel/Eggert 1998, S. 37 ff.

Bindung im Sinne einer unfreiwilligen Fesselung weitgehend abzusehen.[569] Da das Risiko der Kundenabwanderung aus Unternehmenssicht jedoch ohne einen gewissen Grad an faktischer Kundenbindung zu hoch ist, sollte es das Ziel sein, mit den Kunden eine Beziehung aufzubauen, in der sie sich trotz einer gewissen faktischen Gebundenheit dem Unternehmen psychologisch verbunden fühlen.[570]

Eine faktische und psychologische Kundenbindung führt zu ökonomischen Effekten, die sich nach Diller den drei Sektoren Sicherheit, Wachstum und Rentabilität zuordnen lassen:[571]

- Sicherheit: Eine intensivere und langfristige Kundenbindung geht meist einher mit höherem Vertrauen, einer höheren Auskunfts- und Beschwerdebereitschaft sowie einer höheren Toleranz der Kunden. Für das Unternehmen erweitert sich damit der eigene Handlungsspielraum und schafft durch eine gewisse Habitualisierung und Immunisierung des Kundenverhaltens eine größere Sicherheit.
- Wachstum: Kunden, welche über eine starke Bindung zu einem Unternehmen verfügen, zeichnen sich durch eine höhere Referenzbereitschaft aus, neigen zu einer intensiveren Mund-zu-Mund-Werbung und fungieren damit als Multiplikatoren. Zudem kann über eine intensive Kundenbindung die Kaufintensität, die Kaufhäufigkeit sowie das Cross-Buying-Potenzial der Kunden positiv beeinflusst werden.
- Rentabilität: Bestehende Kunden zu halten ist meist rentabler, als neue Kunden zu gewinnen.[572] Dies ergibt sich einerseits aus möglichen Kosteneinsparungen durch z.B. effizientere Orderverfahren, geringeren Kundenbearbeitungs- und Werbekosten, andererseits sind durch den höheren Handlungsspielraum (geringere Preiselastizität der Kunden) sowie durch das höhere Cross-Buying-Potenzial zusätzliche Erlöse zu generieren.

Die ökonomischen Aspekte einer starken Kundenbindung verdeutlichen, dass ein bedingungsloses Halten aller Kunden wirtschaftlich nicht unbedingt sinnvoll

---

569 Vgl. Laker/Pohl/Dahlhoff 2006, S. 142; Diller/Haas/Ivens 2005, S. 107.
570 Vgl. Tomczak/Reinecke/Dittrich 2006, S. 124.
571 Vgl. Diller 1996, S. 81 ff.
572 Vgl. Hinterhuber/Handlbauer/Matzler 2003, S. 31.

sein muss. „Kundenbeziehungen sind als Investition zu betrachten und diese Investitionen haben höchst unterschiedliche Erträge.“[573] Eine höhere Investition in eine stärkere Kundenbindung sollte sich aus Rentabilitätsgesichtspunkten daher nur auf langfristig profitable Kunden beziehen.[574] Die Beurteilung der Profitabilität einer Kundenbeziehung kann anhand des Kundenwertes vorgenommen werden, der allgemein als Summe der Zielbeiträge eines Kunden zum wirtschaftlichen Erfolg des Unternehmens definiert werden kann.[575] Zur Berechnung des Kundenwertes werden alle zukünftigen Ein- und Auszahlungen der Kunden abgezinst und einander gegenüber gestellt.[576] Die Profitabilität eines Kunden bzw. einer Kundenbeziehung bezieht sich damit sowohl auf den gegenwärtigen Erfolgsbeitrag als auch auf das zukünftige Entwicklungspotenzial.[577] Zur Berechnung des Kundenwertes finden sich in der betriebswirtschaftlichen Literatur zahlreiche Methoden und Instrumente (z.B. ABC-Analyse, Deckungsbeitragsanalyse), die vorwiegend auf monetäre Aspekte abstellen.[578] Aus Sicht eines AFG-Netzwerkmanagements und der in der Reifephase intendierten Einflussnahme auf soziale Strukturen rücken bei der Kundenbewertung auch nichtmonetäre Kriterien ins Licht (Commitment, Involvement, Image etc.). So kann z.B. die Beziehung zu einem Mitglied des Szenekerns, welcher als Meinungsführer einen großen Einfluss auf große Teile der AFG hat, aus ökonomischen Gründen (Umsatz, Deckungsbeitrag) unwirtschaftlich erscheinen. Die einflussreichen sozialen Kontakte, die sich durch diesen Meinungsführer dem Unternehmen jedoch potenziell eröffnen sowie das Image des Meinungsführers, welches sich auf das Unternehmen positiv auswirken kann, sind mit den ökonomischen Werten zu verrechnen.

8.3.3.2 Unternehmen als Bezugsobjekt für die Affinity-Group

In der Reifephase hat die AFG ihren exklusiven und ursprünglichen Szenecharakter weitgehend verloren. Immer mehr Individuen und Unternehmen greifen

[573] Hinterhuber/Handlbauer/Matzler 2003, S. 31.
[574] Vgl. Bruhn 2006, S. 60.
[575] Vgl. Cornelsen 2000, S. 37 ff.
[576] Vgl. Bruhn 2006, S. 38.
[577] Vgl. Tomczak/Rudolf-Sipötz 2003, S. 133 ff.
[578] Vgl. Bruhn 2006, S. 42 ff; Stahl et al. 2006, S. 227 ff; Hinterhuber/Handlbauer/Matzler 2003, S. 32.

die typischen Zeichencodes und Schemata der Szene auf und spannen damit ein immer größeres und komplexeres AFG-Netzwerk auf. Da es sich bei der breiten Masse jedoch meist um ein rein äußerliches Adaptieren dieser Codes und Schemata handelt und ein entsprechend intensives Involvement und Commitment fehlt, verkommt die AFG zunehmend zum Mainstream und verliert an Eigendynamik. Um dieser schwindenden Eigendynamik entgegenzuwirken, sind die in dieser AFG integrierten Unternehmen gefordert, verstärkt selbst neue Entwicklungsimpulse zu setzen. Es geht damit weniger um das Aufspüren von bestehenden oder aufkeimenden Bedürfnissen der AFG, sondern um das Kreieren neuer Bedürfnisse, Trends und Orientierungspunkte.

Um diese neuen Bedürfnisse zu kreieren bedarf es nicht nur eines ausgeprägten Szene- und AFG-Know-hows (Wissen, Erfahrung etc.) und einer gewissen Kreativität zur Entwicklung attraktiver AFG-Produkte und -Dienstleistungen, sondern auch einer entsprechenden zentralen Positionierung in den Rollen-, Status- und Führungsstrukturen der AFG (vgl. Abbildung 31). Mit anderen Worten: Das Unternehmen muss sich als Teil der Szene, der treibenden Kraft einer AFG, etablieren und damit nicht nur von der AFG als gleichwertiges Mitglied akzeptiert, sondern als Bezugsobjekt bzw. Meinungsführer innerhalb der Szene betrachtet und geachtet werden.[579] Merkmale, welche die Meinungsführung positiv beeinflussen können, sind u.a.[580]

- eine starke Ausprägung der idealtypischen Szenecodes, -schemata, -normen und -werte,
- ein anhaltend hohes szenespezifisches und situatives Involvement,
- ein hoher produktspezifischer Informationsstand und sachliche Kompetenz,
- eine kommunikative Kompetenz und Persönlichkeitsstärke,
- eine hohe Innovationsbereitschaft sowie
- Objektivität, Glaubwürdigkeit und Überzeugungskraft.

[579] Vgl. Böcker/Helm 2003, S. 185 ff.
[580] Vgl. Schäfers 2008, S. 140; Foscht/Swoboda 2007, S. 133; Göbel 2003, S. 36 f.

Abbildung 31: Zentrale Positionierung in der AFG

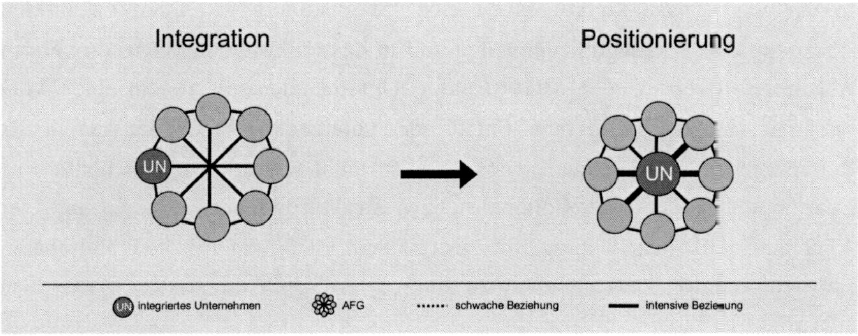

Quelle: Eigene Erstellung.

Das Setzen neuer Impulse beschränkt sich nicht nur auf die Einführung, Etablierung und Positionierung neuer Produkte, sondern auch auf die Um- und Neugestaltung der AFG-Kommunikations- und -Interaktionsstrukturen. Beispielhaft kann hier die Strukturierung von virtuellen Szenetreffpunkten (Internet-Communities) oder die Produktion bzw. Organisation von Events genannt werden.[581] Damit dient das Unternehmen nicht nur als Bezugsobjekt für die AFG, sondern fungiert auch als strukturbildendes und damit proaktiv steuerndes Element der AFG-Evolution.

Trotz umfassender und tiefgreifender Integration in die und Koevolution mit der AFG muss das Unternehmen seine eigene Identität bewahren, was eine vollkommene Verschmelzung des Unternehmens mit der AFG bzw. Szene ausschließt. Willke spricht hier von einer „relativen Autonomie", die es dem Unternehmen erlaubt, seine Besonderheit und Identität zu wahren und dennoch in einem koevolutionären Prozess laufend zu rekonstruieren und mit dem Umsystem abzustimmen.[582]

[581] Vgl. Hitzler/Bucher/Niederbacher 2005, S. 27.
[582] Vgl. Willke 1995, S. 174; Willke 1978, S. 247.

8.3.4 Sterbephase

In der Sterbephase kommt es zu einer Stagnation bzw. einem verstärkten Rückgang der AFG-Mitgliederzahlen und in dessen Folge zu einem drohenden Absterben dieser sozialen Marktstruktur. Unternehmen, die tief in einer AFG integriert sind, laufen Gefahr, mit dieser „unterzugehen". Greifen die in der Reifephase bereits gesetzten neuen Impulse nicht wie erhofft, d.h. bleibt eine „Verjüngung" oder ein emotionales bzw. strukturbildendes „Facelifting" der AFG aus, muss das Unternehmen bereit sein, sich von der koevolutionären Entwicklung der Vergangenheit zu trennen und sich auf andere AFGs neu auszurichten.[583]

Eine Erweiterung des unternehmerischen Betätigungsfeldes bzw. eine Neuorientierung an für das Unternehmen neuen AFGs erfordert eine Steigerung der Flexibilität und damit einen explorativen Aufbau neuer, über die angestammte AFG hinausgehender Beziehungsstrukturen (vgl. Abbildung 32). Eine derartige Neuorientierung kann besonders bei sehr spezialisierten und fest in einer AFG verankerten Unternehmen nicht schlagartig erfolgen. Der potenzielle Eintritt in eine neue AFG will reiflich überlegt sein und erfordert ein umfangreiches Wissen über und vielfältige Kontakte zu dieser AFG. Mit zunehmender Anpassung an die neue AFG steigt gleichzeitig die Gefahr einer Verwässerung des in der alten AFG hart errungenen, authentischen und szenespezifischen Images. Zwar ist eine Mitgliedschaft in unterschiedlichen Szenen und AFGs durchaus möglich, um jedoch einen negativen Imagetransfer zu vermeiden bzw. positive Wechselwirkungen gezielt ausnutzen zu können, dürfen diese AFGs in Bezug auf ihre Normen, Werte und Leitmotive nicht zu weit auseinander liegen bzw. sich nicht widersprechen. So dürfte ein Wechsel von der Snowboard-Szene zur Surfer-Szene leichter fallen als ein Wechsel von der Snowboard-Szene zur Golfer-Szene.

[583] Eine derartige Verjüngung bzw. Wiederbelebung einer stagnierenden AFG konnte man bei der AFG Skifahren beobachten. Nachdem der Massensport Skifahren durch das Aufkommen neuer szeniger Sportarten wie z.B. dem Snowboarden an Attraktion verlor, konnte durch einen produktgetriebenen Impuls (Innovation der Carving-Ski) der Ski-AFG wortwörtlich ein neuer Schwung verliehen werden. Die AFG Tennis hingegen wartet bis heute vergebens auf eine derartige Verjüngung.

Abbildung 32: Neuorientierung der Konsumentenbeziehungen

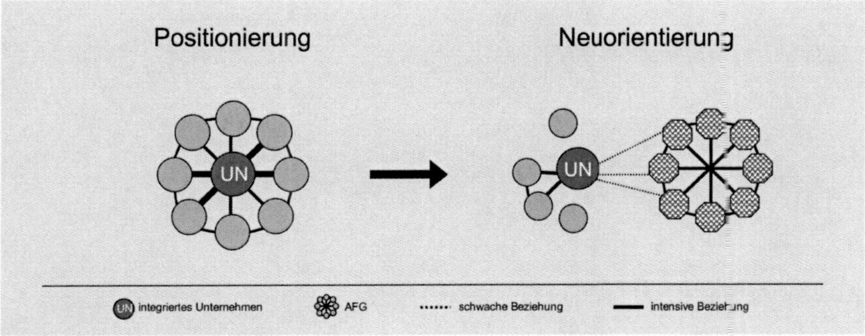

Quelle: Eigene Erstellung.

Um die in den vorangegangenen Kapiteln dargestellte koevolutionäre Gestaltung der Beziehungsnetzwerke zwischen einem fokalen Unternehmen und seiner AFG realisieren zu können, bedarf es einer entsprechenden Netzwerkmanagementfähigkeit, die im Folgenden näher beleuchtet werden soll.

9 Affinity-Group-Netzwerkmanagementfähigkeit

9.1 Netzwerkfähigkeit (Können)

9.1.1 Netzwerkfähigkeit vs. Netzwerkmanagementfähigkeit

Unternehmen, die in einer Networked Economy mit einer Vielzahl an unterschiedlichen Akteuren über kooperative Beziehungen vernetzt sind, müssen über eine gewisse Netzwerkfähigkeit verfügen, um diese Beziehungen zu ermöglichen, abzuwickeln und weiterzuentwickeln. Netzwerkfähigkeit kann als Eigenschaft unterschiedlicher Gestaltungsobjekte von Organisationen evident werden:[584]

- Netzwerkfähigkeit der Prozesse: Planungs- und Durchführungsprozesse sind dann netzwerkfähig, wenn sie schnell und flexibel eine angemessene Koordination mit korrespondierenden, internen und externen Prozessen aufbauen und betreiben können. Zur Steigerung dieser Netzwerkfähigkeit können Prozessstandards hilfreich sein, die prozessübergreifende Relevanz besitzen.
- Netzwerkfähigkeit der Leistungen: Produkte und Dienstleistungen besitzen dann eine hohe Netzwerkfähigkeit, wenn sie sich effizient und effektiv partnerspezifisch verändern oder in weitere Produkte integrieren oder mit diesen kombinieren lassen. Mit Hilfe der Modularisierung kann diese Netzwerkfähigkeit verbessert werden.
- Netzwerkfähigkeit der Struktur: Netzwerkfähige Organisationen können ihre Struktur jederzeit und umfangreich an neue Marktanforderungen anpassen. Das betrifft das In- oder Outsourcing von Unternehmensaktivitäten ebenso wie z.B. die Bildung von Projektteams.
- Netzwerkfähigkeit der Informationssysteme: Netzwerkfähige Informationssysteme lassen sich zeit- und kosteneffizient mit anderen Informationssystemen koppeln und unterstützen die Kommunikation auf Systemebene. Die Gestaltung, Integration und Aufrechterhaltung netzwerkfähiger Informationssysteme ist insbesondere aufgrund der kurzen Innovationszyklen in diesem Bereich eine permanente Aufgabe.

---

[584] Vgl. Sydow 2006, S. 415 ff; Fleisch 2001, S. 207-265.

Besondere Bedeutung innerhalb der Unternehmen kommt der Netzwerkfähigkeit der Mitarbeiter zu. Ein Unternehmen ist immer nur so netzwerkfähig, wie jeder einzelne Mitarbeiter. In jeder interorganisationalen Beziehung treten (früher oder später) Mitglieder der kooperierenden Parteien direkt miteinander in Kontakt. Meist entstehen Beziehungen oder Kooperationen erst aufgrund eines persönlichen Kontaktes zwischen zwei Mitarbeitern unterschiedlicher Unternehmen.[585] Nur bei entsprechender fachlicher und sozialer Kompetenz dieser Mitarbeiter können sich langfristige und tiefe Beziehungen etablieren. Nach Stahl lässt sich diese personale Kompetenz in eine epistemische, heuristische, relationale sowie eine integrative Kompetenz weiter unterteilen:[586]

- Die epistemische Kompetenz kann auch als Fachkompetenz bezeichnet werden, die auf einem verfügbaren Wissensvorrat basiert, der durch Akkumulierung von Erfahrungswissen wächst.
- Die heuristische Kompetenz kann auch als unspezifisches und übergeordnetes Denkvermögen bezeichnet werden und stellt eine generelle Fähigkeit zur Bewältigung von neuartigen und komplexen Sachverhalten durch Rückgriff auf ein Wissen über Verfahrensweisen und Problemlösungswege dar.
- Die relationale Kompetenz bezieht sich auf eine soziale Fähigkeit zur
    - Rollenübernahme, d.h. sich der eigenen Rolle und der damit verbundenen Erwartungen bewusst sein und gleichzeitig sich in andere hineinversetzen und deren Bedürfnisse bzw. Handeln antizipieren zu können,
    - Ambiguitätstoleranz, d.h. zur Fähigkeit, die Ich-Entfaltung des Beziehungspartners zu akzeptieren und damit mit einer Vielfalt an unterschiedlichen Ich-Identitäten der Netzwerkteilnehmer zu Recht zu kommen,
    - Selbstöffnung, d.h. zur Bereitschaft, den Interaktionspartnern Einblick in das „Selbst" zu gewähren. „Sowohl die mangelnde Bereitschaft zur Selbstöffnung als auch die unterentwickelte Fähigkeit, den anderen zur

[585] Vgl. Fleisch 2001, S. 209.
[586] Vgl. Stahl 1996, S. 223 ff.

Selbstöffnung zu bewegen, können zu einer Blockade der Beziehungsentwicklung führen."[587]

- Die integrative Kompetenz meint die Fähigkeit zur kritischen Reflexion der eigenen Kompetenzen und wird auch als Meta-Wissen oder Kompetenz zweiter Ordnung bezeichnet. Sie dient der Kultivierung der Rahmenbedingungen eines Netzwerkmanagements, der Sensitivität und der Empfänglichkeit für die Notwendigkeiten und Anforderungen des Netzwerkmanagements.

Ähnlich wie Stahl unterscheiden Wojda/Herfort/Barth folgende Einflussgrößen einer personenbezogenen Netzwerkfähigkeit: fachliche Kompetenzen, methodische Kompetenzen und kognitive Kompetenzen. Zusätzlich betonen sie jedoch auch die Notwendigkeit einer emotionalen und interkulturellen Kompetenz sowie das Vorhandensein von Phantasie und Kreativität:[588]

- Die emotionale Kompetenz ist die Fähigkeit zu individuellem und sozialem Handeln, d.h. miteinander reden können, zuhören können, sich selbst kontrollieren können, sich und andere motivieren können etc.
- Interkulturelle Kompetenz meint die Fähigkeit, mit Unterschieden in den Werthaltungen und erworbenen Denk- und Handlungsmustern von unterschiedlichen Individuen umgehen zu können. Hier spielen Aspekte wie Sensibilität, Empathie und Ambiguitätstoleranz eine wichtige Rolle.
- Phantasie und Kreativität sind entscheidende Fähigkeiten für die Initiierung und permanente Weiterentwicklung von Kooperationen. Insbesondere in der Reifephase ist das proaktive Vorantreiben der Koevolution durch das Setzen neuer und außergewöhnlicher Impulse ohne diese Eigenschaften nicht möglich.

Netzwerkfähigkeit kann als Anschlussfähigkeit an andere Organisationen oder Netzwerkakteure und damit als grundlegende, operationale bzw. instrumentelle Voraussetzung einer Netzwerkmanagementfähigkeit bezeichnet werden. Unter Netzwerkmanagementfähigkeit ist eine organisationale Fähigkeit höherer

[587] Stahl 1996, S. 232.
[588] Vgl. Wojda/Herfort/Barth 2006, S. 17 ff.

Ordnung zu verstehen, die es den Unternehmen ermöglicht, ihre Netzwerkfähigkeit weiterzuentwickeln und zum richtigen Zeitpunkt gewinnbringend einzusetzen. Netzwerkmanagementfähigkeit bezieht sich nicht nur auf interne Prozesse, Strukturen, Ressourcen etc., sondern auch auf die zwischen dem Unternehmen und seinen Netzwerkpartnern ablaufenden Koevolutionsprozesse. Sydow spricht hier auch von der „zentralen Managementkompetenz“, deren Aufgabe das Ausbalancieren der netzwerkspezifischen Spannungsverhältnisse (z.B. Autonomie und Abhängigkeit, Vertrauen und Kontrolle, Flexibilität und Spezifität) ist.[589] Damit wird deutlich, dass sich die Fähigkeit, Netzwerke zu managen, nicht nur auf ein Bereitstellen einer flexiblen und netzwerkfähigen Organisation beschränken darf.[590] Netzwerkmanagementfähigkeit muss sowohl eine flexible Anpassung an die Umfeldsituation mittels zahlreicher schwacher und heterogener Beziehungen ermöglichen, als auch die für eine Umfeldgestaltung relevante Intensivierung und Homogenisierung des Beziehungsportfolios realisieren. Neben der Fähigkeit zur Planung und Umsetzung einer Anpassungs-, als auch einer Gestaltungsstrategie ist das Netzwerkmanagement darüber hinaus gefordert, den optimalen Zeitpunkt[591] sowie die optimale Geschwindigkeit für einen Wechsel zwischen diesen Netzwerkstrategien zu bestimmen.

9.1.2 Kooperations- vs. Netzwerkmanagementfähigkeit

Mit Blick auf den dieser Arbeit zugrundeliegenden Netzwerkmanagementbegriff (vgl. Kapitel 2.4.2) ist zwischen einer Einzel- und einer Multi-Kooperationsmanagementfähigkeit (Netzwerkmanagementfähigkeit) zu unterscheiden. Die betriebswirtschaftliche Literatur beschränkt sich bislang zumeist auf das Management einzelner Kooperationen und identifiziert die dazu notwendigen Managementfähigkeiten anhand der Entwicklungsstufen des Kooperationsprozesses (Entscheidung, Partnerselektion, Gestaltung, Betrieb und

[589] Vgl. Sydow 2006, S. 417 ff.

[590] In der Regel beziehen sich wissenschaftliche Arbeiten zur Netzwerkfähigkeit oder zum Netzwerkmanagement auf den Aspekt der Flexibilität, d.h. Varietät und Komplexität ermöglichen, strukturieren und managen. „(Netzwerk-)Kompetenz ist die Fähigkeit Varietät zu generieren.“ Stahl 1996, S. 223.

[591] Wie in Kapitel 4.6.2 erläutert, muss jedes Unternehmen diesen Zeitpunkt individuell aufgrund der eigenen Risikoneigung, des internen Gestaltungspotenzials sowie der subjektiven Einschätzung der Umfeldunsicherheit bestimmen.

Beendigung). Mit der zunehmenden Anzahl an Kooperationen, die ein Unternehmen in der Networked Economy eingeht, ist neben der Fähigkeit zur Anbahnung, Konfiguration und dem Management einzelner Kooperationsbeziehungen auch eine Fähigkeit gefordert, die sich auf das optimale Austarieren und Koordinieren des Kooperationsportfolios bezieht. Im Mittelpunkt dieser Multi-Kooperationsmanagementfähigkeit stehen die einheitliche strategische Ausrichtung des Beziehungsnetzwerkes sowie das permanente Controlling und die Steuerung der Netzwerkentwicklung. Auch Hoffmann unterscheidet zwischen einer generellen Fähigkeit, mit anderen Netzwerkpartnern zu kooperieren und der Fähigkeit, eine Vielzahl an Kooperationsbeziehungen optimal zu koordinieren. Er stellt auf Basis von empirischen Untersuchungen bei großen europäischen Unternehmen fest, dass „das Management des Allianzportfolios als Gesamtheit eine weitere wichtige Gestaltungsebene mit spezifischen Aufgabenstellungen darstellt, denen in den bisherigen Studien nicht die notwendige Aufmerksamkeit zuteil wurde."[592]

Während für die Anpassungsstrategie in der Initialphase einer AFG die Fähigkeit, einzelne Kooperationen einzugehen, unerlässlich ist, um ein entsprechend umfangreiches Kooperationsportfolio aufzubauen, gewinnt mit steigender Anzahl und Intensität der Kooperationen die Netzwerkmanagementfähigkeit, d.h. die kooperationsübergreifende Koordination, an Relevanz. Die Fähigkeit, einzelne Kooperationen einzugehen und zu managen, darf jedoch auch mit steigender Anzahl der zu koordinierenden Kooperationen nicht vernachlässigt werden. Insbesondere den Fähigkeiten geeignete Kooperationspartner auszuwählen und Kooperationen mit unattraktiven Partnern zu beenden kommt mit dem Wechsel von einer explorativen Anpassungsstrategie zu einer exploitativen Gestaltungsstrategie eine wesentliche Bedeutung zu.

Fähigkeiten können als organisationale Ressourcen betrachtet werden. Aufgrund der Pfadabhängigkeit des Ressourcenaufbaus kann eine Kooperations- wie auch eine Netzwerkmanagementfähigkeit daher nur Schritt für Schritt aufgebaut

[592] Hoffmann 2006, S. 261.

werden. „Strategisches Management ist etwas sich Entwickelndes.“[593] Auch ein erhöhter Mitteleinsatz kann hier nur unwesentlich den Lernprozess beschleunigen. Sowohl die Kooperations- als auch die Netzwerkmanagementfähigkeit können nur über die konsequente und systematische Reflexion der Kooperationserfahrungen sowie der Kodifizierung, Replikation, Routinisierung, Formalisierung und Internalisierung der gewonnen Erkenntnisse sukzessive erweitert werden.[594] Diese Erfahrungen müssen demnach mit einem Prozess des „Lernens zu kooperieren“ unterstützt und gestaltet werden. „The challenge then is to develop routines for cooperation that are widely shared, that apply across decisions and follow for lessons to be transferred from project to project.“[595]

Diese Unterstützung der organisationalen Lernprozesse im Sinne eines „how to cooperate“ erfolgt nach Hoffmann insbesondere durch eine Zentralisierung der Allianz- und Multi-Allianzmanagementaufgaben sowie einer Formalisierung und Standardisierung von Prozessen, Methoden und Instrumenten. Mit Bezug auf Harbison/Pekar[596] stellt Hoffmann fest, dass „Unternehmen, deren Allianzmanagement stärker institutionalisiert und formalisiert ist, mit ihren Allianzen eine höhere Rentabilität erzielen, als Unternehmen, deren Allianzmanagement weniger stark systemunterstützt erfolgt.“[597] Es sollte jedoch auch bedacht werden, dass eine zu starke Formalisierung und Institutionalisierung mit einer „Bürokratisierung“ verbunden sein kann, die Kreativität verhindern und Entscheidungsprozesse verlangsamen kann.[598]

9.2 Vernetzungs- bzw. Integrationsbereitschaft (Wollen)

Neben der Fähigkeit, kooperative Beziehungen zu einem oder mehreren Unternehmen bzw. Kunden eingehen und managen zu können, erfordert das Management von AFG-Netzwerken darüber hinaus auch die Motivation und Intention, sich umfassend in die Anbieter- und Nachfragerstrukturen der AFG

[593] Bieta et al. 2004, S. 216.
[594] Vgl. Hoffmann 2006, S. 262 ff.
[595] Powell 1998, S. 236.
[596] Vgl. Harbison/Pekar 1998, S. 128 f.
[597] Hoffmann 2006, S. 288.
[598] Vgl. Powell 1998, S. 238.

integrieren zu wollen.[599] Insbesondere die für eine proaktive Gestaltung des AFG-Szenekerns erforderliche subjektive und objektive Integration ist nicht nur mit tiefgreifenden Veränderungen der Unternehmensstruktur und -prozesse verbunden, sondern erfordert zudem eine normative und kulturelle Integrationsbereitschaft.

Auch wenn ein Unternehmen aufgrund der organisatorischen, technischen Netzwerkfähigkeiten sowie der Managementkompetenz in der Lage wäre, mittels seines Beziehungsnetzwerks in einen koevolutionären Prozess mit einer AFG einzutreten bzw. diesen zu gestalten, so bedarf es darüber hinaus immer auch einer gewissen Bereitschaft für eine derartige Koevolution. Eine auf subjektiver und objektiver Integration basierende Koevolution ist nur möglich, wenn sich das Unternehmen mit den Normen, Werten und Weltanschauungen der AFG identifizieren kann und diese in der Unternehmenskultur auch zum Ausdruck bringen möchte. Eine rein äußerliche, technische Anpassung an die Deutungs-, Handlungs- und Ausdrucksschemata einer AFG reicht nicht aus. Es bedarf vielmehr einer inneren Überzeugung und Leidenschaft für diese AFG.

Eine Koevolution erfordert darüber hinaus eine durch Offenheit und Reziprozität geprägte Wissens- und Vertrauenskultur. Unternehmen haben einerseits die Möglichkeit durch die proaktive Gestaltung der Koevolution Einfluss auf das Unternehmensumfeld zu nehmen, andererseits muss das Unternehmen jedoch auch bereit sein, sich durch sein Umfeld selbst beeinflussen zu lassen. Dazu ist nicht nur eine strukturelle und kulturelle Aufgeschlossenheit Neuem gegenüber erforderlich, sondern auch ein grundlegendes Vertrauen den Koevolutionspartnern gegenüber.

Mit zunehmender Vernetzung und Integration verschwimmen die Grenzen zwischen den koevolvierenden Parteien. Ein Stück weit muss damit auch von der ideologischen Trennung zwischen Produzent und Konsument, Anbieter und Nachfrager, Unternehmen und Kunde Abstand genommen werden. Ein Unternehmen darf sich damit nicht nur als eine unabhängige und nach wirt-

[599] Wojda/Herfort/Barth 2006, S. 17.

schaftlicher Rentabilität strebende Organisation definieren, sondern muss sich als äquivalentes Mitglied einer sozialen Netzwerkstruktur begreifen.

10 Fazit und Ausblick

Unternehmen stehen grundsätzlich zwei Netzwerkstrategien zur Verfügung, mit denen die Risiken einer dynamischen, komplexen und unsicheren Umfeldentwicklung reduziert werden können. Einerseits kann durch wirkungsbezogene Maßnahmen das Schadensausmaß potenzieller Risiken reduziert werden, indem das Portfolio an Netzwerkbeziehungen verbreitert wird und damit eine flexible Anpassung an die Umfeldentwicklungen möglich wird. Andererseits besteht jedoch auch die Möglichkeit, durch ursachebezogene Maßnahmen die Eintrittswahrscheinlichkeit potenzieller Risiken zu verringern, indem durch eine Fokussierung des Beziehungsportfolios der Gestaltungseinfluss auf die Umwelt erhöht wird. Anpassungs- und Gestaltungsstrategie stehen sich jedoch aufgrund ihrer Anforderungen an eine Netzwerkgestaltung diametral gegenüber. Während die Anpassungsstrategie ein breitgefächertes und umfangreiches Portfolio an schwachen und nicht-redundanten Beziehungen zu den Netzwerkpartnern fordert, sind die risikoreduzierenden Effekte der Gestaltungsstrategie nur über ein spezialisiertes Portfolio an intensiven und redundanten Beziehungen zu ausgewählten Partnern zu erzielen. Eine Beschränkung auf eine der beiden Strategien kann mit Blick auf eine dynamische Veränderung der Umfeldunsicherheit ebenso wenig geeignet sein, wie eine permanente Balance zwischen diesen konträren Strategien, wie sie in der Managementliteratur oft gefordert wird. Vielmehr scheint ein der Dynamik des Umfeldes angepasster Wechsel zwischen Anpassung und Gestaltung erforderlich, um die koevolutionäre Entwicklung zwischen Unternehmen und AFG zu optimieren. Grundsätzlich gilt: In unsicheren Zeiten zu Beginn der AFG-Entwicklung sollte eine Anpassungsstrategie und im Verlauf der Wachstums- und Reifephase zunehmend eine Gestaltungsstrategie angestrebt werden. Abhängig von der Risikoneigung sowie den AFG-spezifischen Beziehungen, Kompetenzen und Potenzialen des fokalen Unternehmens wird dieser Wechsel früher oder später erfolgen.

AFGs haben ihren Ursprung in kleinen lokalen Szenen. Spricht die Affinität dieser Szene größere Teile der Gesellschaft an, kann die Szene ihre regionale Beschränktheit überwinden und sich als Bezugsgruppe für eine breite soziale

Gruppe etablieren. Das Wachstum einer AFG geht dabei immer mit einer Kommerzialisierung, Normierung und einem Verlust an Abgrenzungsmerkmalen der ursprünglich sehr individualistisch geprägten Szene einher. Im Verlauf der AFG-Entwicklung nimmt damit das Spannungsfeld zwischen dem idealistischen AFG-Kern (Szene) und dem kommerziell orientierten AFG-Rand (Mainstream) zu. Unternehmen, die eine koevolutionäre Entwicklung mit einer AFG anstreben, dürfen sich nicht auf eine der beiden Extreme fixieren, sondern sind gefordert, die Gratwanderung zwischen beiden Bereichen zu meistern. Einerseits ist die Ausrichtung auf den Mainstream unerlässlich, um größere Umsätze erzielen und weiter wachsen zu können, andererseits ist dem damit einhergehenden Verlust an Authentizität durch eine Intensivierung der Szeneintegration entgegenzuwirken.

Um gestaltend auf die AFG-Entwicklung einwirken zu können, ist die passiv reaktive Haltung der Anpassungsstrategie im Laufe der Koevolution schrittweise aufzugeben und das proaktive Partizipieren an den Netzwerkaktivitäten der AFG zu verstärken. Die Beeinflussung bzw. Gestaltung eines sozialen Systems wie das einer AFG ist jedoch nicht von außen, sondern nur von innen, als gleichberechtigtes Mitglied dieses Systems möglich. Um als gleichberechtigtes Mitglied einer AFG akzeptiert zu werden, ist eine wechselseitige Integration von Unternehmen und AFG notwendig. Einerseits muss sich das Unternehmen in die Interaktions- und Kommunikationsstrukturen der AFG integrieren, einen Entwicklungsbeitrag für die AFG leisten und sich durch die Adaption der Handlungs-, Ausdrucks- und Deutungsschemata als authentisches Mitglied der AFG profilieren. Andererseits ist jedoch auch eine Integration der AFG in das Unternehmen, d.h. eine strukturelle, prozessuelle, personelle und kulturelle Öffnung des Unternehmens, erforderlich. Je tiefer ein Unternehmen durch diese Integration in den Kern der AFG vordringt, desto größer wird der gestalterische Einfluss des Unternehmens. Im Idealfall positioniert sich ein Unternehmen selbst als Bezugsobjekt im Zentrum der Szene, um von dort Impulse setzen zu können, die einen starken Orientierungscharakter für die gesamte AFG haben.

Die Fähigkeiten, die für ein derartiges strategisches AFG-Netzwerkmanagement erforderlich sind, gehen dabei sowohl über eine rein operationale bzw. instrumentelle Netzwerkfähigkeit als auch über eine Managementfähigkeit singulärer Beziehungen hinaus. Um das Portfolio aus Unternehmens- und Konsumentenbeziehungen entsprechend der dynamischen Marktveränderungen entwickeln und nutzen zu können, ist sowohl die Fähigkeit einer kooperationsübergreifenden Koordination, als auch eine normative und kulturelle Bereitschaft für eine wechselseitige Integration mit den sozialen Netzwerkstrukturen einer AFG erforderlich. AFG-Netzwerkmanagement darf damit nicht als temporäres, zeitlich befristet einsetzbares Instrument oder Konzept verstanden werden, das in einzelnen Unternehmensbereichen bzw. -abteilungen bei Bedarf eingeführt oder wieder abgeschafft werden kann. AFG-Netzwerkmanagement muss als integraler Bestandteil eines unternehmerischen Agierens auf dynamischen, sozialen Märkten einer „Networked Economy" begriffen werden, welches sich auf alle intra- und interorganisationalen Ebenen erstreckt.

Sicherlich kann die vorliegende Arbeit nur einzelne Bausteine auf dem Weg zu einer umfassenden und vollständigen Problembehandlung eines strategischen Managements von AFG-Netzwerkstrukturen beisteuern, auf denen weitere Forschungsarbeiten aufbauen bzw. ansetzen können. Insbesondere eine empirische Überprüfung der in dieser Arbeit gewonnenen Erkenntnisse bezüglich ihrer Relevanz in unterschiedlichen AFGs könnte weiter Aufschluss darüber geben, welche Rolle das Spannungsfeld zwischen Szene und Mainstream auf das Management von AFG-Netzwerken hat. Die bisherigen Ergebnisse deuten darauf hin, dass dem Netzwerkmanagement in AFGs, denen eine starke Szene zugrunde liegt, ein deutlich höherer Stellenwert beigemessen werden muss, als bei vorwiegend mainstreamlastigen Märkten. Einen weiteren Fokus könnten nachfolgende Untersuchungen auf die branchenspezifischen Unterschiede eines AFG-Netzwerkmanagements legen. So ist zu erwarten, dass ein Netzwerkmanagement für Unternehmen der konsumentenorientierten AFG-Kernbranchen nicht nur mehr Relevanz besitzt, sondern auch anders ausgestaltet werden muss, als in AFG-Randbranchen. Die Grundlage eines AFG-Netzwerkmanagements ist das Wissen um die Strukturen einer AFG, in welche sich ein Unternehmen integrieren muss. Diese Strukturen, d.h. sowohl die sozialen Strukturen der Konsumenten als auch das AFG-Industriecluster, gilt es in weiteren, insbesondere quantitativen Studien detailliert herauszuarbeiten.

Literaturverzeichnis

Abels, H. (2002): Einführung in die Soziologie – Individuen in ihrer Gesellschaft, Wiesbaden.

Aderhold, J. (2005): Unternehmen zwischen Netzwerk und Kooperation, in: Aderhold, J. / Meyer, M. / Wetzel, R. (Hrsg.): Modernes Netzwerkmanagement – Anforderungen, Methoden, Anwendungsfelder, Wiesbaden, S. 113-142.

Aderhold, J. (2004): Form und Funktion sozialer Netzwerke in Wirtschaft und Gesellschaft – Beziehungsgeflechte als Vermittler zwischen Erreichbarkeit und Zugänglichkeit, Wiesbaden.

Aderhold, J. / Meyer, M. / Ziegenhorn, F. (2001): Wie funktionieren Netzwerke?, in: Teich, T. (Hrsg.): Hierarchielose Regionale Produktionsnetzwerke, Chemnitz, S. 131-160.

Adler, J. (1994): Informationsökonomische Fundierung von Austauschprozessen – Eine nachfragerorientierte Analyse, Wiesbaden.

Ahuja, G. (2000): The duality of collaboration – Inducements and opportunities in the formation of interfirm linkages, in: Strategic Management Journal, Nr. 21 (Spezialausgabe), S. 317-343.

Aldrich, H. E. / Ruef, M. (2006): Organizations evolving, 2. Auflage, London.

Anderson, B. (1983): Imagined communities – Reflections on the origin and spread of nationalism, 2. Auflage, London.

Anderson, E. / Weitz, B. (1992): The Use of Pledges to Build and Sustain Commitment in Distribution Channels, in: Journal of Marketing Research, Nr. 29, S. 18-34.

Ansoff, I. (1998): Foreword by H. I. Ansoff, in: Volberda, H. W.: Building the flexible firm – How to remain competitive, Oxford, S. VII.

Ansoff, I. (1976): Managing Surprise and Discontinuity – Strategic Response to Weak Signals, in: ZfbF, 28. Jg., S. 129-152.

Ashby, W. R. (1956): An Introduction to Cybernetics, London.

Bachmann, R. (2000): Die Koordination und Steuerung interorganisationaler Netzwerkbeziehungen über Vertrauen und Macht, in: Sydow, J. / Windeler, A. (Hrsg.): Steuerung von Netzwerken, Wiesbaden, S. 107-125.

Backhaus, K. / Braun, C. / Schneider, H. (2005): Strategische Globalisierungspfade, in: Hungenberg, H. / Meffert, J. (Hrsg.): Handbuch Strategisches Management, 2. Auflage, Wiesbaden, S. 70-87.

Baitsch, C. / Müller, B. (2001): Moderation in regionalen Netzwerken, München.

Balling, R. (1997): Kooperation – strategische Allianzen, Netzwerke, Joint-Ventures und andere Organisationsformen zwischenbetrieblicher Zusammenarbeit in Theorie und Praxis, Frankfurt/Main.

Barabba, V.P. (1998): Revisiting Plato´s Cave – Business Design in an Age of Uncertainty, in: Tapscott, D. / Lowy, A. / Ticoll, D. (Hrsg.): Blueprint of the Digital Economy – Creating Wealth in the Area of E-Business, New York, S. 34-59.

Barney, J. B. (1991): Firm Resources and Sustained Competitive Advantage, in: Journal of Management, Nr. 17 (1), S. 99-120.

Baum, J. / Singh, J. (1994): Evolutionary Dynamics of Organizations, New York.

Beamish, P. (1988): Multinational joint ventures in developing countries, London.

Beck, T. C. (1998): Kosteneffiziente Netzwerkkooperation – Optimierung komplexer Partnerschaften zwischen Unternehmen, Wiesbaden.

Beck, U. (1986): Risikogesellschaft – Auf dem Weg in eine andere Moderne, Frankfurt/Main.

Becker, A. (2001): Strategisches Controlling und Strukturation, in: Ortmann, G. / Sydow, J. (Hrsg.): Strategie und Strukturation, Wiesbaden, S. 91-128.

Beinhocker, E. D. (1999): On the origin of strategies, in: The McKinsey Quarterly, Nr. 4, S. 167-176.

Bieta, V. / Kirchhoff, J. / Milde, H. / Siebe, W. (2004): Szenarienplanung im Risikomanagement, Weinheim.

Blau, P. M. (1964): Exchange an Power in Social Life, New York.

Bliemel, F. W. / Eggert, A. (1998): Kundenbindung – die neue Sollstrategie?, in: Marketing-ZFP, 20. Jg., Nr. 1, S. 37-46.

Bleicher, K. (2004): Das Konzept Integriertes Management – Visionen, Missionen, Programme, 7. Auflage, Frankfurt/Main.

Böcker, F. / Helm, R. (2003): Marketing, 7. Auflage, Stuttgart.

Bolz, N. (2004): Der spirituelle Mehrwert der Marke, in: Kemmler, S. / Ballentin, J. / Gerlitz, C. / Emrich, S. (Hrsg.): Die Depression der Werbung – Berichte von der Couch, Göttingen, S. 23-38.

Bolz, N. / Bosshart, D. (1995): Kult-Marketing – Die neuen Götter des Marktes, 2. Auflage, Düsseldorf.

Bowmann, E. H. / Hurry, D. (1993): Strategy through the option lens – An integrated view of resource investments and the incremental-choice process, in: Academy of Management Review, Nr. 18 (4), S. 760-782.

Bradley, S. P. / Nolan, R. L. (1998): Capturing the Value in the Network Era, in: Bradley, S. P. / Nolan, R. L. (Hrsg.): Sense and Respond – Capturing Value in the Network Era, Boston, S. 3-29.

Bruhn, M. (2006): Das Konzept der kundenorientierten Unternehmensführung, in: Hinterhuber, H. H. / Matzler, K. (Hrsg.): Kundenorientierte Unternehmensführung – Kundenorientierung, Kundenzufriedenheit, Kundenbindung, 5. Auflage, Wiesbaden, S. 33-66.

Burmann, C. (2002): Strategische Flexibilität und Strategiewechsel als Determinanten des Unternehmenswertes, Wiesbaden.

Burns, T. / Stalker, G. M. (1961): The management of innovation, London.

Burt, R. (1992a): Structural holes – The social structure of competition, Cambridge.

Burt, R. (1992b): The social structure of competition, in: Nohria, N. / Eccles, R. G. (Hrsg.): Networks and organizations – Structure, form and action, Boston, S. 57-91.

Butler, J. K. / Cantrell, R. S. (1984): A behavioural decision theory approach to modelling dyadic trust in superiors and subordinates, in: Psychological Reports, 55. Jg., Nr. 3, S. 19-28.

Butler, R. (1983): A Transactional Approach to Organizing Efficiency. Perspectives from Markets, Hierarchies and Collectives, in: Administration & Society 15, S. 323-362.

Castells, M. (2004): The Network Society – A Cross-cultural Perspective, Cheltenham.

Castells, M. (2001): Der Aufstieg der Netzwerkgesellschaft – Teil 1 der Trilogie "Das Informationszeitalter", Opladen.

Castells, M. (2000): Materials for an exploratory theory of the network society, in: British Journal of Sociology, Vol. 51, Nr. 1, S. 5-24.

Cohen, I. (1989): Structuration Theory – Anthony Giddens and the Constitution of Social Life, New York.

Colemann, J. S. (1988): Social capital in the creation of human capital, in: American Journal of Sociology, Nr. 94, S. 95-120.

Conner, K. R. / Prahalad, C. K. (1996): A resource-based theory of the firm – Knowledge versus opportunism, in: Organization Science, Nr. 7, S. 477-501.

Copeland, T. / Antikarov, V. (2001): Real options – A practitioner´s guide, New York.

Cornelsen, J. (2000): Kundenwertanalysen im Beziehungsmarketing, Nürnberg.

D´Aveni, R. A. (1994): Hypercompetition – Managing the dynamics of stategic maneuvering, New York.

Dahlke, B. / Kergaßner, R. (1996): Customer Integration und die Gestaltung von Geschäftsbeziehungen, in: Kleinaltenkamp, M. / Fliess, S. / Jacob, F. (Hrsg.):

Customer Integration – Von der Kundenorientierung zur Kundenintegration, Wiesbaden, S. 177-191.

Dammer, I. (2007): Gelingende Kooperation ("Effizienz"), in: Becker, T. / Dammer, I. / Howaldt, J. / Killich, S. / Loose, A. (Hrsg.): Netzwerkmanagement – Mit Kooperation zum Unternehmenserfolg, 2. Auflage, Berlin, S. 49-62.

Das, T. K. / Teng, B.-S. (2002): The dynamics of alliance conditions in the alliance development process, in: Journal of Management Studies, 39 (5), S. 725-746.

Das, T. K. / Teng, B.-S. (1999): Managing risks strategic alliances, in: Academy of Management Executive, 13. Jg., Nr. 4, S. 50-62.

Dietz, S. (2003): Die Kunst des Lügens – Eine sprachliche Fähigkeit und ihr moralischer Wert, Reinbek.

Diller, H. (1996): Kundenbindung als Marketingziel, in: Marketing-ZGP, 17. Jg., Nr. 2, S. 81-94.

Diller, H. / Haas, A. / Ivens, B. (2005): Verkauf und Kundenmanagement – Eine prozessorientierte Konzeption, Stuttgart.

Drucker, P.F. (1992): The New Society of Organizations, in: Harvard-Business Review, Nr. 5, 1992, S. 95-104.

Duschek, S. / Wetzel, R. / Aderhold, J. (2005): Probleme mit dem Netzwerk und Probleme mit dem Management, in: Aderhold, J. / Meyer, M. / Wetzel, R. (Hrsg.): Modernes Netzwerkmanagement – Anforderungen, Methoden, Anwendungsfelder, Wiesbaden, S. 143-164.

Dunning, J. (1997): Alliance Capitalism and Global Business, London.

Dunphy, D. C. (1972): The Primary Group – A Handbook for Analysis and Research, New York.

Dyer, J. H. / Singh, H. (1998): The relational view – Cooperative strategy and sources of inter-organizational competitive advantage, in: Academy of Management Review, Nr. 23 (4), S. 660-679.

Ebers, M. (2003): Geleitwort, in: Maurer, A. (Hrsg.): Soziales Kapital als Erfolgsfaktor junger Unternehmen – Eine Analyse der Gestaltung und Entwicklungsdynamik der Netzwerke von Biotechnologie Start-Ups, Wiesbaden.

Faulkner, D. O. / De Rond, M. (2000): Perspectives on kooperative strategy, in: Faulkner, D. O. / De Rond, M. (Hrsg.): Cooperative Strategy – Economic, business and organizational issues, New York, S. 3-39.

Fischer, E. / Bristor, J. / Gainer, B. (1996): Creating or escaping community? An exploratory study of internet consumers′ behaviors, in: Advances in Consumer Research, Nr. 23, S. 178-182.

Fleisch, Elgar (2001): Das Netzwerkunternehmen, Berlin.

Flick, U. (1999): Qualitative Forschung – Theorie, Methoden, Anwendung in Psychologie und Sozialwissenschaft, Hamburg.

Förster, A. / Kreuz, P. (2006): Marketing-Trends – Innovative Konzepte für Ihren Markterfolg, 2. Auflage, Wiesbaden.

Foscht, T. / Swoboda, B. (2007): Käuferverhalten – Grundlagen, Perspektiven, Anwendungen, 3. Auflage, Wiesbaden.

Forsyth, D. (1999): Group dynamics, 3. Auflage, Belmont.

Freeman, L. C. (1979): Centrality in social networks – Conceptual clarification, in: Social Networks 1, S. 215-239.

Fried, A. / Knoll, M. (2005): Vernetzt oder Verstrickt?, in: Aderhold, J. / Meyer, M. / Wetzel, R. (Hrsg.): Modernes Netzwerkmanagement – Anforderungen, Methoden, Anwendungsfelder, Wiesbaden, S. 73-90.

Friedli, T. / Schuh, G. (2005): Die operative Allianz, in: Zentes, J. / Swoboda, B. / Morschett, D. (Hrsg.): Kooperationen, Allianzen und Netzwerke, 2. Auflage, Wiesbaden.

Friese, M. (1998): Kooperation als Wettbewerbsstrategie für Dienstleistungsunternehmen, Wiesbaden.

Führing, M. (2006): Risikomanagement und Personal – Management des Fluktuationsrisikos von Schlüsselpersonen aus ressourcenorientierter Perspektive, Wiesbaden.

Fuhse, J. (2006): Gruppe und Netzwerk – Eine begriffsgeschichtliche Rekonstruktion, in: Berliner Journal für Soziologie, Band 16, S. 245-263.

Fuller, M. / Porter, M. E. (1989): Koalitionen und globale Strategien, in: Porter, M. E. (Hrsg.): Globaler Wettbewerb, Wiesbaden, S. 363-399.

Furnham, A. (1997): The psychology of behaviour at work – The individual in the Organisation, Hove.

Galbraith, J.R. (1998): Designing the networked organization, in: Mohrmann, S.A. / Galbraith, J.R. / Lawler, E.E. (Hrsg.): Tomorrow´s organization. Crafting winning capabilities in a dynamic world. San Francisco, S. 436-451.

Gassman, O. (1997): Management transnationaler Forschungs- und Entwicklungsprojekte, St. Gallen.

Gemünden, H. G. / Ritter, T. (1997): Managing technological networks – The concept of network competence, in: Gemünden, H. G. / Ritter, T / Walter, A. (Hrsg.): Relationships and networks in international markets, Oxford, S. 294-304.

Gerken, G. (1992): Abschied vom Marketing – Interfusion statt Marketing, 4. Auflage, Düsseldorf.

Giddens, A. (2001): Entfesselte Welt – Wie die Globalisierung unser Leben verändert, Frankfurt/Main.

Giddens, A. (1996): Leben in einer posttraditionellen Gesellschaft, in: Beck, U. / Giddens. A. / Lash, S. (Hrsg.): Reflexive Modernisierung – eine Kontroverse, Frankfurt/Main, S. 113-194.

Giddens, A. (1991): Structuration Theory – Past, Present and Future, in: Bryant, C. G. / Jary, D. (Hrsg.): Giddens´ Theory of Structuration – A Critical Appreca-tion, London.

Giddens, A. (1990): The Consequences of Modernity, Cambridge.

Giddens, A. (1984): The constitution of society, Cambridge.

Göbel C. (2003): Affinity-Groups im Tourismus – Grundlagen, Strategien, Perspektiven, Düsseldorf.

Goerzen, A. (2005): Managing alliance networks – Emerging practices of multinational corporations, in: Academy of Management Executive, Vol. 19, Nr. 2, S. 94-107.

Granovetter, M. (1985): Economic Action and Social Strukture – A Theory of Embeddedness, in: American Journal of Sociology, Nr. 91 (3), S. 481-510.

Granovetter, M. (1974): Getting a job – A study of contacts and careers, Cambridge.

Granovetter, M. (1973): The strength of weak ties, in: American Journal of Sociology, Nr. 78, S. 1360-1380.

Grant, R. M. (1996): Toward a knowledge-based theory of the firm, in: Strategic Management Journal, Nr. 17 (Spezialausgabe), S. 109-122.

Grant, R. M. / Nippa, M. (2006): Strategisches Mnagement – Analyse, Entwicklung und Implementierung von Unternehmensstrategien, 5. Auflage, München.

Greve, A. / Salaff, J. W. (2003): Social Networks and Entrepreneurship, in: Entrepreneurship, Nr. 28 (1), S. 1-22.

Gukenbiehl, H. L. (1999): Bezugsgruppen, in: Schäfers, B. (Hrsg.): Einführung in die Gruppensoziologie – Geschichte, Theorien, Analysen, 3. Auflage, S. 113-134.

Guckenbiehl, H. L. / Kopp, J. (2006): Beziehung, soziale, in: Schäfers, B. / Kopp, J. (Hrsg.): Grundbegriffe der Soziologie, 9. Auflage, Wiesbaden, S. 41-42.

Gulati, R. (1998): Alliances and networks, in: Strategic Management Journal, Nr. 19, S. 293-317.

Habann, F. (2002): Fit zwischen Strategie und Kernressourcen – Zentraler Erfolgsfaktor der Unternehmung?, in: Bellmann, K. / Freiling, J. / Hammann, P. / Mildenberger, U. (Hrsg.): Aktionsfelder des Kompetenz-Managements, Wiesbaden, S. 145-170.

Hadwich, K. (2003): Beziehungsqualität im Relationship Marketing – Konzeption und empirische Analyse eines Wirkungsmodells, Wiesbaden.

Haeckel, S. (1995): Adaptive Enterprise Design – The Sense-and-Respond Model, in: Planning Review, Mai/Juni 1995.

Hage, J. / Alter, C. (1997): A Typology of Interorganizational Relationships and Networks, in: Hollingsworth, J. R. / Boyer, R. (Hrsg.): Contemporary Capitalism – The Embeddedness of Institutions, Cambridge, S. 94-126.

Hahn, D. (2002): Problemfelder des Supply Chain Managements, in: Hahn, D. / Kaufmann, L. (Hrsg.): Handbuch Industrielles Beschaffungsmanagement, 2. Auflage, Wiesbaden. S. 1061-1072.

Hahn, D. (1987): Risiko-Management – Stand und Entwicklungstendenzen, in: Zeitschrift Führung und Organisation, Nr. 3, S. 137-150.

Hakansson, H. (1987): Industrial technological development – A network approach, London.

Hakansson, H. / Johanson, J. (1988): Formal and informal cooperation strategies in international industrial networks, in: Contractor, F. / Lorange, P. (Hrsg.): Cooperative Strategies in International Business, New York, S. 369-379.

Haller, M. (1986): Risiko-Management – Eckpunkte eines integrierten Konzepts, in: Jacob, H. (Hrsg.): Risiko-Management, Schriften zur Unternehmensführung 33, Wiesbaden, S. 7-43.

Handlbauer G. / Hinterhuber, H. H. / Matzler, K. (1998): Kundenorientierung als Kernkompetenz, in: Papmehl, A. (Hrsg.): Absolute Customer Care – Wie Topunternehmen Kunden als Partner gewinnen, Wien, S. 27-46.

Handlbauer, G. / Renzl, B. (2006): Kundenorientiertes Wissensmanagement, in: Hinterhuber, H. H. / Matzler, K. (Hrsg.): Kundenorientierte Unternehmensführung – Kundenorientierung, Kundenzufriedenheit, Kundenbindung, 5. Auflage, Wiesbaden, S. 145-172.

Harbison, J. R. / Pekar, O. (1998): Smart alliances – A practical guide to repeatable success, San Francisco.

Hartmann, M. (2001): Einleitung, in: Hartmann, M. / Offe, C. (Hrsg.): Vertrauen – Die Grundlage des sozialen Zusammenhalts, Frankfurt/Main.

Hatje, T. / Steiner, M. (1995): Snowboard verständlich gemacht, München.

Heitz, B. (2003): Gemeinschaft ohne Nähe? Virtuelle Gruppen und reale Netze, in: Thiedeke, U. (Hrsg.): Virtuelle Gruppen – Charakteristika und Problemdimensionen, 2. Auflage, Wiesbaden, S. 180-210.

Heizlmaier, B. (1999): Jugendszenen – Szeneanalysen als neue Grundlage für das Jugendmarketing, in: Heinzlmaier, B. / Grossegger, B. / Zenther, M. (Hrsg.): Jugendmarketing – Setzen Sie Ihre Produkte in Szene, Wien, S. 15-36.

Hermann, D. C. (1996): Strategisches Risikomanagement kleiner und mittlerer Unternehmen, Berlin.

Herzog, J. (2006): Das Verhältnis von Vertrauen und Macht in strategischen Unternehmensnetzwerken – Eine strukturationstheoretische Perspektive, Sternenfels.

Heß, M. (1998): Globalisierung, industrieller Wandel und Standortstruktur, München.

Hill, A. V. / Ulrich, P. (1979): Wissenschaftliche Aspekte ausgewählter betriebswirtschaftlicher Konzeptionen, in: Raffeé, H. / Abel, B. (Hrsg.):

Wissenschaftstheoretische Grundlagen der Wirtschaftswissenschaften, München, S. 161-190.

Hinterhuber, H. H. / Handlbauer, G. / Matzler, K. (2003): Kundenzufriedenheit durch Kernkompetenzen – Eigene Potenziale erkennen, entwickeln, umsetzen, 2. Auflage, Wiesbaden.

Hitt, M.A. / Keats, B.W. / DeMarie, S.M. (1998): Navigating in the new competitive landscape – Building strategic flexibility and competitive advantage in the 21st century, in: Academy of Management Executive, 12. Jg. Nr. 4, S. 22-42.

Hitzler, R. / Bucher, T. (2000): Forschungsfeld „Szenen" – Ein terminologischer Vorschlag zur theoretischen Diskussion, in: Archiv der Jugendkulturen e.V. (Hrsg.): Journal der Jugendkulturen, 2. Auflage, Bad Tölz, S. 42-52.

Hitzler, R. / Bucher, T. / Niederbacher, A. (2005): Leben in Szenen – Formen jugendlicher Vergemeinschaftung heute, 2. Auflage, Wiesbaden.

Höfer, R. / Keupp, H. / Straus, F. (2006): Prozesse sozialer Verortung in Szenen und Organisationen – Ein netzwerkorientierter Blick auf traditionale und reflexiv moderne Engagementformen, in: Hollstein, B. / Straus, F. (Hrsg.): Qualitative Netzwerkanalyse – Konzepte, Methoden, Anwendungen, Wiesbaden, S. 267-294.

Hoffmann, W. H. (2006): Allianzmanagementkompetenz – Entwicklung und Institutionalisierung einer strategischen Ressource, in: Sydow, Jörg (Hrsg.): Management von Netzwerkorganisationen, 4. Auflage, Wiesbaden, S. 251-308.

Hoffmann, W. H. (2001): Management von Allianzportfolios – Strategien für ein erfolgreiches Unternehmensnetzwerk, Stuttgart.

Hoffmann-Riem, C. (1980): Die Sozialforschung einer interpretativen Soziologie – Der Datengewinn, in: KZfSS, Jg. 32, S. 339-372.

Homans, G. (1950): The human group, New York.

Horx, M. (2006): Wie wir leben werden – Unsere Zukunft beginnt jetzt, 2. Auflage, Frankfurt/Main.

Hungenberg, H. (1999): Bildung und Entwicklung von strategischen Allianzen – Theoretische Erklärungen illustriert am Beispiel der Telekommunikationsbranche, in: Engelhard, J. / Sinz, E. I. (Hrsg.): Kooperationen im Wettbewerb, Wiesbaden, S. 3-20.

Jacob, H. (1989): Flexibilität und ihre Bedeutung für die Betriebspolitik, in: Adam, D. / Backhaus, K. / Meffert, H. / Wagner, H. (Hrsg.): Integration und Flexibilität – Eine Herausforderung für die allgemeine Betriebswirtschaftslehre, Wiesbaden, S. 15-60.

Jansen, D. (2006): Einführung in die Netzwerkanalyse – Grundlagen, Methoden, Forschungsbeispiele, 3. Auflage, Wiesbaden.

Jansen, D. (2006b): Netzwerk, soziales, in: Schäfers, B. / Kopp, J. (Hrsg.): Grundbegriffe der Soziologie, 9. Auflage, Wiesbaden, S. 207-213.

Jarillo, J. C. / Ricart, J. E. (1987): Sustaining Networks, in: Strategic Management Journal, Nr. 9, S. 31-41.

Jochimsen, M. A. (2005): Vertrauen und Reputation in Sorgesituationen, in: Held, M. / Kubon-Gilke, G. / Sturn, R. (Hrsg.): Jahrbuch Normative und institutionelle Grundfragen der Ökonomik, Band 4, Reputation und Vertrauen, Marburg, S. 139-160.

Kale, P. / Singh, H. / Perlmutter, H. (2000): Learning and protection of proprietary assets in strategic alliances – Building relational capital, in: Strategic Management Journal, Nr. 21 (Spezialausgabe), S. 217-238.

Kaninke, M. (2004): Analyse strategischer Risiken, Frankfurt/Main.

Kappelhoff, P. (2000a): Der Netzwerkansatz als konzeptueller Rahmen für eine Theorie interorganisationaler Netzwerke, in: Sydow, J. / Windeler, A. (Hrsg.): Steuerung von Netzwerken – Konzepte und Praktiken, Wiesbaden, S. 25-57.

Kappelhoff, P. (2000b): Komplexitätstheorie und Steuerung von Netzwerken, in: Sydow, J. / Windeler, A. (Hrsg.): Steuerung von Netzwerken – Konzepte und Praktiken, Wiesbaden, S. 347-389.

Kelly, K. (1999): NetEconomy – Zehn radikale Strategien für die Wirtschaft der Zukunft, Düsseldorf.

Kenis, P. / Knoke, D. (1998): A network theory of interorganizational relations, EGOS working paper, Maastricht.

Killich, S. (2007): Formen der Unternehmenskooperation, in: Becker, T. / Dammer, I. / Howaldt, J. / Killich, S. / Loose, A. (Hrsg.): Netzwerkmanagement – Mit Kooperation zum Unternehmenserfolg, 2. Auflage, Berlin, S. 13-22.

Kirchgeorg, M. (2005): Kreislaufstrategische Netzwerke, in: Zentes, J. / Swoboda, B. / Morschett, D. (Hrsg.): Kooperationen, Allianzen und Netzwerke – Grundlagen, Ansätze, Perspektiven, 2. Auflage, Wiesbaden, S. 475-504.

Klee, A. (2000): Strategisches Beziehungsmanagement – Ein integrativer Ansatz zur strategischen Planung und Implementierung des Beziehungsmanagement, Aachen.

Kleinaltenkamp, M. (1996): Customer Integration – Kundenintegration als Leitbild für das Business-to-Business-Marketing, in: Kleinaltenkamp, M. / Fliess, S. / Jacob, F. (Hrsg.): Customer Integration – Von der Kundenorientierung zur Kundenintegration, Wiesbaden, S. 17-24.

Klemperer, P. (1987): Markets with consumer switching costs, in: Quarterly Journal of Economics, Vol. 102, Nr. 2, S. 375-394.

Knieps, G. (2007): Netzökonomie – Grundlagen, Strategien, Wettbewerbspolitik, Wiesbaden.

Kogut, B. (1991): Joint ventures and the option to expand and acquire, in: Management Science, Nr. 37, S. 19-33.

Kogut, B. / Kulatilaka, N. (1994): Options thinking and platform investments – Investing in opportunity, in: California Management Review, Nr. 36, S. 52-71.

Kotler, P. (2005): Die zehn Todsünden im Marketing – Fehler vermeiden, Lösungen finden, Berlin.

Kotler, P. / Bliemel, F. (1999): Marketing-Management – Analyse, Planung, Umsetzung und Steuerung, 9. Auflage, Stuttgart.

Kraemer, K. (1997): Der Markt der Gesellschaft – Zu einer soziologischen Theorie der Marktvergesellschaftung, Opladen.

Kratzheller, J.B. (1997): Risiko und Risk Management aus organisationswissenschaftlicher Perspektive, Wiesbaden.

Kreikebaum, H. / Gilbert, D. U. / Reinhardt, G. O. (2002): Organisationsmanagement internationaler Unternehmen – Grundlagen und moderne Netzwerkstrukturen, 2. Auflage, Wiesbaden.

Krieg, W. (1971): Kybernetische Grundlagen der Unternehmensgestaltung, Bern.

Kroeber-Riel, W. / Weinberg, P. (2003): Konsumentenverhalten, 8. Auflage, München.

Kromrey, H. (1995): Empirische Sozialforschung – Modelle und Methoden der Datenerhebung und Datenauswertung, Opladen.

Krücken, G. / Meier, F. (2003): Wir sind alle überzeugte Netzwerktäter – Netzwerke als Formalstruktur und Mythos der Innovationsgesellschaft, in: Soziale Welt, Nr. 54, S. 71-92.

Krystek, U. / Zumbrock, S. (1993): Planung und Vertrauen, Stuttgart.

Kubicek, H. (1977): Heuristische Bezugsrahmen und heuristisch angelegte Forschungsdesigns als Elemente einer Konstruktionsstrategie empirischer Forschung, in: Köhler, R. (Hrsg.): Empirische und handlungstheoretische Forschungskonzeption in der Betriebswirtschaftslehre, Stuttgart, S. 5-36.

Kubon-Gilke, G. / Sturn, R. / Held, M. (2005): Ökonomik des Vertrauens – Stellenwert von Vertrauen in der Ökonomik, in: Held, M. / Kubon-Gilke, G. / Sturn, R. (Hrsg.): Jahrbuch Normative und institutionelle Grundfragen der Ökonomik, Band 4, Reputation und Vertrauen, Marburg, S. 7-34.

Kühl, S. / Schnelle, W. (2005): Laterales Führen, in: Aderhold, J. / Meyer, M. / Wetzel, R. (Hrsg.): Modernes Netzwerkmanagement – Anforderungen, Methoden, Anwendungsfelder, Wiesbaden, S. 185-212.

Kutschker, M. (2005): Kooperation – Grundlagen der sozialwissenschaftlichen Prozessforschung, in: Zentes, J. / Swoboda, B. / Morschett, D. (Hrsg.): Kooperationen, Allianzen und Netzwerke – Grundlagen, Ansätze, Perspektiven, 2. Auflage, Wiesbaden, S. 257-278.

Kutschker, M. (1994): Strategische Kooperationen als Mittel der Internationalisierung, in: Schuster, Leo (Hrsg.): Die Unternehmung im internationalen Wettbewerb, Berlin, S. 121-157.

Laker, M. / Pohl, A. / Dahlhoff, D. (2006): Kundenbindung auf neuen Märkten, in: Hinterhuber, H. H. / Matzler, K. (Hrsg.): Kundenorientierte Unternehmensführung – Kundenorientierung, Kundenzufriedenheit, Kundenbindung, 5. Auflage, Wiesbaden, S. 131-143.

Lamnek, S. (1995a): Qualitative Sozialforschung – Band 1: Methodologie, 3. Auflage, Weinheim.

Lamnek, S. (1995b): Qualitative Sozialforschung – Band 2: Methoden und Techniken, 3. Auflage, Weinheim.

Larson, A. (1992): Network dyads in entrepreneurial settings, in: Administrative Science Quarterly, 37 Jg., S. 76-104.

Lewin, A. Y. / Long, C. P. / Caroll, T. N. (1999): The coevolution of new organizational forms, in: Organization Science, Nr. 10 (5), S. 535-550.

Lewin, A. Y. / Volberda, H. W. (1999): Prolegomena on coevolution – A framework for reserach on strategy and new organizational forms, in: Organization Science, Nr. 10/5, S. 519-534.

Lewis, J. (1990): Partnerships for Profits, New York.

Li, S. X. / Rowley, T. J. (2002): Inertia and evaluation mechanisms in interorganizational partner selection – Syndicate formation among U.S. investment banks, in: Academy of Management Journal, Nr. 45 (6), S. 1104-1119.

Liebmann, H.-P. (1996): Auf den Spuren der "Neuen Kunden", in: Zentes, J. / Liebmann, H.-P. (Hrsg.): GDI-Trendbuch Handel Nr. 1, Düsseldorf, S. 37-54.

Liebold, R. / Trinczek, R. (2002): Experteninterview, in: Kühl, S. / Strodtholz, P. (Hrsg.): Methoden der Organisationsforschung, Hamburg, S. 33-70.

Liekweg, A. (2003): Risikomanagement und Rationalität – Präskriptive Theorie und praktische Ausgestaltung von Risikomanagement, Wiesbaden.

Link, J. / Greth, N. / Voßbeck, E. (2000): „Kennzahlen der klassischen Bilanzanalyse – Nicht auf Krisendiagnosen zugeschnitten, in: Hauschildt, J. / Leker, J. (Hrsg.): Krisendiagnose durch Bilanzanalyse, 2. Auflage, Köln, S. 19-32.

Lipnack, J. / Stamps, J. (1994): The Age of the Network, New York.

Lowinski, F. / Priddat, B. P. (2003): Risiko und Fehler, in: Lowinski, F. / Priddat, B. P. (Hrsg.): Risikoökonomie – Spektren des Risikos in Wirtschaft und Gesellschaft, Marburg, S. 7-12.

Lück, W. (2000): Managementrisiken im Risikomanagementsystem, in: Der Betrieb, 53. Jg., S. 1473-1477.

Luhmann, N. (2000): Organisation und Entscheidung, Wiesbaden.

Luhmann, N. (1993): Gesellschaftsstruktur und Semantik – Band 2, Studien zur Wissenssoziologie der modernen Gesellschaft, Frankfurt/Main.

Luhmann, N. (1991): Soziologische Aufklärung – 2. Aufsätze zur Theorie der Gesellschaft, 4. Auflage, Opladen.

Luhmann, N. (1989): Vertrauen – Ein Mechanismus der Reduktion sozialer Komplexität, 3. Auflage, Stuttgart.

Luhmann, N. (1984): Soziale Systeme – Grundriss einer allgemeinen Theorie, Frankfurt/Main.

Macharzina, K. (2003): Unternehmensführung – Das internationale Managementwissen, 4. Auflage, Wiesbaden.

Malik, F. (2002): Strategie des Managements komplexer Systeme – Ein Beitrag zur Management-Kybernetik evolutionärer Systeme, 7. Auflage, Bern.

March, J. G. (1991): Exploration and Exploitation in Organizational Learning, in: OS, Nr. 2, S. 71-87.

Markides, C. C. (1999): In Search of Strategy, in: Sloan Management Review, Nr. 40/3, S. 6-7.

Maturana, H. R. / Valerta, F. J. (1987): Der Baum der Erkenntnis – Die biologischen Wurzeln des menschlichen Erkennens, Bern.

Maurer, I. / Staber, U. (2002): Das soziale Kapital zwischenbetrieblicher Netzwerke am Beispiel junger Biotechnologieunternehmen, in: Freitag, M. / Winkler, I. (Hrsg.): Kooperationsentwicklung in zwischenbetrieblichen Netzwerken - Strukturierung, Koordination und Kompetenzen, Würzburg, S. 171-191.

Mayer, H. O. (2004): Interview und schriftliche Befragung – Entwicklung, Durchführung und Auswertung, 2. Auflage, München.

Mayer, R. C. / Davis, J. H. / Schoorman, F. D. (1995): An integrative model of organizational trust, in: Academy of Management Review, Nr. 20 (3), S. 709-734.

Mayntz, R. (1987): Politische Steuerung und gesellschaftliche Steuerungsprobleme – Anmerkungen zu einem theoretischen Paradigma, in: Jahrbuch zur Staats- und Verwaltungswissenschaft, Band 1, S. 89-110.

Mayring, P. (2007): Qualitative Inhaltsanalyse – Grundlagen und Techniken, 9. Auflage, Weinheim.

McKelvey, B. (1997): Quasi-natural organization science, in: Organization Science, Nr. 8, S. 351-380.

Meffert, H. (1999): Größere Flexibilität als Unternehmenskonzept, in: Meffert, H.(Hrsg.): Marktorientierte Unternehmensführung im Wandel – Retrospektive und Perspektiven des Marketing, Wiesbaden.

Meffert, H. (1985): Größere Unternehmensflexibilität als Unternehmenskonzept, in: ZfbF, Nr. 37, S. 121-137.

Meffert, J. / Finken, T. (2005): Strategien für mehr Innovationen, in: Hungenberg, H. / Meffert, J. (Hrsg.): Handbuch Strategisches Management, 2. Auflage, Wiesbaden, S. 419-445.

Merkens, H. (1997): Stichproben bei qualitativen Studien, in: Friebertshäuser, B. / Prengel, A. (Hrsg.): Handbuch Qualitative Forschungsmethoden, München, S. 97-106.

Micic, P. (2000): Der Zukunftsmanager – Wie Sie Marktchancen vor Ihren Mitbewerbern erkennen und nutzen, Freiburg.

Mildenberger, U. (1998): Selbstorganisation von Produktionsnetzwerken – Erklärungsansatz auf Basis der neueren Systemtheorie, Wiesbaden.

Mitchell, J. C. (1969): The Concept and Use of Social Networks, in: Mitchell, J. C. (Hrsg.): Social Networks in Urban Situations – Analyses of Personnel Relationships in Central African Towns, Manchester, S. 1-50.

Möhringer, S. (1998): Kompetenzkommunikation im Anlagengeschäft – Konzeptionelle Analyse und empirische Ergebnisse, Darmstadt.

Moreno, J. L. (1954): Die Grundlagen der Soziometrie – Wege zur Neuordnung der Gesellschaft, Köln.

Morgan, G. (1986): Images of organization, Beverly Hills.

Morschett, D. (2005): Formen von Kooperationen, Allianzen und Netzwerken, in: Zentes, J. / Swoboda, B. / Morschett, D. (Hrsg.): Kooperationen, Allianzen und Netzwerke – Grundlagen, Ansätze, Perspektiven, 2. Auflage, Wiesbaden, S. 377-404.

Myers, S. (1977): Determinants of corporate borrowing, in: Journal of Financial Economics, Nr. 5, S. 147-175.

Nelson, R. R. / Winter, S. (1982): An evolutionary theory of economic change, Cambridge.

Neumann, A. M. (2004): Partizipative Früherkennung von Chancen und Risiken – Perspektiven und Bedingungen für neue Ansätze zur langfristigen Sicherung der Existenz von Unternehmen und ihrer Arbeitsplätze, München.

Neumann, R. (1995): Risiko Organisation – organisiertes Risiko, Frankfurt.

Nonaka, I. / Takeuchi, H. (1995): The Knowledge-Creating Company - How Japanese Companies Create the Dynamics of Innovation, Oxford.

Nooteboom, B. (2002): Trust – Forms, Foundations, Functions, Failures and Figures, Cheltenham.

North, K. (2005): Wissensorientierte Unternehmensführung – Wertschöpfung durch Wissen, 4. Auflage, Wiesbaden.

Nöthel, T. (1999): Szenen-Marketing und Produktpositionierung – Ein Ansatz zur Zielgruppenfragmentierung, Wiesbaden.

Obst, P. / Zinkiewicz, L. / Smith, S. (2002): Sense of community in sience fiction fandom – Part 1: Understanding sense of community in an international community of interest, in: Journal of Community Psychology, Nr. 30 (1), S. 87-103.

Ohmae, K. (2006): Was kommt nach der Globalisierung?, Berlin.

Ohmae, K. (1990): The Borderless World, London.

Oliver, A. L. / Ebers, M. (1998): Networking Network Studies – An Analysis of Conceptual Configurations in the Study of Inter-Organizational Relationships, in: Organization Studies, 19 (4), S. 549-583.

Ortmann, G. / Sydow, J. (2001): Strukturationstheorie als Metatheorie des strategischen Managements – Zur losen Integration der Paradigmenvielfalt, in: Ortmann, G. / Sydow, J. (Hrsg.): Strategie und Strukturation, Wiesbaden, S. 421-447.

Österle, H. / Fleisch, E. / Alt, R. (2000): Business Networking – Shaping Enterprise Relationships on the Internet, Berlin.

Papmehl, A. (1998): Absolute Customer Care – Wie Topunternehmen Kunden als Partner gewinnen, Wien.

Parise, S. / Sasson, L. (2002): Leveraging knowledge management across strategic alliances, in: Ivey Business Journal, Nr. 2, S. 41-47.

Pausenberger, E. (1989): Zur Systematik von Unternehmenszusammenschlüssen, in: Das Wirtschaftsstudium, 18. Jg. Nr. 11, S. 621-626.

Peitz, U. (2002): Struktur und Entwicklung von Beziehungen in Unternehmensnetzwerken, Wiesbaden.

Penrose, E. T. (1959): The Theory of Growth of the Firm, New York.

Peuckert, R. / Scherr, A. (2006): Integration, in: Schäfers, B. / Kopp, J. (Hrsg.): Grundbegriffe der Soziologie, 9. Auflage, Wiesbaden, S. 115-117.

Pfeffer, J. / Salancik, G. R. (1978): The External Control of Organizations – A Resource Dependence Perspective, New York.

Picot, A. / Reichwald, R. / Wigand, R. T. (2001): Die grenzenlose Unternehmung – Information, Organisation und Management, 4. Auflage, Wiesbaden.

Plötner, O. (1995): Das Vertrauen des Kunden – Relevanz, Aufbau und Steuerung auf industriellen Märkten, Wiesbaden.

Plötner, O. / Jacob, F. (1996): Customer Integration und Kundenvertrauen, in: Kleinaltenkamp, M. / Fliess, S. / Jacob, F. (Hrsg.): Customer Integration – Von der Kundenorientierung zur Kundenintegration, Wiesbaden, S. 105-122.

Popcorn, F. (2002): Clicking – Die neuesten Trends für unsere Zukunft, 2. Auflage, München.

Poplin, D. E. (1979): Communities – A survey of theories and methods of research, 2. Auflage, New York.

Porter, M. E. (1980): Competitive Strategy – Techniques for analysing Industries and Competitors, New York.

Powell, W. W. (1998): Learning from collaboration – Knowledge and networks in the biotechnology and pharmaceutical industries, in: California Management Review, Nr. 41 (spring special issue), S. 228-240.

Probst, G. / Raub, S. / Romhardt, K. (2003): Wissen managen – Wie Unternehmen ihre wertvollste Ressource optimal nutzen, 4. Auflage, Wiesbaden.

Prykop, C. (2005): Markenwertsteigerung durch Szenen, Wiesbaden.

Radcliffe-Brown, A. R. (1940): On Social Structure, in: Journal of the Royal Anthropological Institute of Great Britain, Nr. 70, S. 1-12.

Raffeé, H. (1989): Gegenstand, Methoden und Konzepte der Betriebswirtschaftslehre, in: Bitz, M. / Dellmann, K. / Baetge, J. (Hrsg.): Vahlens Kompendium der Betriebswirtschaftslehre, München, S. 3-46.

Rall, W. / König, B. (2005): Aktuelle Herausforderungen an das strategische Management, in: Hungenberg, H. / Meffert, J. (Hrsg.): Handbuch Strategisches Management, 2. Auflage, Wiesbaden, S. 9-33.

Reich, R. (1993): Die neue Weltwirtschaft – Das Ende der nationalen Ökonomie, Frankfurt/Main.

Reiss, M. (1996): Führung, in: Corsten, H. / Reiss, M. (Hrsg.): Betriebswirtschaftslehre, 2. Auflage, München, S. 233-343.

Renz, F. (2007): Praktiken des sozialen Netzworking – Eine kommunikationssoziologische Studie zum online-basierten Netzwerken am Beispiel von openBC, Boizenburg.

Richardson, G.B. (1972): The Organization of Industry, in: Economic Journal 82, S. 883-896.

Richter, F.-J. (1995): Die Selbstorganisation von Unternehmen in strategischen Netzwerken, Frankfurt/Main.

Riordan, M.H. / Williamson, O.E. (1985): Asset Specificity and Economic Organization, in: International Journal of Industrial Organization 3, S. 365-378.

Ripperger, T. (1998): Ökonomik des Vertrauens – Analyse eines Organisationsprinzips, Tübingen.

Ritter, T. / Gemünden, H.-G. (1998): Die netzwerkende Unternehmung – Organisationale Voraussetzungen netzwerk-kompetenter Unternehmen, in: Zeitschrift Führung+Organisation, Nr. 67 (5), S. 260-265.

Rohwetter, M. (2004): Was aus der Fabrik kommt wird gegessen, in: Die Zeit, 29.01.2004, S. 20.

Rotering, J. (1993): Zwischenbetriebliche Kooperation als alternative Organisationsform – Ein transaktionstheoretischer Erklärungsansatz, Stuttgart.

Schäfers, B. (2008): Die soziale Gruppe, in: Korte, H. / Schäfers, B. (Hrsg.): Einführung in die Hauptbegriffe der Soziologie, 7. Auflage, Wiesbaden, S. 129-144.

Schäfers, B. (1999a): Entwicklung der Gruppensoziologie und Eigenständigkeit der Gruppe als Sozialgebilde, in: Schäfers, B. (Hrsg.): Einführung in die Gruppensoziologie – Geschichte, Theorien, Analysen, 3. Auflage, S. 19-36.

Schäfers, B. (1999b): Primärgruppen, in: Schäfers, B. (Hrsg.): Einführung in die Gruppensoziologie – Geschichte, Theorien, Analysen, 3. Auflage, S. 97-102.

Schanz, G. (2000): Wissenschaftsprogramme der Betriebswirtschaftslehre, in: Bea, F.X. / Dichtl, E. / Schweitzer, M. (Hrsg.): Allgemeine Betriebswirtschaftslehre Band 1 – Grundfragen, 8. Auflage, Stuttgart, S. 80-158.

Schenk, M. (1984): Soziale Netzwerke und Kommunikation, Tübingen.

Schenkel, A. H. (2003): Risiko-Management bei Klein- und Mittelbetrieben (KMU) – Leistungsangebot der Assekuranz im Netzwerk, Bamberg.

Scherr, A. / Peuckert, R. (2006): Interaktion, in: Schäfers, B. / Kopp, J. (Hrsg.): Grundbegriffe der Soziologie, 9. Auflage, Wiesbaden, S. 117-120.

Schertler, W. (2006): Strategisches Affinity-Group-Management, Wiesbaden.

Schertler, W. (1999): Risikomanagement als strategisches Problem von Tourismusdestinationen und Destinationsmanagement, in: Pechlander, H. / Weiermaier, K. (Hrsg.): Destinations-Management – Führung und Vermarktung von touristischen Zielgebieten, Wien, S. 119-136.

Schertler, W. (1998): Unternehmensorganisation – Lehrbuch der Organisation und strategischen Unternehmensführung, 7. Auflage, München.

Schierenbeck, H. / Lister, M. (2002): Risikomanagement im Rahmen der wertorientierten Unternehmenssteuerung, in: Hölscher, R. / Elfgen, R. (Hrsg.): Herausforderung Risikomanagement – Identifikation und Steuerung industrieller Risiken, Wiesbaden, S. 181-203.

Schmid, S. (2005): Kooperation – Erklärungsperspektiven interorganisationstheoretischer Ansätze, in: Zentes, J. / Swoboda, B. / Morschett, D. (Hrsg.): Kooperationen, Allianzen und Netzwerke – Grundlagen, Ansätze, Perspektiven, 2. Auflage, Wiesbaden, S. 235-256.

Schreyögg, G. (1999): Organisation, 3. Auflage, Wiesbaden.

Schreyögg, G. / Kliesch-Eberl, M. (2007): How dynamic can organizational capabilities be? Toward a dual-process model of capability dynamization, in: Strategic Management Journal, 28. Jg., Nr. 9, S. 913-933.

Schröder, R.W. (2005): Risikoaggregation unter Beachtung der Abhängigkeiten zwischen Risiken, Baden-Baden.

Schulz, K.-P. (2005): Lernen und Reflexion in Netzwerken, in: Aderhold, J. / Meyer, M. / Wetzel, R. (Hrsg.): Modernes Netzwerkmanagement – Anforderungen, Methoden, Anwendungsfelder, Wiesbaden, S. 213-236.

Schwarz, B. (2004): The Paradox of Choice – Why more is less, New York.

Seisreiner, A. (2002): Pluralistisches Wertmanagement in "postmodernen" Hochleistungsorganisationen, in: Bellmann, K. / Freiling, J. / Hammann, P. / Mildenberger, U. (Hrsg.): Aktionsfelder des Kompetenz-Managements, Wiesbaden, S. 87-108.

Sell, F. L. (2005): Vertrauen und Vertrauenserosion – Ökonomische Funktionen, in: Held, M. / Kubon-Gilke, G. / Sturn, R. (Hrsg.): Jahrbuch Normative und institutionelle Grundfragen der Ökonomik, Band 4, Reputation und Vertrauen, Marburg, S. 161-184.

Semlinger, Klaus (2006): Effizienz und Autonomie in Zulieferungsnetzwerken – Zum strategischen Gehalt von Kooperationen, in: Sydow, Jörg (Hrsg.): Management von Netzwerkorganisationen, 4. Auflage, Wiesbaden, S. 29-74.

Shaprio, C. / Varian, H.R. (1999): Information Rules – A strategic guide to the network economy, Harvard Business School Press, Boston.

Shaw, M. E. (1976): Group dynamics, New York.

Siebert, H. (2006): Ökonomische Analyse von Unternehmensnetzwerken, in: Sydow, J. (Hrsg.): Management von Netzwerkorganisationen – Beiträge aus der Managementforschung, 4. Auflage, Wiesbaden, S. 7-28.

Simmel, G. (1992): Soziologie – Untersuchungen über die Formen der Vergesellschaftung, Frankfurt/Main.

Snow, C. / Miles, R. / Coleman, H. (1992): Managing the 21st century network organizations, in: Organizational Dynamics, 21. Jg., Nr. 4, S. 5-20.

Spar, T. (1996): Die Szene als Produkt-Manager, in: Gerken, G. / Merks, M. (Hrsg.): Szenen statt Zielgruppen – vom Produkt zum Kult, Die Praxis der Interfusion, Frankfurt/Main, S. 47-64.

Stahl, H. K. (2006): Kundenloyalität kritisch betrachtet, in: Hinterhuber, H. H. / Matzler, K. (Hrsg.): Kundenorientierte Unternehmensführung – Kundenorientierung, Kundenzufriedenheit, Kundenbindung, 5. Auflage, Wiesbaden, S. 85-104.

Stahl, H. K. (1996): Beziehungskompetenz, in: Hinterhuber, H. H. / Al-Ani, A. / Handlbauer, G. (Hrsg.): Das Neue Strategische Management – Elemente und Perspektiven einer zukunftsorientierten Unternehmensführung, Wiesbaden, S. 217-244.

Stahl, H. K. / Hinterhuber, H. H. / von den Eichen, S. A. F. / Matzler, K. (2006): Kundenzufriedenheit und Kundenwert, in: Hinterhuber, H. H. / Matzler, K. (Hrsg.): Kundenorientierte Unternehmensführung – Kundenorientierung, Kundenzufriedenheit, Kundenbindung, 5. Auflage, Wiesbaden, S. 221-240.

Stahl, W. (1992): Risiko- und Chancenanalyse im Marketing – Ansätze zur Identifikation, Untersuchung und Beurteilung von Risiken und Chancen, Frankfurt/Main.

Stein, V. (2005): Kooperation – Erklärungsperspektive der strategischen Managementforschung, in: Zentes, J. / Swoboda, B. / Morschett, D. (Hrsg.): Kooperationen, Allianzen und Netzwerke – Grundlagen, Ansätze, Perspektiven, 2. Auflage, Wiesbaden, S. 167-182.

Steinbicker, J. (2001): Zur Theorie der Informationsgesellschaft – Ein Vergleich der Ansätze von Peter Drucker, Daniel Bell und Manuell Castells, Opladen.

Steinmann, H. / Schreyögg, G. (2005): Management – Grundlagen der Unternehmensführung, 6. Auflage, Wiesbaden.

Stichweh, R. (2000): Die Weltgesellschaft – Soziologische Analysen, Frankfurt/Main.

Stokman, F. N. (1995): Entscheidungsansätze in politischen Netzwerken, in: Jansen, D. / Schubert, K. (Hrsg.): Netzwerke und Politikproduktion – Konzepte, Methoden, Perspektiven, S. 160-184.

Strodtholz, P. / Kühl, S. (2002): Qualitative Methoden der Organsationsforschung – Ein Überblick, in: Kühl, S. / Strodtholz, P. (Hrsg.): Methoden der Organisationsforschung, Hamburg, S. 11-32.

Swoboda, B. (2005): Kooperation – Erklärungsperspektiven grundlegender Theorien, Ansätze und Konzepte im Überblick, in: Zentes, J. / Swoboda, B. / Morschett, D. (Hrsg.): Kooperationen, Allianzen und Netzwerke – Grundlagen, Ansätze, Perspektiven, 2. Auflage, Wiesbaden, S. 35-64.

Sydow, J. (2006): Management von Netzwerkorganisationen – Zum Stand der Forschung, in: Sydow, J. (Hrsg.): Management von Netzwerkorganisationen, 4. Auflage, Wiesbaden, S. 387-472.

Sydow, J. (1992): Strategische Netzwerke und Transaktionskosten – Über die Grenzen einer transaktionskostentheoretischen Erklärung der Evolution strategischer Netzwerke, in: Staehle, W. H. / Conrad, P. (Hrsg.): Managementforschung 2, S. 239-311.

Sydow, J. (1992): Strategische Netzwerke – Evolution und Organisation, Wiesbaden.

Sydow, J. / Windeler, A. (2001): Strategisches Management von Unternehmungsnetzwerken – Komplexität und Reflexivität, in: Ortmann, G. / Sydow, J. (Hrsg.): Strategie und Strukturation, Wiesbaden, S. 129-144.

Sydow, J. / Windeler, A. (2000): Steuerung von und in Netzwerken – Perspektiven, Konzepte, vor allem aber offene Fragen, in: Sydow, J. / Windeler, A. (Hrsg.): Steuerung von Netzwerken – Konzepte und Praktiken, Wiesbaden, S. 1-24.

Sydow, J. / Windeler, A. (1994): Management interorganisationaler Beziehungen – Vertrauen, Kontrolle und Informationstechnik, Opladen.

Tapscott, D. (1998): The Digital Economy, New York.

Taylor, F. (1911): The principles of scientific management, New York.

Thiedeke, U. (2003): Einleitung, in: Thiedeke, U. (Hrsg.): Virtuelle Gruppen – Charakteristika und Problemdimensionen, 2. Auflage, Wiesbaden, S. 7-19.

Thode, S. (2003): Integration in unternehmensinternen sozialen Beziehungen – Theoretischer Ansatz, Operationalisierung und Bewertung der Umsetzung durch moderne Organisationskonzepte, Wiesbaden.

Toffler, A. (1970): Der Zukunftsschock, 2. Auflage, Bern.

Tomczak, T. (1992): Forschungsmethoden in der Marketingwissenschaft – Ein Plädoyer für den qualitativen Forschungsansatz, in: Marketing Zeitschrift für Forschung und Praxis, 14 (2), S. 77-87.

Tomczak, T. / Reinecke, S. / Dittrich, S. (2006): Kundenpotentiale ausschöpfen – Gestaltungsansätze für Kundenbindung in verschiedenen Geschäftstypen, in: Hinterhuber, H. H. / Matzler, K. (Hrsg.): Kundenorientierte Unternehmensführung – Kundenorientierung, Kundenzufriedenheit, Kundenbindung, 5. Auflage, Wiesbaden, S. 105-130.

Tomczak, T. / Rudolf-Sipötz, E. (2003): Bestimmungsfaktoren des Kundenwertes – Ergebnisse einer branchenübergreifenden Studie, in: Günter, B. / Helm, S. (Hrsg.): Kundenwert – Grundlagen, Innovative Konzepte, Praktische Umsetzungen, 2. Auflage, Wiesbaden, S. 133-161.

Trommsdorff, V. (2004): Konsumentenverhalten, 6. Auflage, Stuttgart.

Ulich, K. (1972): Soziale Systeme als Bezugssysteme für soziales Handeln – Versuch einer Kritik und Revision der Bezugsgruppentheorie, Frankfurt/Main.

Ulrich, H. (1984): Die Betriebswirtschaftslehre als anwendungsorientierte Sozialwissenschaft, in: Dyllick, T. / Probst, G. / (Hrsg.): Management, Bern, S. 168-199.

Ulrich, H. (1982): Anwendungsorientierte Wissenschaft, in: Die Unternehmung, 36. Jg., Nr. 1, S. 1-10.

Ulrich, H. (1968): Die Unternehmung als produktives soziales System – Grundlagen der allgemeinen Unternehmungslehre, Bern/Stuttgart.

van Well, B. (2001): Ressourcenmanagement in strategischen Netzwerken: in: Ortmann, G. / Sydow, J. (Hrsg.): Strategie und Strukturation – Strategisches Management von Unternehmen, Netzwerken und Konzernen, 1. Auflage, Wiesbaden, S. 145-172.

von Bertalanffy, L. (1969): General system theory, New York.

von den Eichen, S. A. F. / Hinterhuber, H. H. / Matzler, K. / Stahl, H. K. (2006): Durch Kooperation den Kundenwert steigern, Hinterhuber, H. H. / Matzler, K.

(Hrsg.): Kundenorientierte Unternehmensführung – Kundenorientierung, Kundenzufriedenheit, Kundenbindung, 5. Auflage, Wiesbaden, S. 473-492.

von der Oelsnitz, D. (2005): Kooperation – Entwicklung und Verknüpfung von Kernkompetenzen, in: Zentes, J. / Swoboda, B. / Morschett D. (Hrsg.): Kooperationen, Allianzen und Netzwerke – Grundlagen, Ansätze, Perspektiven, 2. Auflage, Wiesbaden, S. 183-210.

von Foerster, H. (1992): Entdecken oder Erfinden – Wie lässt sich Verstehen verstehen?, in: Gunin, H. / Meier, H. (Hrsg.): Einführung in den Konstruktivismus, München, S. 133-158.

Wagner, J. (1999): Soziale Vergleiche und Selbsteinschätzung, Münster.

Weber, J. (2002): Bedeutung und Methoden einer bewussten Partnerwahl im Rahmen der Erfolgssicherung von Kooperationen, in: Macharzina, K. / Oesterle, M.-J. (Hrsg.): Handbuch Internationales Management, 2. Auflage, Wiesbaden, S. 573-599.

Weber, M. (1972): Wirtschaft und Gesellschaft – Kapitel 1: Grundbegriffe, 5. Auflage, Tübingen.

Weibel, A. (2002): Kooperation in strategischen Wissensnetzwerken – Vertrauen und Kontrolle zur Lösung des sozialen Dilemmas, Zürich.

Weiß, R. (2002): Unternehmensführung in der Reflexiven Modernisierung, Marburg.

Weissenberger-Eibl, M. A. (2004): Ziele, Potentiale und Methoden des Wissensmanagements in Unternehmensnetzwerken, in: Die Unternehmung, Nr. 58 (5), S. 313-329.

Weissenböck, F. (1999): Kommunikation ist mehr – Beziehungsmarketing für eine Profi-Zielgruppe, in: Heinzlmaier, B. / Grossegger, B. / Zehnter, M. (Hrsg.): Jugendmarketing – Setzen Sie Ihre Produkte in Szene, Wien, S. 72-77.

Wellman, B. (2003): „Die elektronische Gruppe als soziales Netzwerk", in: Thiedeke, U. (Hrsg.): Virtuelle Gruppen – Charakteristika und Problemdimensionen, 2. Auflage, Wiesbaden,S. 126-159.

Welsch, J. (2000): Globalisierung, neue Technologien und regionale Qualifizierungspolitik, Marburg.

Wernerfelt, B. (1984): A resource-based view of the firm, in: Strategic Management Journal, Nr. 5, S. 171-180.

Wernerfelt, B. / Karnani, A. (1987): Research notes and communications – Competitive strategy under uncertainty, in: Strategic Management Journal, Nr. 8, S. 187-194.

Wiener, N. (1948): Cybernetics, control and communication in the animal and the machine, Cambridge.

Williamson, O.E. (1979): Transaction Cost Economics – The Governance of Contractual Relations, in: Journal of Law and Economics, Nr. 22, S. 233-261.

Willke, H. (2000): Systemtheorie I - Grundlagen - Eine Einführung in die Grundprobleme der Theorie sozialer Systeme, 6. Auflage, Stuttgart.

Willke, H. (1995): Systemtheorie III – Steuerungstheorie, Stuttgart.

Willke, H. (1978): Zum Problem der Integration komplexer Sozialsysteme – Ein theoretisches Konzept, in: Kölner Zeitschrift für Soziologie und Sozialpsychologie, 30. Jg, 1978, S. 228-252.

Windeler, A. (2005): Netzwerktheorien – Vor einer relationalen Wende?, in: Zentes, J. / Swoboda, B. / Morschett, D. (Hrsg.): Kooperationen, Allianzen und Netzwerke – Grundlagen, Ansätze, Perspektiven, 2. Auflage, Wiesbaden, S. 211-234.

Windeler, A. (2001): Unternehmensnetzwerke – Konstitution und Strukturation, Wiesbaden.

Wojda, F. / Herfort, I. / Barth, A. (2006): Ansatz zur ganzheitlichen Gestaltung von Kooperationen und Kooperationsnetzwerken und die Bedeutung sozialer und personeller Einflüsse, in: Wojda, F. / Barth, A. (Hrsg.): Innovative Kooperationsnetzwerke, Wiesbaden, S. 1-26.

Wolf, K. (2003): Risikomanagement im Kontext der wertorientierten Unternehmensführung, Wiesbaden.

Wolke, T. (2007): Risikomanagement, München.

Zahn, E. / Kapmeier, F. / Tilebein, M. (2006): Formierung und Evolution von Netzwerken – Ausgewählte Erklärungsansätze, in: Wojda, F. / Barth, A. (Hrsg.): Innovative Kooperationsnetzwerke, Wiesbaden, S. 129-150.

Zeira, Y. / Newburry, W. (1999): Equity international joint ventures and international acquisitions, in: Management International Review, 39 Jg., S. 323-352.

Zentes, J. / Schramm-Klein, H. (2005): Determinanten der Kooperation – Exogene und endogene Einflussfaktoren, in: Zentes, J. / Swoboda, B. / Morschett, D. (Hrsg.): Kooperationen, Allianzen und Netzwerke – Grundlagen, Ansätze, Perspektiven, 2. Auflage, Wiesbaden, S. 279-300.

Zentes, J. / Swoboda, B. / Morschett, D. (2005): Perspektiven der Führung kooperativer Systeme, in: Zentes, J. / Swoboda, B. / Morschett, D. (Hrsg.):

Kooperationen, Allianzen und Netzwerke – Grundlagen, Ansätze, Perspektiven, 2. Auflage, Wiesbaden, S. 935-962.

Zimmermann, M. / Ortmann, G. (2001): Strategisches Management strukturationstheoretisch betrachtet, in: Ortmann, G. / Sydow, J. (Hrsg.): Strategie und Strukturation, Wiesbaden, S. 27-55.